黑龙江省水利科技研究项目（编号：201320）资助

洪水的控制、管理与经营

——以大庆地区为例

闫成璞　刘群义　刘森　谢永刚　等 著

中国水利水电出版社
www.waterpub.com.cn

·北京·

内 容 提 要

本书针对黑龙江省大庆地区洪水综合利用的管理模式进行研究，根据防洪排水河道和滞洪区工程体系及其功能定位，从控制洪水、管理洪水、经营洪水三个部分展开讨论，内容包括滞洪区洪水调度规律和防洪能力分析、防洪工程减灾效益分析、洪水风险管理和洪灾损失评估、洪水资源化利用的有效途径和兴利调度方法研究、洪水利用的利益相关者及其权属划分等，概括梳理并提出洪水综合利用的五大管理模式。

本书可作为水利管理单位技术人员以及高等学校从事减灾、水利工程管理、水利经济等方面教师和研究生参考。

图书在版编目（CIP）数据

洪水的控制、管理与经营：以大庆地区为例 / 闫成璞等著. -- 北京：中国水利水电出版社，2016.12
ISBN 978-7-5170-4919-7

Ⅰ．①洪… Ⅱ．①闫… Ⅲ．①防洪－研究－大庆②洪水－综合利用－研究－大庆 Ⅳ．①TV87②F426.9

中国版本图书馆CIP数据核字(2016)第294146号

书　　名	洪水的控制、管理与经营——以大庆地区为例 HONGSHUI DE KONGZHI、GUANLI YU JINGYING——YI DAQING DIQU WEI LI
作　　者	闫成璞　刘群义　刘森　谢永刚　等　著
出版发行	中国水利水电出版社 （北京市海淀区玉渊潭南路1号D座　100038） 网址：www. waterpub. com. cn E - mail：sales@waterpub. com. cn 电话：(010) 68367658（营销中心）
经　　售	北京科水图书销售中心（零售） 电话：(010) 88383994、63202643、68545874 全国各地新华书店和相关出版物销售网点
排　　版	中国水利水电出版社微机排版中心
印　　刷	三河市鑫金马印装有限公司
规　　格	184mm×260mm　16开本　15.25印张　362千字
版　　次	2016年12月第1版　2016年12月第1次印刷
印　　数	0001—1500册
定　　价	**58.00元**

前　言

目前，有关滞洪区或洪泛区管理，美国、英国等发达国家在研究或运用上都是处于领先的地位，比其他国家平均早20～30年。这些国家早期在国家层面实施洪水管理的目标，不仅减少了洪水带来的经济损失，同时也探讨洪水如何利用问题，特别是在工业发达、生态脆弱地区的可资源化的洪水利用。从美国洪泛区管理发展经历及存在的问题来看，洪水管理研究的重点是解决当前困境的途径，洪水的成因、特性及其对生态系统的影响，包括洪泛区固有的生态效益与经济效益之间的冲突、公共利益、政府的作用；更深层次探讨洪泛区管理的不利影响、洪泛区管理的原理、洪水风险管理、远景规划等。检索美国的有关研究成果，如《洪水与美国——对1993年密西西比河大洪水的思考》《美国防洪减灾总报告及研究规划》《美国21世纪洪泛区管理》（美国联邦洪泛区管理考察报告委员会，2000）等，主要是体现团队成员集体研究的成果，是集气象学、水文学、生态学、经济学、社会学等专家参加完成，表明防洪与减灾行为，包括洪水的资源化利用，涉及经济学、地理学和社会学等，而非纯自然科学问题。上述成果中有效使用洪泛平原的目标是多重的：即降低洪水风险和社会可以承担的一定风险度以及洪水资源化利用的多目标考虑。这对大庆地区防洪未来的洪水管理有很大的启发意义。

大庆防洪工程自1966年开挖安肇新河到1994年双阳河水库竣工，历时近30年，所修建串联滞洪区工程及其排水干渠，为减少或缓解大庆地区洪水灾害起到了不可替代的作用，其防洪效益显著。但随着区域社会经济发展，油田开发和城市规模的不断扩张，工农业发展规模的扩大，基础设施的修建，以及人口、资源和生态环境矛盾的日益突出，滞洪区面积不断萎缩，人与水争地的现象越来越严重，导致工程管理、洪水调度、工程管辖区和周边自然生态关系等问题变得越来越复杂。同时，大庆地区湖泊众多，又处在半干旱季风气候区（大庆市水利规划设计院，2006），多年平均年降雨量400mm左右，而且蒸发量大。每遇枯水年份，湿地、泡沼水量锐减，生态需水得不到满足，生物多样性资源面临危机，政府部门需要向湿地补水，缓解生态环境用水问题，防洪管理处利用排水渠道向湿地供水，但水权不明晰、供水成本没有得到补偿，可持续地利用洪水资源也面临挑战。

新的形势告诉我们不能回避或避重就轻，必须实事求是、客观科学地寻求解决办法。需要对滞洪区防洪能力进行重新评价、洪水风险管理、兴利调度、洪水资源的综合利用方式等进行研究。使大庆防洪工程能够充分发挥作用，以保护大庆油田石油、石化工业生产和大庆地区人民生产生活及生命财产的安全；同时结合未来资源型城市发展的需要，转变观念，改变以往"单一地排除洪水"的理念转变为"管理洪水"，逐渐过渡到"经营洪水"，最大限度地利用洪水，使其为城乡水资源有效配置、水生态环境建设、油田生产和城市生活供水等服务。

本书是在研究报告《大庆地区洪水综合利用的管理模式研究》（黑龙江省水利科技研究项目，编号：201320）基础上修改完成，编写成员中，闫成璞、谢永刚等完成书稿的统稿，刘群义、谢永刚、刘森负责完成项目组协调和技术指导；刘森、栗端付负责完成防洪工程存在问题和对策探讨，包括滞洪区鱼池面积调查和绘图工作；李永明、杨平、冯金友、刘宗君等完成工程资料整理和调研资料的分析，包括历史洪水统计分析；展金岩完成历年滞洪区调度及水文资料分析、防洪效益分析、防洪功能评价；宋文生、秦敏完成大庆地区不同频率下洪水淹没计算和绘图，包括淹没区内村屯分布；孙颖娜完成串联滞洪区洪水资源化利用的调度演算和特征水位的计算分析；谢永刚、陈超完成网格分析法的洪灾损失研究；张舒、张伟兵完成洪水管理部分的国内外资料收集和分析，以及洪水资源化利用的有效途径研究；王建丽、谢永刚完成水权分配方案确定和资源化洪水利用的成本与收益研究；孙长发、林百合、刘北、王莲华等完成大庆地区防洪工程效益区社会经济资料调查及汇编。

本书在写作过程中，得到黑龙江省水利厅、黑龙江省水利勘测设计院等单位的大力支持和黑龙江省大庆地区防洪工程管理处的密切配合，在此一并表示感谢。本书由于时间紧张及作者水平有限，错误在所难免，敬请广大读者批评指正。

作　者

2016 年 6 月

目　录

前言

0　绪论 ………………………………………………………………………… 1

第1篇　控制洪水——大庆滞洪区工程现状、问题及对策

1　防洪工程总体概况及滞洪区管理特点 ……………………………… 7
　1.1　防洪工程状况 ………………………………………………………… 7
　1.2　滞洪区管理特点分析 ………………………………………………… 8

2　排水河道、滞洪区工程现状及管理存在的问题分析 ……………… 10
　2.1　河道工程 ……………………………………………………………… 11
　2.2　滞洪区工程及其存在问题 …………………………………………… 15

3　大庆地区历史洪水及灾情 …………………………………………… 25
　3.1　洪水来源分析 ………………………………………………………… 25
　3.2　洪水 …………………………………………………………………… 26
　3.3　内涝 …………………………………………………………………… 29

4　历年滞洪区水量调度过程及其存在问题分析 ……………………… 30
　4.1　蓄滞洪区的地位及在流域防洪中的作用 …………………………… 30
　4.2　防洪工程调度原则 …………………………………………………… 30
　4.3　历年滞洪区调度成果分析 …………………………………………… 31
　4.4　滞洪区调度存在的问题 ……………………………………………… 47

5　滞洪区防洪能力及安全分析 ………………………………………… 49
　5.1　国内外研究现状 ……………………………………………………… 49
　5.2　防洪能力影响因素及防洪协调指标分析 …………………………… 51
　5.3　防洪能力分析方法 …………………………………………………… 55
　5.4　防洪安全分析 ………………………………………………………… 65

6　防洪效益及分析 ……………………………………………………… 74
　6.1　防洪效益概述 ………………………………………………………… 74
　6.2　防洪效益的计算方法 ………………………………………………… 75
　6.3　防洪效益的经济分析 ………………………………………………… 82

7　大庆地区控制洪水的综合管理对策探讨 …………………………… 86

7.1 水土资源的利用及其管理 ·················· 86

7.2 河道工程管理 ·················· 86

7.3 滞洪区管理 ·················· 88

7.4 城区防洪排涝工程综合管理 ·················· 88

7.5 非工程措施管理的对策研究 ·················· 89

7.6 法律法规对策研究 ·················· 91

第2篇 管理洪水——从控制洪水向管理洪水的思路转变

8 国内外洪水管理的现状、进展及借鉴 ·················· 95

8.1 美国的洪水管理 ·················· 95

8.2 欧洲的洪水风险管理 ·················· 98

8.3 加拿大的洪水风险管理 ·················· 98

8.4 亚洲及太平洋地区的洪水风险管理 ·················· 99

8.5 大庆地区可以借鉴的洪灾风险管理经验 ·················· 99

9 大庆地区洪水特征及洪水管理的必要性分析 ·················· 101

9.1 洪水特征 ·················· 101

9.2 防洪安全保障需求变化的分析 ·················· 102

9.3 洪水管理的必要性 ·················· 105

9.4 洪水管理的功能转变 ·················· 106

10 大庆地区洪水风险管理的基本思路与内容 ·················· 109

10.1 洪水风险概述 ·················· 109

10.2 洪水灾害风险管理的内容 ·················· 110

10.3 洪水风险管理中的决策方案选择 ·················· 111

10.4 洪水灾害风险管理的主要方式和原则 ·················· 112

11 大庆地区洪水风险分析与管理 ·················· 114

11.1 洪涝灾害的基本属性分析 ·················· 114

11.2 洪水灾害风险分析 ·················· 116

11.3 社会经济发展与防洪安全保障需求分析 ·················· 121

11.4 洪水风险的影响分析 ·················· 123

11.5 洪水风险演变归因分析 ·················· 125

11.6 洪水区划及洪灾网格即时评估法 ·················· 127

12 洪水资源化管理及其有效利用途径 ·················· 133

12.1 洪水资源化的背景和理论基础 ·················· 133

12.2 洪水资源化的途径 ·················· 135

12.3 大庆地区推行洪水资源化的管理内容 ·················· 142

12.4 滞洪区的洪水资源化 ·················· 143

12.5 大庆地区洪水资源化潜力研究 ·················· 147

　　12.6　洪水资源化利用风险分析 ································· 150

　　12.7　洪水资源化面临的主要问题 ···························· 151

13　洪水优化调度与兴利管理 ································· 153

　　13.1　蓄滞洪区的洪水调度 ································· 153

　　13.2　大庆地区串联滞洪区兴利调度研究 ···················· 155

　　13.3　水库的洪水调度管理 ································· 167

14　大庆滞洪区管理的综合措施探讨 ························· 169

　　14.1　加强防洪工程范围内的土地利用规划 ···················· 169

　　14.2　大庆防洪保护区域内的洪水保险探索 ···················· 173

　　14.3　滞洪区洪水管理的相关政策调整 ························ 176

15　大庆地区洪水管理模式归纳与梳理 ······················· 179

　　15.1　洪水风险控制与洪水保险相结合模式 ···················· 179

　　15.2　洪水资源化的兴利与雨、洪、污综合调控模式 ·············· 179

　　15.3　排水与生态环境用水、经营用水统一调度模式 ·············· 180

第3篇　经营洪水——资源化洪水利用及其综合效益提升研究

16　洪水经营的相关概念及理论基础 ························· 183

　　16.1　相关概念 ··· 183

　　16.2　洪水资源化利用及其经营的理论基础 ···················· 183

17　洪水资源化利用的有效配置及权属问题分析 ················ 190

　　17.1　资源化洪水利用的配置问题 ···························· 190

　　17.2　资源化洪水利用的政策和结构性问题 ···················· 193

　　17.3　利益相关者权利问题 ································· 194

18　洪水资源化利用的水权明晰及分配 ······················· 195

　　18.1　资源化水权分配模型 ································· 195

　　18.2　大庆地区洪水资源化利用的水权分配案例研究 ·············· 199

19　洪水资源化利用的成本与效益分析——以湿地补水为例 ········· 212

　　19.1　大庆地区湿地概况 ··································· 212

　　19.2　成本效益分析方法 ··································· 214

　　19.3　洪水资源化利用的成本效益分析 ························ 215

20　洪水经营模式的探索 ································· 222

　　20.1　生态环境补水补偿的常态化模式 ························ 222

　　20.2　水权交易模式 ····································· 224

　　20.3　利益相关者风险共担模式 ···························· 225

参考文献 ··· 228

0 绪 论

2011 年中央一号文件明确提出 2020 年基本建成防洪抗旱减灾体系、基本建成水资源合理配置和高效利用体系、基本建成水资源保护和河湖健康保障体系等目标；其亮点是：立足国情水情变化，从战略和全局高度出发，明确了新时期的水利发展战略定位，强调水是生命之源、生产之要、生态之基。文件第一次全面深刻阐述水利在现代农业建设、经济社会发展和生态环境改善中的重要地位，第一次鲜明提出水利具有很强的公益性、基础性、战略性，第一次将水利提升到关系经济安全、生态安全、国家安全的战略高度。2013年，党的十八大报告中将水利放在生态文明建设的突出位置，提出要按照人口资源环境相均衡、经济社会生态效益相统一的原则，明确全面促进资源节约，大幅降低能源、水、土地消耗强度，提高利用效率和效益，加强水源地保护和用水总量管理，推进水循环利用，建设节水型社会。在水生态文明建设方面，强调要加大自然生态系统和环境保护力度，推进荒漠化、石漠化、水土流失综合治理，扩大森林、湖泊、湿地面积。在水利基础设施建设方面，强调要加快水利建设，增强城乡防洪抗旱排涝能力，强化水、大气、土壤等污染防治。在水利改革创新方面，强调要完善最严格的水资源管理制度，深化资源性产品价格和税费改革，建立反映市场供求和资源稀缺程度、体现生态价值和代际补偿的资源有偿使用制度和生态补偿制度，积极开展排污权、水权交易试点。这些目标的提出，都警示我们工作在基层防洪管理部门的人员必须对洪水问题进行深刻的思考：针对经济社会发展对防洪排涝、资源利用等提出的新要求，明确治水新思路，特别是对防洪工作重新做出战略性的调整。即防洪工作要实现"从控制洪水向管理洪水转变"的战略性转变，科学控制洪水、调蓄洪水、利用洪水，提高防御洪水灾害的能力，实现区域性人与自然和谐相处，保障石油生产和人民生命财产安全以及区域经济社会的可持续发展。

所谓控制洪水，是指按照人们的意愿，主要通过工程措施改变洪水的自然状况，调控洪水的相关要素，以达到防洪减灾的目的（何少斌，2008）。控制洪水则主要考虑保证防洪安全从人与水的关系来看，我国防洪大体上已经经历了两个历史阶段（鄂竟平，2008）：①人适应水的阶段，以人类被动适应自然为主要特征；②水适应人的阶段，以人类主动改造自然为主要特征。即随着生产力水平的提高和人口的增加，人类改造自然的意愿和能力在增强。特别是人口增加后，人类对土地的需求不断增长，迫切需要对水进行控制，通过建设水利工程来改造河流、湖泊等调蓄洪水等以保障经济社会的安全。大庆防洪工程单一控制洪水办法，从整体上看，目前仍处于防洪的第二个阶段，即依靠工程控制洪水仍然是防汛的主要手段，也是防汛的主要目标，来最大限度地保障人民生命和财产、石油生产等的安全。

随着经济社会的快速发展和人口的不断增加，人水争地现象日渐加剧，蓄滞洪区内土地开发利用程度不断提高，天然湖泊洼地逐渐被围垦和侵占，蓄滞洪区调蓄洪水能力大大降低。与此同时，蓄滞洪区安全建设滞后，区内安全设施愈显匮乏，蓄洪水时居民生命财产安全得不到有效保障，水位低了，周边百姓牧副渔业受到影响；水位高了，财产损失受到威胁；加之政策、环境、管理等原因，区内无序开发问题突出，洪水调度十分困难，致使蓄滞洪区蓄泄洪水与保障区内居民生命财产安全和发展经济、生态等之间的矛盾越来越突出。

管理洪水是我国防洪战略安全的必然选择，从以往发达国家的经历和我国的具体实践也表明了这一点。根据大庆地区经济发展和石油生产所面临的形势，大庆滞洪区必须实施在控制洪水的基础上管理洪水，并且面临4大挑战：①流域防洪形势发生了显著变化，受自然因素和人类活动影响，流域内产汇流条件和水沙情势发生变化，造成洪水量级和特性产生了一定改变；②部分蓄滞洪区内的过量开发利用或泥沙淤积等，使洪水蓄泄情势发生了一定变化，同等量级洪水的洪水位抬高；③经济社会状况发生了深刻变化。随着经济社会的发展，特别是改革开放30多年来，大庆地区经济发展迅速，财富积累很快，现有的综合防洪能力与经济社会发展的需要已不完全相适应，需要适度调整，注重从单一控制洪水向管理洪水转变；④蓄滞洪区综合治理和开发保护有了更高要求，特别是党的十八大以来，蓄滞洪区要发挥改善居民生产、生活等作用的同时，也要重视蓄滞洪区在水资源利用、生态环境保护、生态文明建设等方面的综合功能。

管理洪水达到一定程度，还需要考虑如何去经营洪水，以进一步提高防洪安全和满足区域经济发展的生态需水、生产生活用水等，利用工程措施跨年度调节洪水，进而在明晰水权、水量分配和交易、生态补水补偿等基础上，达到洪水排、蓄结合，科学调度并使其得到资源化利用。

本书就是基于上述背景，针对大庆地区洪水管理现状、地方经济发展情况，广泛吸收国内、国外洪水管理的成功经验，加强从以往控制洪水向管理洪水转变的研究。通过对大庆防洪工程进行防洪能力分析，提出大庆防洪要从过去的控制洪水向管理洪水过渡，逐步提升到经营洪水，实现控制洪水、管理洪水、经营洪水"三大模式"相结合的综合管理模式。这个模式的核心思想是以减轻洪水灾害为宗旨；在此前提下，防洪调度要考虑排除洪水与兴利相结合，尽可能实现洪水的资源化利用；并使得这种水资源利用达到可持续性，要经营洪水，做到水权明晰、生态供水补偿以及激励各利益相关者的正的外部性行为。"三大模式"包含"五个具体模式"组成，其主要内容包括：

（1）洪水风险控制管理与洪水保险相结合模式。大庆防洪工程保护区内，有计划、有步骤地开展对洪水风险控制管理，根据滞洪区防洪能力变化，制定滞洪区管理的相应非工程措施，确定在不同洪水频率下保护范围内的不同财产损失率和经济损失的评估方法；汲取国内外洪水保险的经验和教训，适时开展洪水保险制度的试点。

（2）洪水资源化的兴利与雨、洪、污综合调控模式。可以尝试6个串联滞洪区联合调度，采用水库防洪兴利调度方式，设置兴利水位。探讨洪水资源化的有效途径，结合生态环境用水、农业用水、工业用水，对雨水、工矿企业排放的污水，特别是对青肯泡污水库等水源，加大净化和处理力度，使得各种可利用的水资源综合调控和运用。

（3）生态环境补水与生态补偿统一调度的常态化模式。根据大庆地区泡沼众多，但地处盐碱地，生态环境脆弱的情况，利用排水河道逐步增加湿地补水。加强生态补偿基础工作的研究，评估利益相关者的权责及其相关的用水指标、标准、价格等。使得生态环境补水与生态补偿统一调度成为常态化。

（4）水权交易模式。建立的水权分配模型将资源化的洪水定量分配到工业、农业和生态三大用水户中。用水户根据需水情况，可以通过水权交易来进行水权流转，如将多余的生态水权交易给经济用水，以实现洪水资源的最优配置。

（5）利益相关者风险共担模式。利益相关者包括政府、供水单位、用水户等。当滞洪区水量不足或发生水污染事件时，水资源的供给量不能满足各用水户的需求时，就会出现风险。供给量不足可能是由当年降雨量的减少或污染，也可能是由水资源配置效率低下等原因造成的。未来可以探讨建立风险基金以弥补上述风险存在时带来的损失。

第1篇

控 制 洪 水

——大庆滞洪区工程现状、问题及对策

1 防洪工程总体概况及滞洪区管理特点

1.1 防洪工程状况

1.1.1 基本情况概述

大庆防洪工程受益区所包围的面积为：北起双阳河，南到松花江，东至明水、青冈县城以东的分水岭，西至林甸东大堤和大庆"八三"管线；包含大庆、林甸、青冈、明水、安达、肇州、肇源等市（县），总面积 9800km²，耕地 438 万亩，草原 584 万亩❶，人口 152 万人。

大庆地区防洪工程受益面积加上排污工程总控制流域面积（含肇兰新河）近 2 万 km²，包括大中型滞洪区 5 座、两条渠道工程总长 210km 和各种水工建筑物近百座。主要承担着大庆地区防洪排涝及石油、石化企业工业废水、城市生产生活废水排放任务，工程效益区人口 300 余万人，耕地 57.69 万 hm²，草原 55.68 万 hm²。大庆地区防洪工程从 1991 年运行以来，累计为受益地区排放洪水和工业、生活废水 39.53 亿 m³，为大庆地区提供生态用水 5000 万 m³，为大庆石油高产稳产、石化工业发展、城乡发展提供了有力保障，创造了可观的社会效益、经济效益和生态效益。特别是在抵御 1998 年特大洪水期间，通过科学调度，防洪工程为确保石油石化企业生产和受益地区人民生活安全发挥了重要作用，工程减灾效益达 12 亿元。

1.1.2 防洪工程目标及工程建设沿革

大庆地区洪水来自双阳河、明水青冈坡地和大庆平原产流。大庆防洪工程包括 4 项目标：①滞洪区工程整治；②安肇新河整治；③明清坡水处理；④双阳河洪水处理。其建设沿革经历如下：

（1）1966 年开始开挖安肇新河，修建王花泡、中内泡、库里泡等滞洪区、部分排水沟等；同时，开挖肇兰新河人工排水渠；但工程标准低、不配套、年久失修、淤积堵塞，致使防洪能力很低。

（2）经历 1986 年、1987 年、1988 年洪水，1987 年水利部松辽水利委员会批准《大庆地区防洪规划》，1988 年开始由黑龙江省人民政府组织一期、二期施工（工程分三期完成），主要为安肇新河下游段（库里泡至松花江）开挖及其附属建筑物建设和北二十里泡、库里泡加固；二期工程包括安肇新河上游段（王花泡至北二十里泡）开挖及其附属建筑物建设、明清截流沟 46.74km 开挖；1992 年一期、二期工程完成，并于

---

❶　1 亩≈667m²。

1992年下半年开始第三期施工，主要为双阳河洪水处理（双阳河水库工程），三期工程于1994年完成。

1.1.3 防洪标准

大庆防洪工程完成后，大庆市可抵御100年一遇标准洪水，林甸县城和肇源县城为50年一遇标准洪水，其他各县可达20年一遇标准洪水。大庆地区防洪工程设计洪水防御标准见表1.1。

表 1.1　　　　　大庆地区防洪工程设计洪水防御标准表

防洪工程 ＼ 防洪标准		100年一遇	50年一遇	20年一遇	30年一遇
王花泡		√			
北二十里泡		√			
中内泡			√		
库里泡			√		
安肇新河	上游段		√		
	中游段			√	
	下游段		√		
明清截流沟	排水沟				√
	单侧筑堤			√	
双阳河水库及控制分洪		√			

注　资料来源于《黑龙江省大庆地区防洪一期、二期工程竣工验收资料汇编》（黑龙江省大庆地区防洪工程建设指挥部，1993）。

1.2　滞洪区管理特点分析

1.2.1　蓄滞洪区的概念

蓄滞洪区管理是运用法律、经济、技术和行政手段，对蓄滞洪区的防洪安全与建设进行管理的工作。通过管理，合理有效地运用蓄滞洪区安排超额洪水，使区内居民生活和经济活动适应防洪要求，达到防洪安全保障的目的。行洪区、分洪区、蓄洪区或滞洪区统称为蓄滞洪区。行洪区是指天然河道及其两侧或河岸大堤之间，在大洪水时用以宣泄洪水的区域；分洪区是利用平原区湖泊、洼地、淀泊修筑围堤，或利用原有低洼圩垸分泄河段超额洪水的区域；蓄洪区是分洪区发挥调洪性能的一种，它是指用于暂时蓄存河段分泄的超额洪水，待防洪情况许可时，再向区外排泄的区域；滞洪区也是分洪区起调洪性能的一种，这种区域具有"上吞下吐"的能力，其容量只能对河段分泄的洪水起到削减洪峰，或短期阻滞洪水作用。

按照蓄滞洪区分类，根据国务院办公厅转发的《关于加强蓄滞洪区建设与管理的若干意见》中的分类定义和原则，根据流域防洪系统的格局、蓄滞洪区在防洪系统中的作用与功能以及蓄滞洪区运用概率，结合蓄滞洪区建设与管理工作的实际需要进行综合分析，将蓄滞洪区划分为重要蓄滞洪区、一般蓄滞洪区与蓄滞洪保留区三类：

第一类为重要蓄滞洪区：在保障流域和区域整体防洪安全中的地位和作用十分突出，涉及省际防洪安全，对保护重要城市、地区和重要设施极为重要，由国务院、国家防汛抗旱总指挥部或流域防汛抗旱总指挥部调度，运用概率较高的蓄滞洪区。第二类为一般蓄滞洪区：对保护重要支流、局部地区或一般地区的防洪安全有重要作用，由流域防汛抗旱总指挥部或省级防汛指挥机构调度，运用概率相对较低的蓄滞洪区。第三类为蓄滞洪保留区：为防御流域超标准洪水而设置的，运用概率低但暂时还不能取消仍需要保留的蓄滞洪区。

分类的目的主要是为了明确各类蓄滞洪区在流域或区域防洪中的地位，分类指导蓄滞洪区的建设与管理；同时也是为满足蓄滞洪区规划编制与实施的需要，做到全面规划、急用先行、分期实施，并为选用安全建设模式提供依据。

1.2.2 大庆滞洪区特点

大庆防洪工程有滞洪湖泡组成，与各大流域规划建设的蓄滞洪区意义不是完全相同，其特点是：①滞洪区年年蓄水、排水，投入正常使用；②滞洪与利用相结合，排洪与排污相结合。大庆滞洪区不属于上述三类滞洪区，但具备其某些特点，原因是：

（1）在保障松花江、嫩江流域和区域整体防洪安全中的地位和作用十分突出，对大庆城市和石油生产设施极为重要。这一点，说明其作用与第一类相似。

（2）大庆滞洪区主要是承担和蓄、泄闭流区内积水（包含明清截流沟、双阳河来水），不是江河超额洪水分泄而来。与滞洪区概念有所区别。

（3）承担大庆油田污水储存、净化、排出的功能。

（4）而一般意义的滞洪区，只有在发生一定频率的洪水时才启用。而大庆滞洪区常年启用，常年蓄水，常年放水，设置起调水位。大庆滞洪区，由滞洪库区、排洪渠道组成的一种具有"上吞下吐"的能力，其容量对明清坡水、双阳河洪水及本地洪水起到削减洪峰，或短期阻滞洪水作用。历史上是洪水淹没和蓄洪的场所，由王花泡、北二十里泡、中内泡、老江身泡、库里泡等湖泊和排水渠道连接而成。与蓄滞洪区的三类划分有所区别。

（5）目前，全国除少数蓄滞洪区外，大多没有分洪闸、退洪闸，主要靠人工爆破或自动分洪蓄水，不仅影响蓄滞洪区与人民生命财产的安全，而且会对区内居民造成心理恐慌。分洪蓄水后，农田荒芜，不能发展生产；而大庆滞洪区排水系统完善，洪水调度和管理较为规范，而且常年运行，属于综合防洪工程体系。

（6）大庆滞洪区调度洪水是为了维护流域全局和保护油田安全生产，是一种社会公益性行为，洪水造成的损失是局部地区作出的一种牺牲。为滞洪区内居民创造良好的生存空间和发展环境，针对蓄滞洪区存在的问题，管理部门依据《中华人民共和国水法》《中华人民共和国防洪法》《关于加强蓄滞洪区建设与管理若干意见的通知》（国办发〔2006〕45号）等有关法律法规，以统筹兼顾防洪安全与改善民生的理念，促进区内社会经济发展的思路，从全局和战略的高度，对蓄滞洪区的建设与管理作出有效管理。根据蓄滞洪区的特点制定适宜的管理政策、措施和采用不同的建设模式和标准，提出加强蓄滞洪区风险管理的思路，完善相关法规、政策、制度的建议。

2 排水河道、滞洪区工程现状及 管理存在的问题分析

河道工程，是修建在河道及河道管理范围内的堤防、堤岸防护工程、交叉连接建筑物和管理设施等。河道工程是重要的基础设施、重要的民生工程（李德仁，2009）。

大庆的河道工程主要包括安肇新河河道和肇兰新河河道两部分，其中，安肇新河河道由王花泡滞洪区泄洪闸出口起，穿经北二十里泡、中内泡、七才泡、库里泡滞洪区至松花江左岸古恰闸止，河道长度总计 108.1km，河道的主要任务是排泄古恰闸以上七个滞洪区及各区间的来水；肇兰新河河道走向基本与滨洲铁路平行，河道主要任务是承担青肯泡滞洪区泄水，乙烯厂排污及区间排水，全长 103.749km。大庆地区防洪工程控制面积见表2.1。

表 2.1　　　　　　　　　大庆地区防洪工程控制面积表　　　　　　　　单位：km²

控制点	区间			合计	
	分片名称	集水面积	闭流面积	集水面积	控制面积
王花泡	大庆水库		60.0	4123.8	4214.7
	引渠—东大堤		30.9		
	双阳河以下区间	4123.8			
北二十里泡	红旗泡		40.0	4708.3	4876.3
	冯家围子		37.1		
	区间	584.5			
中内泡	中央排干	403.0		5728.2	5896.2
	兴隆泡	74.0			
	区间	542.9			
	小计	1019.9			
七才泡	七才泡排干	233.4		5961.6	6129.6
库里泡	老江身泡	784.3		9632.0	9800.0
	西干渠	1435.2			
	康家围子	171.1			
	东西大海	392.0			
	区间	887.8			
	小计	3670.64			
古恰闸	南引水库以上	3548.6		13830.0	14000.0
	区间	651.4			
	小计	4200.0			

注　资料来源于《黑龙江省大庆地区防洪工程管理处工程指南》（黑龙江省大庆地区防洪工程管理处，2005）。

2.1 河 道 工 程

2.1.1 安肇新河河道

2.1.1.1 河道工程概述

安肇新河河道主要包括：王花泡—北二十里泡河道，长 8.1km；北二十里泡—中内泡河道，长 16.9km；中内泡—库里泡河道，长 51.3km；库里泡—古恰闸河道，长 31.8km，总控制面积 14000km²，总集水面积 13830km²（大庆地区防洪工程管理处，2005）

河道的设计标准为：各河段均按 5 年一遇洪水流量 30～44m³/s 挖河，按 20 年一遇和 50 年一遇洪水标准筑堤，其中王花泡—北二十里泡和库里泡以下河道按 50 年一遇洪水流量筑堤，其余河段均按 20 年一遇洪水流量筑堤，各河段均采用一侧堤防兼作管理道路。

安肇新河河道上共有各种建筑物（包括明青截流沟）56 座（处）。其中闸枢纽工程 1 处，跌水 1 座，公路桥 8 座，农道桥 16 座，排水涵闸 19 座，坡水 8 处，涵洞 3 座。安肇新河河道建筑物汇总表见表 2.2。

表 2.2　　　　　　　　安肇新河河道建筑物汇总表

河段名称	建筑物/座（处）							
	公路桥	农道桥	跌水	涵闸	坡水	涵洞	枢纽	合计
王花泡—北二十里泡段	1	2		4				7
北二十里泡—中内泡段		3						3
中内泡—老江身泡段	2	3		6	3	3		17
老江身泡—库里泡段	2	3	1	5	5			16
库里泡下游段	3	5		4			1	13
合计	8	16	1	19	8	3	1	56

注　资料来源于《黑龙江省大庆地区防洪工程管理处工程指南》（黑龙江省大庆地区防洪工程管理处，2005）。

2.1.1.2 排水情况

大庆地区来水主要包括双阳河来水、安肇新河流域集水、工业和生活来水三部分。其中双阳河入大庆地区水量见表 2.3。

表 2.3　　　　　　　　双阳河入大庆地区水量

$P/\%$	1	2	5	10
来水总量/亿 m³	0.93	0.57	0.19	0

注　资料来源于《黑龙江省大庆地区防洪工程管理处工程指南》（黑龙江省大庆地区防洪工程管理处，2005）。

安肇新河排水汇总见表 2.4。

表 2.4   安肇新河排水汇总表

排水类别	集水面积/km²	项目	P				
			1%	2%	5%	10%	20%
自流排水	7230.7	洪量深/mm	88.5	71.6	50.30	34.6	20.4
		总量/亿 m³	6.40	5.18	3.62	2.50	1.48
强排	2401.3	洪量深/mm	61.95	50.12	35.0	24.22	14.38
		总量/亿 m³	1.49	1.20	0.84	0.58	0.34
合计	9632.0	总量/亿 m³	7.89	6.38	4.46	3.08	1.82

注 资料来源于《黑龙江省大庆地区防洪工程管理处工程指南》(黑龙江省大庆地区防洪工程管理处，2005)。

根据《大庆市排水规划》，大庆市每年工业、生活废水排放总量为 2.52 亿 m³，扣除当地利用 0.47 亿 m³，当地消耗 0.50 亿 m³ 和要求东排 0.85 亿 m³，经安肇新河南排的总量为 0.70 亿 m³。大庆市工业、生活废水南排排水出口分配见表 2.5。

表 2.5   大庆市工业、生活废水南排排水出口分配表

排水出口	排水量/亿 m³	时段	排水天数	平均流量/(m³/s)
北二十里泡	0.303	畅流期	194	1.81
中央排干	0.112	汛期、汛后	133	0.97
西排渠	0.252	畅流期	194	1.50
库里泡	0.033		194	0.20
合计	0.700			4.48

注 资料来源于《黑龙江省大庆地区防洪工程管理处工程指南》(黑龙江省大庆地区防洪工程管理处，2005)。

大庆市来水总量表见表 2.6。

表 2.6   大 庆 市 来 水 总 量 表

P/%	1	2	5	10	20
来水总量/亿 m³	9.52	7.65	5.35	3.78	2.62

注 库里泡以上控制面积为 9800km²，其中闭流面积 168.38km²(大庆水库 60.38km²，引渠以西 30.90km²，冯家围子 37.10km²，红旗泡 40.00km²)(黑龙江省水利勘测设计院，1989)。

2.1.2 肇兰新河河道

肇兰新河河道走向基本与滨洲铁路平行，在肇东市城北穿越肇兰公路向东南入二道河(呼兰河汊)；污水库新开段开段起于污水库排污闸，至肇兰新河入口处(4+600)，河道 10.749km。流域控制面积为 5210km²，河道总控制面积为 2686km²，肇兰新河始建于 1966 年，工程标准低、不配套，1984 年大庆乙烯厂外排污工程修建了新开挖河段，并对宝龙庄排干以上河道进行扩建，以下河段大部分为自然河道，总落差 26.79m，总比降 1/3400。1989 年 12 月黑龙江省水利设计院完成了《肇兰新河河道整治可行性研究报告(肇东桥以下河道)》，相继修建了四方、薄荷、巨宝跃水和桥梁等建筑物，1998 年 3 月黑龙江省水利设计院完成《肇兰新河整修加固工程初步设计报告书》，先后修建了二村、

军马场、前进跌水和桥涵闸等水工建筑物，河道纵向稳定基本得到控制。然而在河道的纵向下切时，已经形成向源性切割，致使两岸塌坡塌岸，特别是长井桥—肖家河河段，给工程管理带来极大不便。

（1）污水库新开挖河道。排污河道总长94.342km，其中从污水库排污闸至肇兰新河入口处（4+600）河道为新开段，是1984年乙烯厂外排污工程新开挖的河道，全长10.749km，进入肇兰新河后结合并利用肇兰新河长度83.593km。工程承泄污水库以上污水和区间农田、草原排水。按5年一遇洪水标准开挖，10年一遇洪水标准筑堤，正常排污流量10m³/s，非常情况下能通过28m³/s，此河段有十三村、二村农道桥及二村跌水工程（黑龙江省大庆地区防洪工程管理处，2005）。

（2）肇兰新河排水干渠。肇兰新河河道从青肯泡泄洪闸起到二道河子止全长93km，主要承担青肯泡滞洪区泄水、区间错峰排水和乙烯厂外排污任务。河道排涝按5年一遇设计，防洪标准按10年一遇洪水设计；肇兰新河两岸共有12条排水干渠，左岸5条：军马场排干、红庆排干、宝龙庄排干、靠山排干、二截支排干；右岸7条：宣化排干、宋站排干、尚家排干、肇东排干、石坚排干、姜家排干和三截支排干，排干的支流呈羽形排列。

2.1.3 明青截流沟

明青截流沟是大庆地区防洪工程的一部分，为解决明青坡地洪水对大庆、安达的威胁而修建的排水工程。工程穿越松嫩低平原的东部边缘，北部为双阳河滩地，南部为高平滩地，地势平坦，北部有沼泽化现象，南部有盐沼发育，丰水期季节性的地表积水，枯水季节盐碱地遍及各处。明青截流沟北起林明公路，北引乌南段76km交叉处，沿北引总干东侧，距总干70~80m，平行北引总干渠由北向南至萨尔图分干交叉折向东南，沿原明青截流沟直接汇入王花泡滞洪区。沟道全长62.80km，交叉点以上46.79km，交叉点以下16.01km。地势东北高，西南低，地形坡度大于1/1000。

截流沟总控制面积2161km²，其中交叉以上1938km²，交叉以下223km²，流经林甸、明水、青冈、安达四市（县）。

明青截流沟水工建筑物设计8座（处），其中农道桥7座，交叉枢纽1处。实际只修3座农道桥，1处交叉枢纽建筑物，加上原有哈满公路桥1座，共有5座（处）建筑物。

其中，农道桥到目前为止已完成了青冈站、东方红奶牛场和丁家屯三座农道桥交叉枢纽；交叉枢纽工程位于安达市文化乡奶牛场西2.5km处，截流沟在46+779处与北引东湖引水渠11.40km处成55°角平交，由泄洪闸、北引节制闸和东湖进水闸组成（大庆地区防洪工程管理处，2005）。

2.1.4 河道工程管理目标及存在的问题

2.1.4.1 管理目标

（1）确保工程安全。确保工程安全，是河道工程管理的最基本要求，也是管理单位的主要职责。不能满足这一点，河道工程就失去了作用，管理单位就失去了存在的意义。

（2）确保工程整洁美观。这是在确保河道工程安全的前提下，对河道工程管理工作提出的较高要求。

（3）达到人水和谐。人水和谐，是新形势下，按照科学发展观的要求，对河道工程管理工作提出的新的更高要求。人水和谐，把工程、管理者、被管理者有机地联系到一起，是社会进步、文明的体现。对河道工程管理工作的要求，是随着经济社会的发展而不断提高的，从最初的工程安全到今天的工程安全、整洁美观、人水和谐，更加体现了河道工程管理工作的科学化、人性化。

2.1.4.2　存在问题

（1）管理区域内土地产权不明晰，管理难度大。安肇新河始建于1966年，主要任务是排除大庆地区汛期积水产生的涝灾。1987年水利部松辽水利委员会规划大庆地区防洪工程安肇新河，1989—1992年按规划进行一期、二期工程建设，在原河道上改扩建。安肇新河的土地征用包括：

1）滞洪区工程占地，只含王花泡、中内泡、库里泡的工程本身占地和工程保护用地，不包括水面；但库里泡肇源境内水位低于131.00m的土地已征用。

2）河道工程占地、管理站建设用地、明清截流沟部分段落的占地已征用；各个滞洪区内土地没有征用。

3）1983年大庆乙烯厂明渠排污工程兴建，同时将青肯泡滞洪区建隔离坝隔离出污水库承泄污水。当时石化总厂与地方政府商定，污水库、隔离坝、沿途新开河道、所经肇兰新河段、管理站等征用，其他没有征用。

（2）挤占行洪水道问题严重。修建大庆防洪工程之初，泄水沟道大部分利用了天然泡沼行洪，有的河道一侧筑堤，而另一侧利用自然洼地行洪，没有筑堤，土地又没有征用，地界不清，养鱼户就在此侧再建坝筑堤围垦养鱼，改变了利用天然泡沼和自然洼地行洪的用途，减少了行洪断面使得下泄水量减少，对防洪安全形成了新的威胁。

（3）认识不到位，增加了管理工作的难度。①重工程建设、轻工程管理，特别是轻非工程防洪措施的管理和应用；②人们水患意识淡薄，加上平时的河道工程管理工作不像有些工作，它的经济效益只有在洪水年份才能明显体现，而这个明显的效益是基于非大水年的建设和管理的，这就使人们平时缺乏对管理工作重要性的认识；③河道工程管理工作不到位所产生的后果存在滞后性（一般要到汛期，甚至有的要到大汛期才能显现），加上管理工作的复杂性，导致管理工作不到位的责任难追究，削弱了各级政府部门以及河道工程管理者的责任意识。

（4）运行管理经费不足，约束了管理工作的难度。根据国务院《水利工程管理体制改革实施意见》定性，河道工程管理单位属纯公益型事业单位，其"两项经费"应由各级政府负担。按水利部、财政部的《堤防工程维修养护定额标准》测算，堤防工程基本维修养护经费每公里要4.2万元，而现在实际不足1万元，不到定额标准的1/4。管理单位有许多要做的事没钱做，许多急需解决的问题没钱解决。由于维修养护不及时，造成许多小问题渐渐成为大问题，甚至成为防汛的隐患，降低了工程的实际使用效果，增大了防汛的压力。特别是大庆防洪工程的河道河堤，由于盐碱土的作用，侵蚀、滑坡等现象严重，治理难度较大。

（5）依法管理不到位，削弱了管理工作的力度。①缺乏法律依据，国家虽然颁布了《中华人民共和国水法》《中华人民共和国防洪法》及《中华人民共和国河道管理条例》，各地也相应制定了配套的实施办法，但从法律角度上，河道工程管理单位缺乏应有的法律地位。对于水事违法行为，管理单位没有处理的权力。②制止缺乏有力手段，只有靠做工作、宣传教育，当事人不听，就没有办法。唯一的手段是向水行政主管部门申报立案处理。③水政执法缺乏有力手段。当事人如果不配合，调查取证难度很大。④水行政主管部门作出的处罚决定，当事人不履行，也没有办法。由于滞洪区没有政府公告或相关管理条例作为依据，纠纷事件繁多，只靠人民法院立案执法还是不客观的。

2.2 滞洪区工程及其存在问题

2.2.1 滞洪区工程概况

大庆地区防洪工程设计调洪成果汇总表见表2.7。

表 2.7   大庆地区防洪工程设计调洪成果汇总表

项目	频率	王花泡	北二十里泡	中内泡	七才泡	库里泡
控制面积/km²		4215	4786	5896	6130	9800
集水面积/km²		4124	4708	5728	5962	9632
来水总量/亿 m³	$P=1\%$	4.58	5.40	6.30	6.52	9.52
	$P=2\%$	3.52	4.25	5.00	5.17	7.65
	$P=5\%$	2.25	2.85	3.41	3.53	5.35
	$P=20\%$	0.84	1.26	1.56	1.60	2.62
洪峰流量/(m³/s)	$P=1\%$	406	141	200	121	345
	$P=2\%$	331	117	169	103	290
	$P=5\%$	233	87	127	73	197
	$P=20\%$	101	42	56	38	79
最大泄流量 /(m³/s)	$P=1\%$	90	85	118	116	140
	$P=2\%$	70	69	100	99	120
	$P=5\%$	60	58	70	70	100
	$P=20\%$	30	30	37	35	50
总库容/万 m³	$P=1\%$	27658	92.37	63.01	39.46	270.29
	$P=2\%$	21545	71.06	55.24	36.53	211.72
	$P=5\%$	13937	55.49	45.60	30.72	138.61
	$P=20\%$	6234	30.45	24.92	22.55	54.33
最高水位/m	$P=1\%$	147.63	143.11	141.12	140.87	131.64
	$P=2\%$	147.31	142.83	140.89	140.63	131.23
	$P=5\%$	146.88	142.61	140.54	140.11	130.58
	$P=20\%$	146.20	142.21	139.67	139.28	129.63
起调水位/m		145.20	141.75	138.80	137.50	129.00
起调库容/万 m³		882	10.15	11.14	8.50	20.49
闸宽/m		16.00	25.00	8.20	29	12.41
闸坎高/m		145.00	140.00	138.5	137.48	128.7

注 资料来源于《黑龙江省大庆地区防洪工程管理处工程指南》(黑龙江省大庆地区防洪工程管理处，2005)。

2.2.2　王花泡滞洪区

王花泡滞洪区位于大庆地区中北部、安达市境内北部，系作为调蓄双阳河洪水、明青坡水及黑鱼泡下泄洪水，以保证大庆市和下游广大地区防洪安全的关键性工程，在主汛期黑鱼泡和大庆水库泄洪也汇入王花泡。泄洪区控制面积 4215km^2，集水面积 4124km^2，工程等级为二等 3 级。按 100 年一遇洪水设计，总库容 2.7658 亿 m^3，设计水位 147.63m，相应库水面积 207km^2，库容曲线见图 2.1。

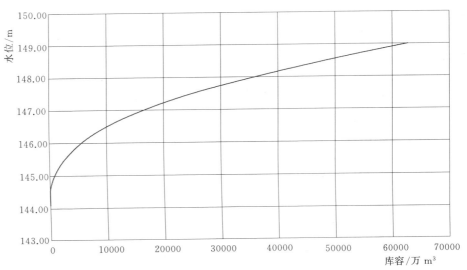

图 2.1　王花泡水位库容曲线（含燎原水库）

王花泡滞洪区由主坝、东副坝、七段西副坝以及一座泄洪闸组成。王花泡滞洪区大坝由主坝、东副坝和七段西副坝组成。主坝从代家围子起到马家店止，全长 6964m，坝顶高程为 149.6m，坝上游坡为 1∶3。东副坝从王老九屯东起到代家围子止，全长 5504m，东副坝与主坝相连，护坡及护坡型式与主坝相同。西副坝利用自然岗包之间洼地围堵而成，共有七段，总长 11528m（黑龙江省大庆地区防洪工程管理处，2005）。

泄洪闸是 1966 年兴建，1989 年扩建，泄洪闸 4 孔，每孔宽度 4.0m，闸门型式为平板钢闸门。底坎高程 145.00m，最大泄量 90m^3/s。

2.2.3　北二十里泡滞洪区

北二十里泡滞洪区位于大庆地区中部、大庆市中心城市东侧，滞洪区周围有龙凤、卧里屯两个重要工业区，泡内有滨洲铁路、301 国道、石化总厂输送原料的龙卧管带以及众多的工业设施等。它的作用是承蓄王花泡、红旗泡水库、先锋排干以及大庆部分油田、龙卧地区工业废水和卧里屯、龙凤等城镇排水。工程控制面积 4876.3km^2，集水面积 4708.3km^2，滞洪区工程为三等 3 级。采用 100 年一遇洪水设计，库容 0.9237 亿 m^3，设计水位 143.11m，相应库水面积 74.50km^2，库容曲线见图 2.2。

2001 年北二十里泡已被黑龙江省认定为龙凤自然保护区，是全国仅有的城市市区内

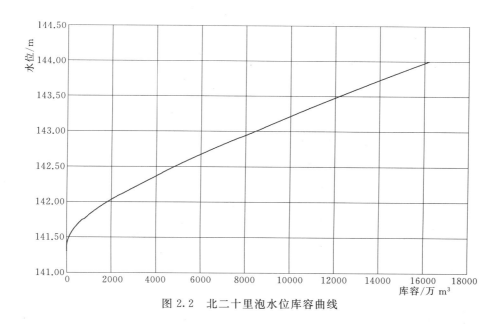

图 2.2　北二十里泡水位库容曲线

的湿地自然保护区，保护区面积为 5050.39hm²。据调查，库区内发现有 76 种鸟类（迁徙或就地繁衍），其中珍稀鸟类有 19 种，国家一级保护鸟类有 4 种，二级保护鸟类有 5 种，这里已成为水禽的重要栖息地。

北二十里泡滞洪区由于芦苇丛生，公交设施纵横，糙率系数较大，阻水严重。泡内水面比降较大，入口、出口水位差约 1.0m，出口流速约在 0.1m/s 以下，从而导致 1998 年洪水泄流不畅。

为解决滞洪区由于芦苇阻水问题，1999 年城市防洪应急度汛工程包括北二十里泡清障挖河工程。采用王花泡按 100 年一遇最大泄量 90m³/s，清障挖河长 15.3km，河底宽 44m，边坡 1：3，比降 1/10000。

北二十里泡泄洪闸兴建于 1989 年，5 孔，每孔宽 5m，净宽 25.0m，最大泄量 93m³/s。

2.2.4　中内泡滞洪区

中内泡滞洪区位于大庆地区中南部，大庆市红岗区东南部与安达市交界处。它的作用是承担北二十里泡泄水、大庆市中央排干、东部排干和安达市兴隆排水的来水，以及承担安肇新河的错峰、削峰任务，起着承上启下的重要作用。

工程控制面积 5896.2km²，集水面积 5728.2km²，工程等级为三等 3 级，采用 50 年一遇洪水设计，100 年一遇洪水校核。设计库容 0.5524 亿 m³，设计水位 140.89m，相应库水面积 32.30km²；校核库容 0.6301 亿 m³，校核水位 141.12m，相应库水面积 34.10km²。该滞洪区由主坝、142 副坝和两座泄洪闸组成，库容曲线见图 2.3。

中内泡大坝由主坝和 142 副坝组成，主坝从荣家屯起到中内泡屯南止，全长 2852m，坝顶高程 142.70m，坝顶宽度 6m，上游护坡为 1：2.5。中内泡原闸兴建于 1966 年，为 2

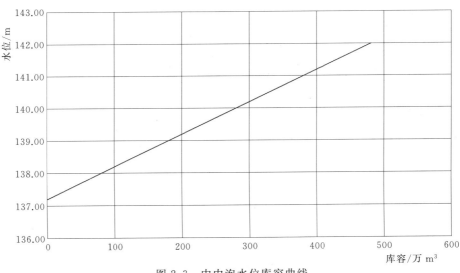

图2.3　中内泡水位库容曲线

孔，每孔宽4.0m，净宽8.0m。底坎高程138.50m，最大泄量为43m³/s。由于防洪设计标准从20年一遇提高到50年一遇，泄洪能力要相应提高，为此在旧闸右侧40m处增建新闸一座，其4孔，每孔宽5m，净宽20m，底坎高程为138.00m，最大泄量87.40m³/s。

两闸泄洪时联合运用，当下泄100年一遇洪水时两闸全开，下泄50年一遇洪水时新闸全部开起，旧闸控制流量。

2.2.5　七才泡滞洪区

七才泡滞洪区位于中内泡下游，是一个无坝、无闸，靠自然调节的滞洪区，承担着中内泡泄洪和七才泡排干来水的调蓄任务，出口与安肇新河渠道连接，出口宽度29m，出口底高程137.48m，工程总控制面积6130km²，集水面积5962km²。七才泡滞洪区调洪成果见表2.8。

表2.8　　　　　　　　　　　　七才泡滞洪区调洪成果汇总表

频率P	来水总量/万m³	洪峰流量/(m³/s)	最大泄流量/(m³/s)	总库容/万m³	最高水位/m	水库面积/km²
1%	62297	121.3	116.45	3946	140.87	13.00
2%	48773	103.3	99.27	3652	140.63	12.30
5%	31817	73.2	70.31	3000	140.11	10.75
20%	11766	38.0	34.88	2255	139.28	9.10

注　起调水位137.50m，起调库容850万m³。

2.2.6　老江身泡滞洪区

老江身泡滞洪区位于安肇新河中游段老江身泡排干下游，为支流滞洪区，距安肇新河2.5km，在安肇新河中游（中内泡—老江身泡）段20+460处汇入安肇新河。因库容较小，滞洪能力有限，1989 年大庆地区防洪工程初步设计时该滞洪区未纳入设计。经近几年特别是 1988 年大洪水的冲刷，大坝和泄洪闸均出现严重水毁，且因闸门底坎过高，现已经不能很好地调节蓄水。1996 年在老江身泡排干 12km 处新开挖了升平排水渠，来水直接泄入安肇新河。这样老江身泡排干 12km 处以上集水面积全部由升平排干控制进入安肇新河。老江身泡滞洪区原集水面积 784km²，由于修建升平排干占集水面积 554km²，现老江身泡排干集水面积 230km²。

该滞洪区主要承蓄老江身泡排干、升平油田截流沟来水和肇州杏山涝区排水，经蓄洪区蓄水调节后汇入安肇新河，原工程集水面积 784km²。采用 20 年一遇洪水设计，设计水位为 140.00m，设计流量 26m³/s；100 年一遇洪水校核，校核水位 141.10m，校核流量 49m³/s，相应库水面积 11.8km²，相应库容 0.418 亿 m³。死库容为 0.09 亿 m³，相应水位 138.00m，库容曲线见图 2.4。

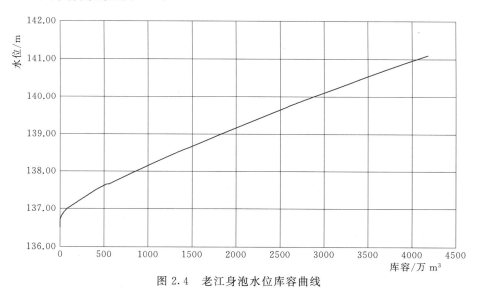

图 2.4　老江身泡水位库容曲线

大坝为黏土均质坝，坝长 2420m，坝顶宽度 4m，坝顶高程 142m，最大坝高 4.83m，上游坡度比为 1∶3，下游坝坡比为 1∶2.5，上下游护坡均采用种草护坡型式。闸门为平板闸门，2 孔，净宽 6m，底坎高程为 138.0m。

2.2.7　库里泡滞洪区

库里泡滞洪区位于大庆地区的南部，大庆市大同区、肇源县、肇州县交界处，承接中内泡、老江身泡排干、升平排干和西排干来水。在调控安肇新河洪水泄入松花江，保证下游耕地、草原和肇源县城及其他城镇、村屯的安全起重要作用。工程总控制面积 9800km²，集水面积 9632km²。滞洪区工程等级为三等 3 级。采用 50 年一遇洪水设计，设计库容 2.1172 亿 m³，设计水位 131.23m（库容曲线见图 2.5），相应库水面积 131.00km²；100 年一遇洪水校核，校核库容 2.7029 亿 m³，校核水位 131.64m，相应库水面积 142.00km²。

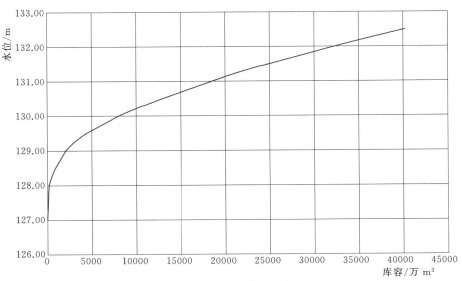

图 2.5　库里泡水位库容曲线

滞洪区由大坝、西副坝、老山头副坝和新、老两座泄洪闸组成。主坝长 1159m，最大坝高 5.20m；西副坝长 3641m，最大坝高 4.40m；老山头副坝长 2375m。各坝段的坝顶高程均为 133.00m，坝顶宽度均为 6m。库里泡原泄洪闸建于 1966 年，2 孔，每孔宽 6.5m，净宽 13.0m，底坎高程 128.70m，最大泄量 70m³/s。

2.2.8　青肯泡滞洪区

2.2.8.1　滞洪区部分

青肯泡滞洪区位于肇东、安达两市交界处，滨洲铁路曹家车站北侧，为自然大水泡子，泡底宽平，岸坡较陡，形成天然有利的滞洪区，承接东湖水库泄水，东北部有吉星岗、幸福两排干汇入，总控制面积 2524km²，占全流域面积的 50%。来水经滞洪区调蓄后，5 年一遇至 10 年一遇的洪水在汛期可以不放流，50 年一遇的洪水按下游过水能力控制泄流，100 年一遇洪峰流量削减 2/3，为下游治涝创造有利条件。青肯泡滞洪区设计为 50 年一遇防洪标准，设计水位 144.86m，相应的库容为 1.61 亿 m³，相应库水面积 132.40km²；100 年一遇校核，校核水位 145.12m，相应的库容为 1.917 亿 m³，相应库水面积 141.60km²，集水面积 2366km²，库容曲线见图 2.6。

幸福排干将西北排干和刘大壤碱沟来水引入青肯泡滞洪区，在青肯泡主坝东侧汇入滞洪区，排干全长 8.5km，跨安达、肇东两市，排干控制流域面积 1066km²，其中平原区 320km²，占 30%，丘陵区 746km²，占 70%。幸福排干 5 年一遇流量 35.8m³/s，10 年一遇流量 83.7m³/s，20 年一遇流量 146m³/s。

在青肯泡滞洪区北端有东湖水库泄水渠引入，渠首始于东湖泄水闸门，沿草原洼地穿越安兰（兰西县）公路入青肯泡滞洪区。全长 16km，泄量为 5.0～10.0m³/s。青肯泡大坝长 7100m，坝顶高程 146.90m，最大坝高 3.57m，迎水坡比 1：4，背水坡比 1：3，坝

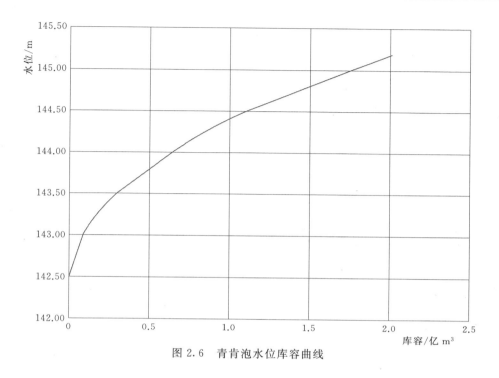

图 2.6　青肯泡水位库容曲线

顶宽度 5m。上下游护坡均为种草护坡形式。泄洪闸位于主坝中部，堰型为宽顶堰，闸底坎高程 142.5m，闸为 6 孔，每孔净宽 2m，最大泄量 76m³/s。

2.2.8.2　污水库及其调度

大庆 30 万 t 乙烯工程是经国务院批准建设的全国重点大中型工程之一，是一座大型石油化工企业，并与大庆石油化工总厂、大庆化肥厂共同构成大庆的石油化工基地，现已年产乙烯 48 万 t。1983 年大庆乙烯厂厂外明渠排污工程，确定了采用东线明排方案，为了节省投资而借用肇兰新河进行污水排放，修建了污水库。污水库是原青肯泡滞洪区的一部分，在青肯泡滞洪区南部修建隔坝工程，把滞洪区分为南、北两部分。隔坝以南为污水库，库水面积为 25km²，以备冬季储存大庆石化总厂、乙烯厂工业废水，经净化后次年汛期排出。污水库工程等级为四等，污水库集水面积 132.75km²。防洪标准按 20 年一遇洪水设计，设计水位 144.71m，校核污水库总库容为 2808 万 m³，库容曲线见图 2.7。污水库排污量每日按 10 万 t 计算，河道排涝按 5 年一遇洪水开挖，防洪堤按 10 年一遇洪水设计。排污方式为阶段均匀排污，年排污总天数为 132～134d，排污流量为 5～10m³/s。

污水库隔坝全长 8.6km，坝顶宽度 4m。污水库泄洪闸 3 孔，每孔宽 3.5m，设计排污量为 10m³/s。

污水库调度有确定以下原则：

（1）调度分正常情况（$P = 20\%$）、设计情况（$P = 5\%$）和校核情况（$P = 0.5\%$），从 11 月 11 日到次年 4 月 30 日为冬季储存污水时间。

（2）为了减少下游河道开挖工程量，在正常运用情况和设计运用情况时，排污和防洪排涝错开泄流，即汛期 7—8 月河道主要为防洪排涝，污水库不放流，余为排污时间。当

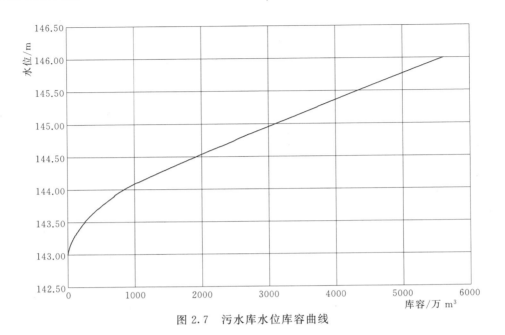

图 2.7　污水库水位库容曲线

汛期库水位超过设计水位时（校核情况），库闸门全部开启，自由排污，确保隔坝工程安全。

（3）为了充分利用水库的有效库容，汛前（6 月 30 日前）必须将库中污水放空到144.0m，以备蓄洪。汛后（9 月 1 日）至结冻前（11 月 10 日）水库再次放空，待冬季储存污水。

根据上述调洪原则，按汛前、汛后阶段均匀排污（正常运用）和集中排污（非正常运用）两种形式：

（1）污水库均匀排污（正常运用）操作制度。①小于 5 年一遇，汛前（5 月 1 日至 6 月 30 日）均匀排污，泄量为 5m³/s。汛后（9 月 1 日至 11 月 10 日）泄量为 3.6m³/s。②5 年一遇至 20 年一遇，5 月 1 日至 6 月 24 日，泄量为 5m³/s，当库水位超过 144.2m 时，加大泄量至 10m³/s。汛后泄量为 4.3m³/s。③20 年一遇至 200 年一遇，5 月 1 日至 6 月 24 日，泄量为 5m³/s，当库水位超过 144.25m 时，加大泄量至 11.6m³/s。8 月 30 日至 11 月 10 日，泄量 5.5m³/s。

（2）污水库集中排污（非常运用）操作制度。①$P \leqslant 20\%$，汛前水库两次腾空，汛后当库水位超过 144.80m 时，闸门就全部开启，自由泄流，直至库水位降为 144.0m。②$P > 5\%$，汛前、汛后均为两次腾空，当库水位超过 144.80m 时，闸门全开，自由泄流，最大泄量为 28.2m³/s（大庆地区防洪工程管理处，2005）。

2.2.9　滞洪区工程管理存在问题

大庆防洪工程修建之初，主要考虑防洪要求，工程防洪排涝建设仅停留在单一的防洪目标上，所以基本上以"早泄、多泄"为调度原则。各滞洪区起调水位均比较低，自由水面小。大庆油田开发之初，大庆地区人口、资源与生态环境问题的矛盾不太突出，防洪工程的任务定位也只是防洪，主要是解决洪涝灾害问题（常礼等，2012），对洪水的认识仅局限于灾害方面，没有把洪水作为资源来看待对洪水的调度，主要是排泄，而对洪水资源利用考究的很少。但随着全社会对生态的日益重视，特别是1998年大水后，连续出现干旱年份，雨洪资源化的呼声越来越高，加上大庆地区地表无天然河流，使大庆成为全国严重的缺水城市；更有大庆由于石油开采所形成的全国第二、黑龙江省最大的地下水降落漏斗，正在引发地表变形等严重的地质灾害和荒漠化（刘群义等，2004）。1998年松花江发生大洪水，嫩江大提多处破口进洪，但灾后发现地下水得到了很好的补充，其地下水的抗旱效益一直延续了几年。这个例子说明，解决缺水问题，必须把洪水作为资源来看待（苑长春，2011）。

基于上述原因，综合分析大庆防洪工程现状，主要存在以下问题，严重制约下一步的科学调度和管理。

（1）20世纪80年代后期，大庆地区连续发生严重洪涝灾害，暴露出防洪工作中的一些难以解决的矛盾：①低标准工程与高标准防洪要求的矛盾。这一地区防洪工程是20世纪60年代修建的，主要是为农业服务，工程标准低，与油田和石化企业高标准的防洪要求相差甚远，一遇较大降水，防洪工程超负荷运行，到处出险，四处告急，给防洪工作造成很大被动局面。②工程保护范围和工矿企业、交通设施安全的矛盾。70年代这一地区干旱，北二十里泡、王花泡、库里泡水位很低，大庆油田和石化企业在这些滞洪区打了油井，架设输油、输气管线，建设高速公路，将原有滞洪区占用，本属于清障对象，但这些设施不但不能清除，而且在汛期还要保证其安全，给滞洪区的洪水调度带来很大的困难。③上下游排蓄的矛盾。由于工程不配套，上下游各市（县）之间对洪水蓄泄的要求不一，上游要加大泄流量，下游则要减少泄流量，造成上下游排、蓄、泄之间矛盾。④农田排水和油田安全矛盾。大庆油田地势低洼，按自然水势，一些农田排水要进入油田，为了保证油田安全，在油田四围修建防洪排水工程，截断农田排水出路，造成大片农田被淹。

（2）滞洪区没有政府公告，增加了滞洪区调度的难度。滞洪区由于上述问题，土地由乡镇出租或转包，泄洪或承洪区域内层层设障，养鱼池面积逐年增多，导致洪水下泄不畅，使得调度难行。大庆防洪管理处多次打报告给上级主管部门，2006年黑龙江省水利厅向省政府提出公告滞洪区防洪范围的请示，由于各方面原因至今没有得到批复。这就导致了管理单位和周边地方政府或群众在利用水土资源上分歧不断、纠纷时有发生；也使得管理部门执法手段软弱，行洪区内清障工作难以进行。

（3）双阳河洪水问题。解决双阳河洪水的根本措施是修建双阳河水库，起初因国家资金困难，一直未能实施，南支封闭工程也没有兴建，一旦双阳河出现较大的洪水，顺南支而下，再加上明青高地大量坡水下泄，严重危及大庆市的安全；1994年后，随着大庆防洪三期工程竣工完成，接着封闭双阳河南支，一定程度上缓解了该地区的防洪压力。

（4）工程标准低，不配套，质量较差。安肇新河原设计平槽泄量$10\sim15\mathrm{m}^3/\mathrm{s}$，堤防标准为10年一遇，由于"文化大革命"期间施工，工程没按设计断面开挖，再加上年久失修，渠道淤积严重，排水能力很低，仅能通过$5\sim8\mathrm{m}^3/\mathrm{s}$。

滞洪区工程，原设计标准为20年一遇，校核标准为100年一遇，为了节省投资，均没有护坡，堤坝断面不足，高度不够，筑坝土料，有些是分散土，因风浪和降雨的冲刷个别坝段坡角下沉，出现坝体坍塌下滑险工多处。1986 年汛期，中内泡、库里泡先后多处出现险情，动员近 2 万余人，上坝抢险加固。

（5）污水来量增加，滞洪区蓄洪库容减少。随着大庆油田开发建设和石油化工业迅速地发展，工业污水和生活废水外排量不断增加，据 1985 年调查资料统计，初步估算排入安肇新河年污水总量为 7200 万 m^3。由于大庆中央排干、东排干、西排干的开挖，增加汇流面积，原设计库里泡以上汇水面积为 7550km^2（不包括双阳河以上集水面积），增加汇流面积 2252km^2，100 年一遇增加洪量约 1.99 亿 m^3。

（6）安肇新河出口排水不畅。安肇新河出口自库里泡经牛毛沟水库，望海闸入松花江，八家河、牛毛沟河道弯曲淤积严重，芦苇丛生，影响排水。为解决安肇新河洪水出路，1986 年春进行下游出口段整修清淤，计划流量达到 15～20m^3/s，由于水下施工难度大、困难多没有按计划断面开挖，1986 年汛期，七家子闸实际流量不足 10m^3/s。为解决安肇新河排水出路，1987 年从肇源头台新开挖一条河道，从古恰闸入松花江（黑龙江省大庆地区防洪工程建设指挥部，1992）。

3 大庆地区历史洪水及灾情

3.1 洪 水 来 源 分 析

大庆地区防洪工程主要洪水来源为三部分：①双阳河洪水（南支封闭，有近 0.93 亿 m³ 洪水，不进入大庆地区）；②明青坡水；③本地降雨径流（含生产生活用水、企业污水）。

3.1.1 双阳河洪水

双阳河洪水曾是大庆地区主要洪水来源之一，为了从根本上解决双阳河洪水对大庆的危害，按照大庆工程防洪建设规划，1992—1996 年，在依安和林甸交界处建成了大庆地区防洪工程三期工程——双阳河水库。该水库位于依安县依龙镇东南，是以防洪为主、结合灌溉、养鱼等综合利用的枢纽工程。该水库控制流域面积 2241km²。水库由土坝、泄洪闸、灌溉洞和南支封闭堤组成。南支封闭堤长 18.1km，设计标准为 100 年一遇洪水。水库设计标准为 100 年一遇，校核标准为 1000 年一遇，总库容 2.98 亿 m³。其中，防洪库容 2.49 亿 m³，兴利库容 4900 万 m³，死库容 500 万 m³。泄洪闸为河床式，最大泄量 919m³/s。在泄洪闸两侧各设一座灌溉洞，最大流量 2.12m³/s。1997 年，水库正常蓄水。1998 年汛期遭遇大洪水，入库洪峰流量达到 888m³/s，出库流量 130m³/s，蓄水达到 16463 万 m³，发挥了拦洪削峰作用，减轻了洪水对大庆市、大庆油田和石化工业基地及林甸县城的危害。双阳河水库建成后，双阳河洪水不再进入大庆地区，基本解除了双阳河洪水对大庆地区的威胁（刘金和等，2012）。

3.1.2 明青坡水

明青坡水是大庆地区主要洪水来源之一。明青坡地位于大庆地区防洪工程最上游，是明青截流沟汇水流域，流域跨有明水、青冈、安达、林甸、依安等市（县），地势东北高，西南低，地形坡度大于 1/1000。明青坡地是暴雨洪水多发区，洪水流经明青截流沟后汇入王花泡滞洪区。

1989—1992 年，大庆地区防洪工程进行一期、二期工程建设，其中修建了明青截流沟工程。明青截流沟是大庆地区防洪工程的一部分，为解决明青坡地洪水对大庆、安达的威胁而修建的排水工程。工程穿越松嫩低平原的东部边缘，北部为双阳河滩地，南部为高平滩地，地势平坦，北部有沼泽化现象，南部有盐沼发育，丰水期季节性的地表积水，枯水季节盐碱地遍及各处。明青截流沟北起林明公路，北引乌南段 76km 交叉处，沿北引总干东侧，距总干 70～80m，平行北引总干渠由北向南至萨尔图分干交叉折向东南，沿原明青截流沟直接汇入王花泡滞洪区。沟道全长 62.80km，交叉点以上 46.79km，交叉点以下 16.01km。地势东北高，西南低，地形坡度大于 1/1000。截流沟总控制面积 2161km²，其中交叉以上 1938km²，交叉以下 223km²。

3.1.3　本地降雨径流

大庆地区防洪工程位于松嫩平原嫩左岸地区中部，北起双阳河，南抵松花江，东至明水、青冈县城以东的分水岭，西至大庆"八三"管堤。控制面积 14000km²，由王花泡、北二十里泡、中内泡、七才泡、老江身泡、库里泡等滞洪区，108.1km 的河道及明青截流沟组成，工程跨经齐齐哈尔、大庆、安达、青冈、明水、林甸、依安、肇州、肇源等市（县）的一部分或大部分地区。由于大庆地区防洪工程控制面积较大，该地区被称为百湖之城，泡沼众多，大庆地区防洪工程又是该地区唯一排水出路，因此，本地降雨径流也是大庆地区防洪工程的主要洪水来源之一。该地区降雨量正常年份年降雨量 430mm 左右，1998 年和 2013 年降雨量较大，年降雨量平均达到 600mm 左右。

3.2　洪　　水

大庆市位于松嫩平原中安肇新河排水区的西南部。南北长约 138km，东西宽约 73km，总面积 5500km²，全市洪水威胁主要来自双阳河和明水、青冈坡地，以及当地草原产流。

双阳河发源于拜泉县，至伊安龙镇进入平原就失去河身，漫滩宽约 4km。至李县长窝棚，分流为南西两支，分流比例为 2∶1，分流口以上积水面积 2300km²。20 年一遇洪水总量约 2 亿 m³，100 年一遇洪水总量约 3.6 亿 m³。

王花泡以上至双阳河之间内括明水、青冈坡地和草原区总面积 4184km²。加双阳河自然情况来水，20 年一遇来水量为 3.4 亿 m³，100 年一遇为 6.1 亿 m³。

大庆地区洪水来自双阳河、明水、青冈坡地和大庆平原产流。据以往调查，双阳河在1911 年、1929 年、1932 年、1941 年和 1945 年均有大水，以 1932 年和 1945 年洪水最大。设水文站后，实测有 1962 年、1969 年大水。按自然情况，到四方堤分流口，2/3 的洪水向南进入该地区。明青坡地、大庆平原在 1932 年、1945 年也是大水（黑龙江省大庆地区防洪工程建设指挥部，1992）。

1945 年，双阳河洪水南下，过哈满公路，一部分汇入现在的大庆喇嘛甸油田区，另一部分洪水经黑鱼泡奔王花泡与明青坡水会合，冲过北二十里泡，滨洲铁路停运，洪水至中内泡折向西，经现在红岗油田、创业、杏南、太北等油田区，奔库里泡，经八家河入松花江。按当时土地利用情况统计，淹安达、明水、林甸等县耕地约 50 万亩，村屯 200 余个。据调查分析，1945 年双阳河洪水为 20 年一遇，最大洪峰为 500m³/s，其中约 66% 流经南支，34% 流经西支，按 1966 年调查当时土地利用情况统计，该年洪水除淹大庆油田、化工区部分土地和林甸镇外，还淹没安达、明水、林甸等县（市）耕地 50.8 万亩，草原110 万亩，村屯 200 余个，具体见表 3.1。

表 3.1　　　　　　　　　　　　**1945 年和 1962 年双阳河洪水灾害统计表**　　　　　单位：万亩

县别	洪泛面积			
	1945 年		1962 年	
	耕地	草原	耕地	草原
林甸县	47.1	51	3	32
明水县	0	10	0	10
青冈县	0.9	12.5	0.9	12.5
安达县	2.8	38.5	0	28.5
合计	50.8	112	3.9	83

注　资料来源于《大庆地区防洪建设总结》（黑龙江省大庆地区防洪工程建设指挥部，1992）。

　　1962 年双阳河发生大水，自拜泉至依安双阳河洪水漫摊宽达 1～1.5km，沿河两岸约 2 万亩农田颗粒无收。林甸北大堤、东大堤，经过防洪抢险方免于溃决。该年洪水发生时间较晚，南支水流多滞于草原洼地，次年春化冻后，全部流入黑鱼泡。据调查 1963 年进入黑鱼泡的洪水总量达 2.5 亿 m³。因该泡南出口当时堵塞，迫使水流西串侵入喇嘛甸油田区，淹没 30km²，严重影响油田区生产建设。

　　自从 1959 年大庆油田开始开发，相继石油化工业蓬勃发展以来，大庆地区的经济发生了根本的变化，已经由农牧业为主的经济改变为石油生产和石化工业为主的经济。1966 年开始进行了"安达闭流区治理"的规划建设，在该地区修了安肇新河和一些滞洪区等防洪工程。但是，这些工程的服务对象，仍然以农牧业为主，工程标准低，存在的问题多。从这以后至 20 世纪 70 年代，该地区处于枯水周期，没有发生灾害。自 80 年代以来，进入丰水期，下垫面产流条件也有了不少变化，工业、生活废水排放量大增，境内蓄水量增加，可用调蓄容量减少，以致近年来洪水灾害越来越大，越来越严重（详见表 3.2、表 3.3）。上述水灾损失，虽然并非全部由洪泛造成，也有内水淹没，但是安肇新河作为排水总承泄区，其排泄不畅，是致成内水为害的主要原因。

表 3.2　　　　　　　　　　　　**大庆地区历史洪水灾情及其频率统计**

项目 年份	防洪标准	洪水类型（内涝、决口等）	淹没范围（位置）	主要灾情（损失：亿元）
1945	50 年一遇	双阳河洪水（决口）	耕地 50 万亩、草原 110 万亩，村屯 200 余个	
1962		双阳河南支来水滞于平原，林甸北大堤决口，淹没约 30km²	1962 年直接淹没耕地约 4 万亩，草原 83 万亩	
1963		1963 年化冻后注入黑鱼泡。因该泡南出口堵塞，水流西串侵入喇嘛甸油田区，上一年决口未堵复、东大堤经过防洪抢险免于溃决	淹没 30km²	

续表

项目 年份	防洪标准	洪水类型 （内涝、决口等）	淹没范围 （位置）	主要灾情 （损失：亿元）
1983		400 眼油井被淹停产。这一年洪水造成大庆油田被淹面积达 255km²，水淹油井 2196 眼，占全部油井的 1/5	1983 年大庆市 6—7 月降雨 651mm，因内水排不出去，致使 400 眼油井被淹停产，到次年 6 月尚未排净积水，致使停产油井没有完全恢复生产，按原油 100 元/t 计，平均每天损失约 80 万元	0.34
1986			淹油井 480 口，淹注水井 215 口	1.00
1987	15 年一遇	1987 年，双阳河来水 1.00 亿 m³，明青坡地和平原区来水 3.25 亿 m³，总来水 4.25 亿 m³		2.00
1988	50 年一遇	双阳河洪水 1988 年洪水总量 5.89 亿 m³，其中双阳河 0.97 亿 m³，坡水 1.05 亿 m³，平原区 3.87 亿 m³。全区平均相当 40 年一遇	大庆油田被淹没 255km²，淹油井 2196 眼，中转站和计量间 313 所，造成 64 个转井队停工，关井 433 眼，影响原油产量 54 万 t。大庆石化总厂为乙烯输送原料的龙卧管带有七条受到严重威胁，每天将影响产值 1600 万元。大庆一卧里屯高速公路过水浸泡 2km，路面受损，被迫封闭。滨洲铁路有 6km 受洪水威胁，700m 水漫路肩。大庆、安达、林甸、肇源四市（县）共淹耕地 210 万亩，其中绝产 90 万亩，淹没草原 500 万亩，冲毁公路 363 处，桥涵 298 座，进水房屋 2.4 万户，倒塌 2387 间，受灾人口 10 万人。直接损失额达 3 亿元	2.50
1998	双阳河超 100 年一遇洪水，明清坡水达 50 年一遇，嫩江达到 100 年一遇	大庆市 62 个乡镇受灾、村屯 2150 个；受灾农户 188713 户，受灾人口 970822 人；转移安置灾民 50.3 万人。直接经济损失 68 亿元	其中，农业损失 20.2 亿元，受灾农田 436.54 万亩，成灾 512.1 万亩；渔业损失 50668 万元，受灾养鱼水面 853701 亩；水利设施损失 48200 万元；堤防损坏 539km；危房 69898 户，209845 间，倒塌房屋 10269 户，319846 间；乡企设施损失 12092 万元；四县工业损失 16339 万元；公共设施损失 17223.3 万元；基础设施损失 45712 万元，受损邮电线路 62km，电力损失线路 2006km；受损公路 50 条 380km，受损桥涵 405 座	68.00
2013	50 年一遇	乌裕尔河和双阳河两河客水 50 年一遇，肇源、杜尔伯特和林甸受灾。加固堤坝 101km，妥善处置重大险情 100 多处、400 多次	通过补贴增购收获机械、集中组织抢收、及时修复损毁圈舍等办法，挽回农牧业损失 10 亿多元。省、市、县（区）累计投入重建资金 3.98 亿元，15298 户倒损房屋修复完成	安全转移群众 9218 人，人员无一伤亡，国堤无一处溃坝

资料来源：1.《黑龙江省大庆地区防洪工程管理处工程指南》（黑龙江省大庆地区防洪工程管理处，2005）；
2.《黑龙江省大庆地区防洪工程资料汇编》（黑龙江省大庆地区防洪工程管理处，1997）；
3.《1998 年松花江大洪水》（水利部松辽水利委员会，2002）。

表 3.3　　　　　　　　　历次洪水灾害统计表（洪水对城市的影响）

年份	防洪标准	受淹情况									
		面积/km²	耕地/万亩	草原/万亩	村屯/个	人口/万人	油井/眼	公路/km	电力线路/km	通信线路/km	其他
1932	100年一遇	5600	45	690	320	17					油田未开发
1945	20年一遇	1747	49.9	89.5	200	3					
1962	5年一遇	30	6.9	60.5	120	10	1500	300	500	480	油田初期开发
1969	50年一遇	2520	210	480	120	11.3	2196	1098	3200	1354	
1983	5年一遇	14.6	202	38.5	64	2.57	486	324	173	196	
1984	10年一遇	30	6.9	60.5	120	0	1500	300	500	480	
1986	10年一遇	30	8.7	30	79	8.2	1000	300	500	480	油田二次开发
1987	20年一遇	581	12.64	52	87	9.7	1550	467	723	965	
1988	50年一遇	2520	210	480	120	11.3	2196	1098	7200	1354	
1998	超100年一遇	3417.31	343	513	433	66.71	1504	147.54	7140	59.3	油田高产期

3.3　内　　涝

　　大庆地区分南部大同农业区和北部牧业区，都曾多次遭严重涝灾。1979—1981年、1983—1986年大庆地区涝灾损失见表3.4。

表 3.4　　　　　　　1979—1981年、1983—1986年大庆地区涝灾损失

年份 \ 项目	1979	1980	1981	1983	1984	1985	1986
成灾耕地面积/万亩	0.0375	0.3843	0.0735	2.08	1.26	13.95	11.11
损失粮食/万斤[①]	—	—	—	1396	966	1610	1468
损失金额/万元	3	32	6	833	297	428	984

①　1斤=500g。

　　1979—1981年、1983—1986年大庆地区涝灾的主要原因，是排水出路问题没有解决，安肇新河中内泡因龙凤石油化工总厂工业废水排入，一直被封闭，使安肇新河重又闭流，水位上升。虽然为了防汛安全，多次开闸放水，但库里泡以下安肇新河出口排水不畅（赵春友，2013），加上中内泡仍长期维持高水位，内部排水受阻，导致来排水量大增，使得全市境内水泡蓄水过量。1985年实测113处水泡中，有66处创历史最高水位，水泡调蓄能力大减，内涝灾害极易发生。

　　从1988年开始，到1994年后，随着大庆防洪工程一期、二期、三期工程的陆续完工，大庆地区的内涝得到缓解。

4 历年滞洪区水量调度过程及其存在问题分析

滞洪区作为水利工程的重要组成部分，在减轻洪水压力等方面起到了重要作用。滞洪区既是防洪减灾的重要手段，又是导致其局部利益损失最小的主要目标和对象。所以，本章主要在分析大庆滞洪区历年调度情况的基础上，进行对比研究，挖掘出滞洪区调度所存在的问题，以期得到解决并为大庆防洪兴利服务。

4.1 蓄滞洪区的地位及在流域防洪中的作用

大庆地区防洪工程对保障区域经济发展和油田及其居民生命财产起到重要作用，尤其是王花泡、北二十里泡、库里泡等滞洪区工程。但需要强调的是：大庆地区防洪的滞洪区工程与国家明文规定的真正意义的滞洪区，在功能上还有本质的区别。大庆滞洪区几乎年年启用，年年蓄水、放水。它承担着大庆地区洪水以及明清坡水的蓄泄功能，它的启用是按照既定的松花江流域或大庆地区防御洪水的调度方案实施的，其启用条件是：当某防洪重点保护区的防洪安全受到威胁时，按照调度权限，根据防御洪水调度方案，在汛前超过起调水位，即腾空库容；在汛期遇大洪水年份，由相应的人民政府、防汛指挥部下达命令，由蓄滞洪区管理单位与所在地人民政府负责组织实施。蓄滞洪区启用前必须做好如下准备工作：做好蓄滞洪区实施的调度程序；做好分洪口门、堤坝和进洪闸开启准备，沿安肇新河、肇兰新河沿线工矿企业、城镇、农村做好防汛准备工作。

大庆滞洪区的调度原则仍然坚持：从整体利益出发，为保大局安全，牺牲局部，确保重点。通过以往大庆地区洪水和滞洪区多年防洪调度及与抗洪斗争经验表明，大庆蓄滞洪区对保护大庆地区财产和生命损失所起作用具有不可替代性。加之松花江、嫩江洪峰高、洪量大，且丰枯变化大的特点，蓄滞洪区在较长的时期内仍是该地区防洪体系的重要组成部分。

4.2 防洪工程调度原则

4.2.1 调度原则

在总结1987年、1988年和1998年防汛的经验和提高认识的基础上，大庆地区拟定了以下调度原则：

（1）根据该地区泡沼洼地多的自然优势，充分利用现有滞洪区和河道工程，做到蓄泄兼施，统筹兼顾。

（2）适当加大河道泄量，尽可能早泄多泄，以求降低前期水位，利于迎接后续洪水。

（3）适当考虑除涝要求，留出一定除涝库容，以便同区间排水错峰。

（4）根据洪水预报，争取提前下泄。

（5）尽量提高各泄洪区库容的有效利用率，争取同步运行。

（6）泄洪能力要为调度管理留有余地。

（7）在安全运行的前提下，充分利用雨洪资源，保证生态环境、湿地用水。

4.2.2 调度运用制度

根据大庆地区防洪工程多年运用经验和汛期来水规律，滞洪区及河道工程水量调度制度确定如下：

（1）5年一遇洪水，暂按先关闸10d调洪。在管理制度中，可根据下游水情，适时关闸开闸。

（2）20年一遇以上洪水，按暴雨历时和暴雨趋向，并考虑管理工作上的逐步现代化，确定20年一遇关闸6d，50年一遇关闸5d，100年一遇关闸4d。根据预报水情，及时开闸放水，尽量降低滞洪区的前期水位，以便调蓄后续洪水。

（3）根据洪水预报确定的洪水重现期，限制最大的出流量，并经过约30d的调度，使各库都达最高水位后，泄流量同时减少，并且上游小、下游大，以实现大小泡沼和滞洪区库水位同时下落。

（4）各滞洪区库容的利用，基本不考虑蓄水兴利，尽量降低起调水位，争取在解冻前基本腾空，以利于工程管理养护，避免护坡的冻胀和冰推破坏。

（5）北二十里泡一般情况下出流量不做控制，尽可能下泄，但在5年一遇洪水需要错峰时，或高频率的暴雨中心位于下游时，可根据调度要求，适当控制。

4.3 历年滞洪区调度成果分析

大庆地区位于松嫩平原中部，东部有明青坡地，南邻松花江，西部有嫩江及乌双下游的九道沟和连环湖，北部有双阳河，特殊的地理环境使大庆地区形成了一个闭流区，因为没有天然的排洪河道，所以该地区长期遭受两大江的洪水威胁。为了打破区内闭流状态，减少洪涝灾害，从建市初期开始就开挖修建了一些滞洪区和排水干渠。其中主要的是安肇新河和肇兰新河（苑长春，2011）。安肇新河串联有5座滞洪区，即王花泡、北二十里泡、中内泡、七才泡、库里泡滞洪区。肇兰新河防洪工程主要包括青肯泡滞洪区和污水库及河道工程（林明，2013）。

4.3.1 历年滞洪区调度过程及库容、泄量变化

安肇新河工程的主要任务是以防洪为主，控制双阳河洪水、拦截明青坡水、调蓄、疏导上游洪水及平原区排水，将大庆地区100年以下标准的洪水安全泄入松花江，确保大庆油田、石化工业及大庆地区的防洪安全。肇兰新河位于肇东市和哈尔滨市的呼兰区内，始建于1966年，主要任务是排涝，1983年大庆乙烯厂厂外明渠排污工程借用肇兰新河进行

污水排放，加上肇东城镇生产、生活污水的排泄。

4.3.1.1 安肇新河及肇兰新河水量分配及历年泄量概况

在原设计方案中，安肇新河及肇兰新河的水量分配见表 4.1。表 4.1 中，安肇新河分配水量为 227493 万 m³，肇兰新河分配水量为 31910 万 m³，大庆市所占分配总量比例最大，为 43%，其次是石油管理局占 29%，各县所占水量分配比例相对较小。在水量分配上，安肇新河工业与生活用水分配大约为 2：1，而肇兰新河主要以工业用水为主，洪水期的洪水基本没有达到利用的效果。表 4.2 为安肇新河、肇兰新河历年泄量统计表，其中1998 年泄量最大，其次是 1999 年。安肇新河多年平均泄量为 2.33 亿 m³，肇兰新河的多年平均泄量为 0.49 亿 m³。

表 4.1　　　　　　　　安肇新河及肇兰新河的水量分配表　　　　　　单位：万 m³

单位	安肇新河				肇兰新河				合计
	洪水量	工业废水	生活废水	小计	洪水量	工业废水	生活废水	小计	
大庆市	90969	11200	5500	107669	0	4800	0	4800	112469
石油管理局	66301	7680	2310	76291	0	0	0	0	76291
石化总厂	11714	800	1320	13834	0	4800	0	4800	18634
其他驻矿单位	65	800	275	1140	0	0	0	0	1140
市、区各业	12770	1920	1595	16285	0	0	0	0	16285
肇州县	10	0	0	10	0	0	0	0	10
肇源县	88	0	0	88	0	0	0	0	88
林甸县	21	0	0	21	0	0	0	0	21
地方各县	5701	250	200	6151	10630	265	260	11155	17306
安达市	5392	250	200	5842	142	0	0	142	5984
肇东市	0	0	0	0	10377	265	260	10902	10902
青冈县	162	0	0	162	43	0	0	43	205
明水县	0	0	0	0	0	0	0	0	0
兰西县	0	0	0	0	60	0	0	60	60
呼兰县	0	0	0	0	5	0	0	5	5
四方山军马厂	0	0	0	0	1	0	0	1	1
哈大公路管理处	0	0	0	0	2	0	0	2	2

注　资料来源于《黑龙江省大庆地区防洪工程管理处工程指南》（黑龙江省大庆地区防洪工程管理处，2005）。

表 4.2　　　　　　　安肇新河、肇兰新河历年泄量统计表　　　　　单位：亿 m³

年份	1992	1993	1994	1995	1996	1997	1998
安肇新河	1.06	1.93	2.74	1.53	2.73	2.30	9.54
肇兰新河	0.31	0.60	0.91	0.54	0.38	0.45	1.81
合计	1.37	2.53	3.65	2.07	3.11	2.75	11.35
年份	1999	2000	2001	2002	2003	2004	2005
安肇新河	4.04	1.06	0.68	0.65	1.94	0.37	2.08
肇兰新河	0.58	0.35	0.18	0.10	0.14	0.14	0.35
合计	4.62	1.41	0.86	0.75	2.08	0.51	2.43

4.3.1.2 历年雨量情况

表 4.3 为各滞洪区历年雨量，各滞洪区多年平均雨量相差不大，其中以污水库、青肯泡最大，分别为 375mm、352mm，而老江身泡、库里泡雨量最小，分别为 253mm、264mm。

表 4.3 　　　　　　　　　　　滞 洪 区 历 年 雨 量 表 　　　　　　　　　单位：mm

年份	王花泡	北二十里泡	中内泡	老江身泡	库里泡	污水库	青肯泡
1993	458	428	480	441	456	746	492
1994	302	281	327	278	342	349	394
1995	188	95	253	109	274	305	315
1996	91	27	99	77	145	106	182
1997	390	365	247	157	303	378	407
1998	603	460	401	525	336	549	625
1999	257	309	287	271	244	282	261
2000	179	160	177	175	130	262	270
2001	281	242	115	45	76	65	202
2002	342	409	315	367	344	345	317
2003	429	400	369	281	283	533	448
2004	315	361	281	252	213	315	276
2005	611	478	377	342	432	558	527
2006	439	247	285	234	222	375	406
2007	268	234	231	170	211	295	221
2008	289	311	327	228	189	385	298
2009	322	316	330	210	341	435	400
2010	282	359	317	184	178	280	271
2011	231	305	420	406	252	378	290
2012	485	363	541	310	324	466	435
平均	338	308	309	253	265	375	352

注　此表根据大庆地区防洪工程管理处防汛办每年降水记录资料整理。

对比各滞洪区历年的雨量，以污水库 1993 年雨量为最大，见图 4.1，可以看出各滞

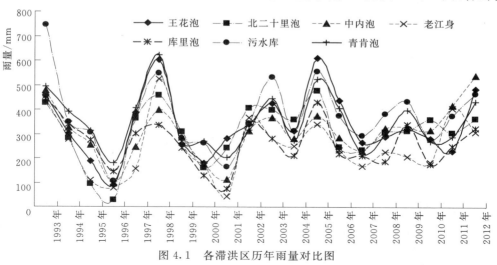

图 4.1　各滞洪区历年雨量对比图

洪区的雨量趋势大致相同，其中 1993 年、1998 年、2005 年、2012 年的雨量较大，分别为 3502mm、3498mm、3324mm、2924mm。

4.3.1.3　历年泄量

（1）王花泡滞洪区历年泄量。王花泡历年泄量变化见图 4.2，其中因 1998 年发生的超 100 年一遇的特大洪水，故 1998 年的滞洪区泄量为历年最大达 23531.9 万 m^3，其次为 1994 年和 2006 年，泄量分别为 10322.2 万 m^3、11781.5 万 m^3。而根据王花泡多年平均月泄量图（图 4.3），可知王花泡在每年汛期期间泄量较大，最大为 8 月多年平均泄量达 1164.2 万 m^3。

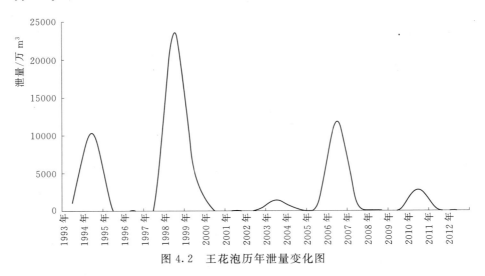

图 4.2　王花泡历年泄量变化图

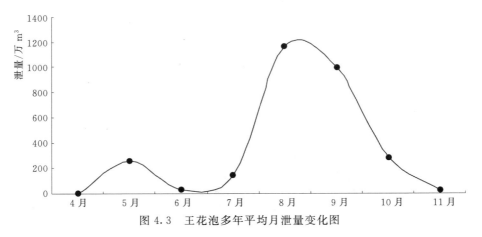

图 4.3　王花泡多年平均月泄量变化图

（2）北二十里泡滞洪区历年泄量。根据北二十里泡历年泄量变化图（图 4.4），同样北二十里泡滞洪区在 1998 年泄量最大为 31984.8 万 m^3，其次为 1999 年和 2006 年泄量分别为 11108.7 万 m^3 和 10372.3 万 m^3。而北二十里泡的泄量相对较大，多年平均泄量除 11 月外均在 400 万 m^3 以上，月平均最大泄量为 9 月 1557.3 万 m^3，其次为 8 月和 10 月，分别为 1457.7 万 m^3、998.2 万 m^3（图 4.5）。

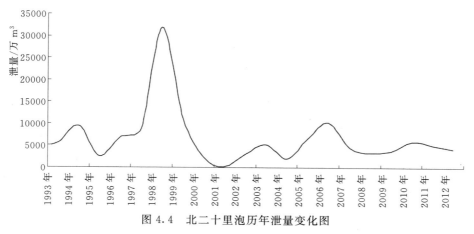

图 4.4 北二十里泡历年泄量变化图

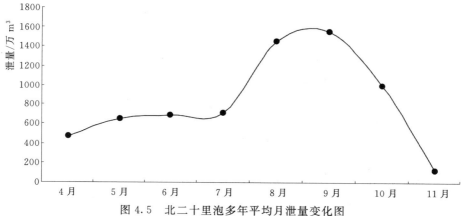

图 4.5 北二十里泡多年平均月泄量变化图

（3）中内泡滞洪区历年泄量。中内泡历年泄量相对较大，其中最大泄量为 1998 年达 37105.3 万 m³，其次为 1994 年和 2005 年，泄量分别为 24944.5 万 m³、16121.5 万 m³（图 4.6）。而如多年平均月泄量图所示，中内泡滞洪区 5 月、8—10 月平均泄量较大，分别为 1683.8 万 m³、2165.4 万 m³、2438.4 万 m³、1942.9 万 m³；4—11 月泄量除 4 月平

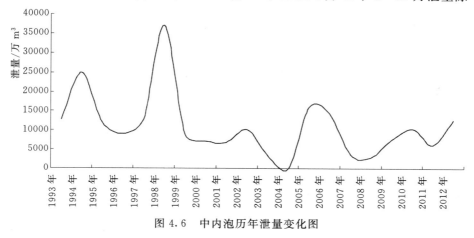

图 4.6 中内泡历年泄量变化图

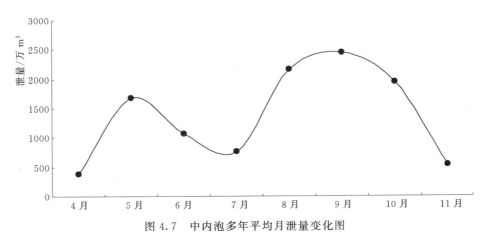

图 4.7 中内泡多年平均月泄量变化图

均泄量最小为 378.6 万 m³，其余各月平均泄量均超过 500 万 m³。

（4）老江身泡滞洪区历年泄量。老江身泡泄洪区除 2000 年总泄量为 4354.3 万 m³ 为近年最大泄量，其余各年总泄量均不足 700 万 m³（图 4.8）。而多年平均月泄量变化图（图 4.9）中表示，老江身泡泄洪区 5 月和 8 月多年平均月泄量为最大，分别为 120 万 m³、107.8 万 m³，其余各月泄量均低于 30 万 m³。

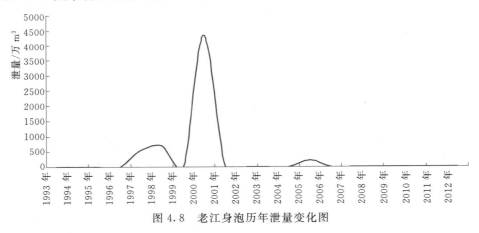

图 4.8 老江身泡历年泄量变化图

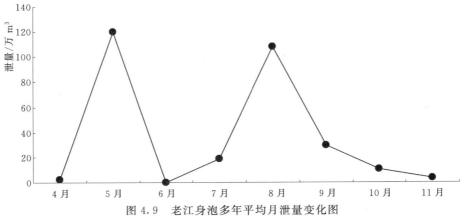

图 4.9 老江身泡多年平均月泄量变化图

（5）库里泡滞洪区历年泄量。库里泡为历年泄量相对最大的滞洪区，其中 1998 年泄量高达 74530.3 万 m³，在近 20 年中，1993—2000 年及 2003 年、2005 年、2006 年、2010 年、2012 年总泄量均高于 1 亿 m³，其中有 6 年高于 2 亿 m³（图 4.10）。而在多年平均月泄量的变化中（图 4.11），可以看出库里泡 4—11 月平均泄量均在 500 万 m³ 之上，其中 8—10 月平均泄量均高于 2900 万 m³。

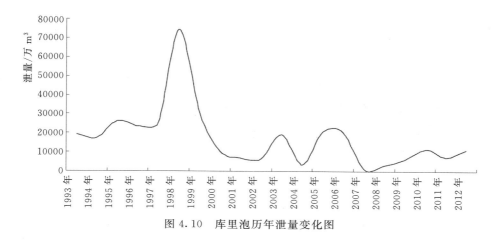

图 4.10　库里泡历年泄量变化图

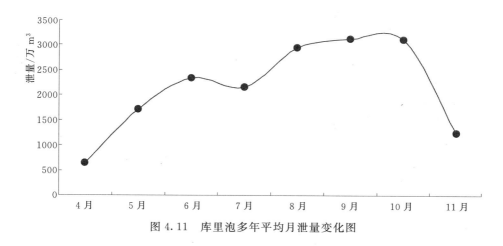

图 4.11　库里泡多年平均月泄量变化图

（6）污水库历年泄量。污水库滞洪区的泄量相对较小，近 20 年泄量均低于 1 亿 m³，其中 1994 年、1998 年、1999 年、2012 年泄量相对较大，分别为 5603.0 万 m³、4857.0 万 m³、4764.5 万 m³、7249.8 万 m³，见图 4.12，污水库的多年平均泄量中以 5 月和 10 月相对较大，分别为 574.8 万 m³、543.0 万 m³，见图 4.13。

（7）青肯泡滞洪区历年泄量。图 4.14 为青肯泡滞洪区历年泄量变化图，该区泄量除 1998 年泄量 13177.3 万 m³ 外，其余各年泄量均未超过 5000 万 m³，泄量较小。而在各月的泄量分配中，8 月的平均泄量最大，为 778.8 万 m³，其余各月平均泄量均小于 400 万 m³，见图 4.15。

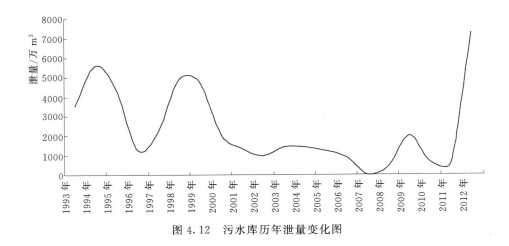

图 4.12　污水库历年泄量变化图

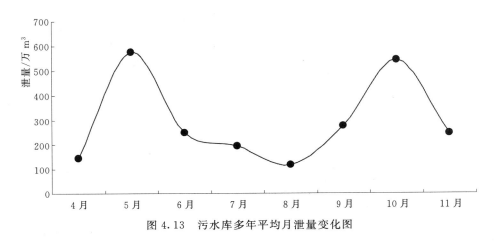

图 4.13　污水库多年平均月泄量变化图

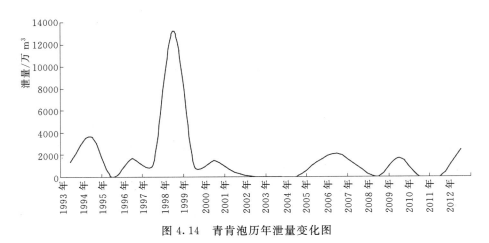

图 4.14　青肯泡历年泄量变化图

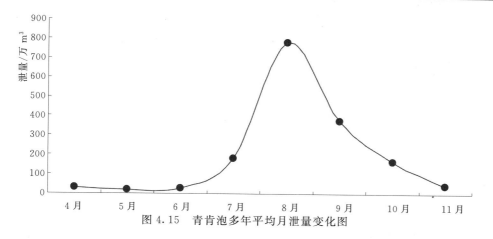

图 4.15 青肯泡多年平均月泄量变化图

综合各滞洪区的历年泄量（表 4.4），可以看出近 20 年来各滞洪区中，老江身泡总泄量最小，总计为 1511.11 万 m³；库里泡泄量最大，总计为 424406.82 万 m³；北二十里泡和中内泡泄量也较大，20 年泄量总计分别为 169737.72 万 m³ 和 286617.05 万 m³。

表 4.4 　　　　　大庆地区防洪工程 1993—2012 年各滞洪区泄量汇总表 　　　单位：万 m³

年份	王花泡	北二十里泡	中内泡	老江身泡	库里泡	污水库	青肯泡
1993	1055.81	5486.40	12737.09	0.00	19507.39	3504.38	1379.81
1994	10322.21	9436.61	24944.54	0.00	17331.84	5603.04	3672.86
1995	0.00	2533.25	12134.88	0.00	26164.51	4331.23	0.00
1996	0.00	6946.56	9024.48	0.00	23544.86	1275.26	1716.77
1997	0.00	8856.00	12659.33	567.22	25319.95	2222.21	1075.25
1998	23531.90	31984.85	37105.34	692.93	74530.37	4856.98	13177.30
1999	5264.35	11108.71	8947.84	35.40	30447.79	4764.53	941.76
2000	0.00	2430.86	7173.53	0.00	10574.50	2053.73	1477.44
2001	0.00	216.69	4354.30	0.00	6766.68	1357.95	422.93
2002	0.00	2999.81	6844.09	0.00	6450.80	965.95	0.00
2003	1382.40	5252.17	10260.52	0.00	19431.62	1422.49	0.00
2004	316.05	2015.61	3435.26	0.00	3664.22	1427.33	0.00
2005	514.94	6631.55	16121.55	215.57	20769.70	1226.02	1358.55
2006	11781.50	10372.32	14589.07	0.00	20445.70	907.20	2099.52
2007	812.16	4500.58	3695.33	0.00	1194.91	0.00	955.84
2008	0.00	3460.32	2868.48	0.00	3149.28	428.28	0.00
2009	0.00	3669.41	7535.81	0.00	5990.98	1990.66	1670.11
2010	2731.97	5884.79	10466.93	0.00	11566.37	660.10	0.00
2011	0.00	41786.32	68972.95	0.00	86212.77	8062.07	0.00
2012	0.00	4165.34	12745.73	0.00	11342.59	7249.82	2420.06
合计	57713.30	169737.72	286617.05	1511.11	424406.82	54309.23	32368.20

4.3.1.4 各滞洪区历年库容变化

（1）王花泡滞洪区历年库容变化。根据图 4.16，王花泡滞洪区在 1993—1997 年，库容量相对较小，最高不超过 5000 万 m³；而因 1998 年的大洪水库容升至 15780 万 m³，为历年最大值。同时，可观察得出王花泡在 8—10 月利用率较高，而在 5—6 月利用率较低。因降雨及季节等关系，年初库容高于年末库容。

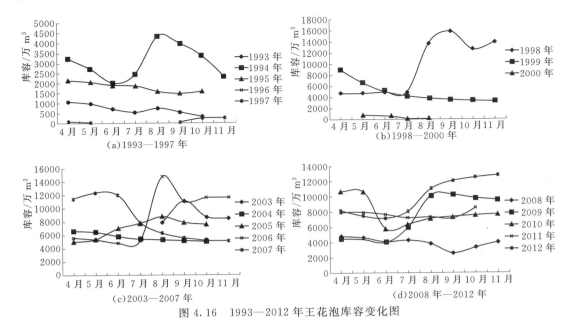

图 4.16　1993—2012 年王花泡库容变化图

（2）北二十里泡滞洪区历年库容变化。北二十里泡在近 20 年中，2002 年、2003 年、2009 年为蓄水量较大的年份，平均蓄水量为 5765 万 m³、5528 万 m³、5766 万 m³；库容最大值则为 1998 年 9 月 8386 万 m³。北二十里泡的蓄水量在 4—5 月居多，平均蓄水为 4866 万 m³、4347 万 m³，其余各月的平均蓄水量均低于 4000 万 m³，见图 4.17。

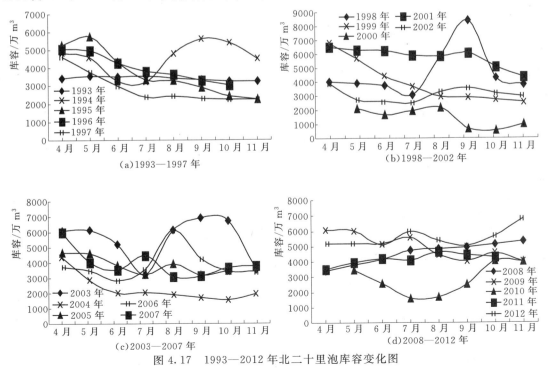

图 4.17　1993—2012 年北二十里泡库容变化图

（3）中内泡滞洪区历年库容变化。中内泡调节能力较低，见图4.18，中内泡库容值均低于6000万 m³，蓄水量最大为1993年5月5026万 m³。中内泡在近20年中，1998年、2012年为蓄水量较大的年份，平均蓄水量为3185万 m³、2960万 m³；滞洪区的蓄水量在4月、5月居多，平均蓄水为3222万 m³、2645万 m³；蓄水量相对较低的月份为6月、7月和11月，分别为1808万 m³、1811万 m³、1389万 m³。

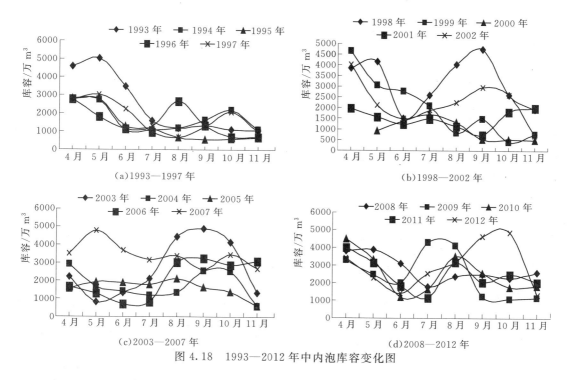

图 4.18　1993—2012 年中内泡库容变化图

（4）老江身泡滞洪区历年库容变化。老江身泡滞洪区的库容值除1996年外都相对较低，各年平均库容值均小于1200万 m³，而由于老江身泡在1996年遭遇了100年一遇的大暴雨（关晓梅，2004），远远超过了工程的防洪标准，平均库容值高至8484万 m³。老江身泡滞洪区各月的蓄水量变化不大，平均为1100万～1500万 m³。

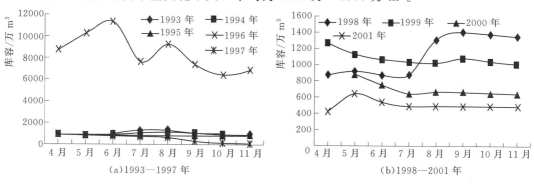

图 4.19（一）　老江身泡库容变化图

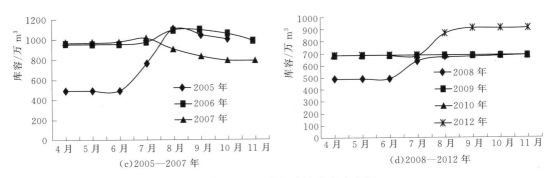

图 4.19（二）　老江身泡库容变化图

（5）库里泡历年库容变化。如图 4.20 所示，库里泡滞洪区在近 20 年中，1998 年的蓄水量最大，均值为 11149 万 m^3；其次库容值较大年份为 1993 年、1999 年、2006 年和 2012 年，均值分别为 8484 万 m^3、8567 万 m^3、8228 万 m^3、8166 万 m^3。其中 4 月和 10 月的蓄水量相对较大，多年平均值分别为 7064 万 m^3、7101 万 m^3；7 月蓄水量最低，多年平均值为 4856 万 m^3。

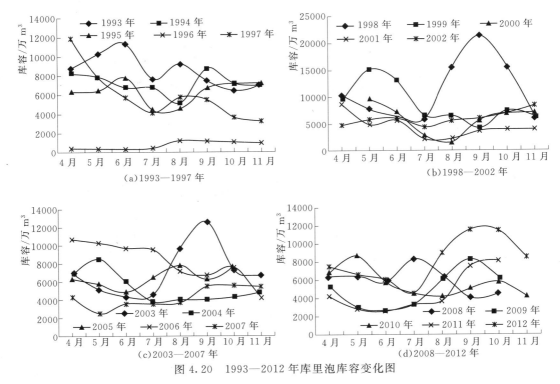

图 4.20　1993—2012 年库里泡库容变化图

（6）污水库历年库容变化。根据污水库库容变化图（图 4.21），可以看出，污水库的库容值在汛期期间 8 月、9 月较大，而且在 4 月的蓄水量也相对较大。而自 2007 年之后，污水库的蓄水量较之前有所提升。近 20 年来的库容最大值为 1998 年 9 月 2555 万 m^3；最大蓄水年份为 2011 年，库容均值为 1932 万 m^3；4 月的多年平均库容值最大，为 1635 万 m^3。

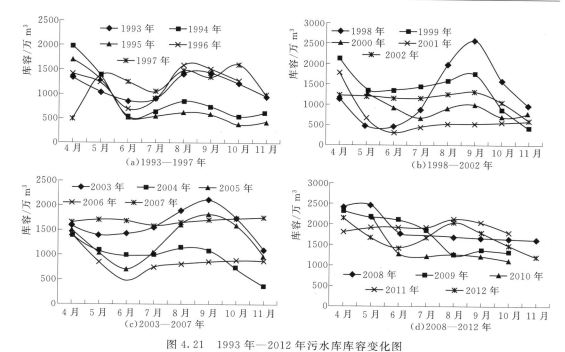

图 4.21 1993 年—2012 年污水库库容变化图

（7）青肯泡历年库容变化。如图 4.22 所示，青肯泡滞洪区在 1993—1997 年以及 2000—2011 年库容均低于 7000 万 m³，同样因 1998 年的大洪水青肯泡库容达到历年最大

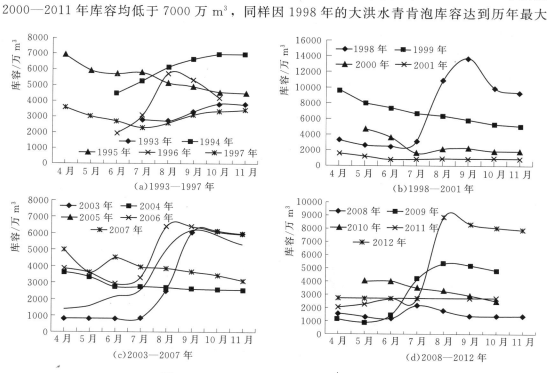

图 4.22 1993—2012 年青肯泡库容变化图

为 13588 万 m³。从多年平均数值分析来看，青肯泡 8—11 月蓄水较多，均在 4000 万 m³ 以上。而 4—7 月的平均蓄水量在 3000 万 m³ 左右。

4.3.1.5 封冻水位

如表 4.5 所示，各滞洪区历年的冰冻水位变化程度不大，其中王花泡最高封冻水位为 1998 年 146.77m，最低为 1996 年 144.72m，相差 2.05m；中内泡最高封冻水位为 2001 年 139.39m，最低为 2002 年 138.20m，相差 1.19m；其他如北二十里泡、库里泡等变化幅度平均为 0.5m 左右。

表 4.5　　　　　　　　　　各滞洪区历年冰冻水位　　　　　　　　　　单位：m

年份	王花泡	北二十里泡（管线）	中内泡	库里泡	污水库
1993	145.31	142.24	138.82	129.91	144.05
1994	145.44	142.43	138.90	129.77	144.13
1995	145.24	142.09	138.60	129.80	143.72
1996	144.72	142.18	138.60	129.86	144.18
1997	144.74	142.07	138.85	129.77	144.05
1998	146.77	142.34	139.20	129.84	144.06
1999	145.05	142.15	138.58	129.61	143.65
2000	—	141.82	138.25	129.88	143.96
2001	—	142.19	139.39	129.43	143.81
2002	—	142.42	138.20	129.88	143.97
2003	146.18	142.30	138.95	129.85	144.13
2004	146.18	142.07	138.30	129.65	144.09
2005	145.89	142.28	138.35	129.97	144.02
平均值	145.55	142.20	138.69	129.79	143.99

4.3.2 调度比较分析

如图 4.23 所示，大庆市降雨多集中在 6—9 月，各滞洪区降雨规律基本一致。因库容

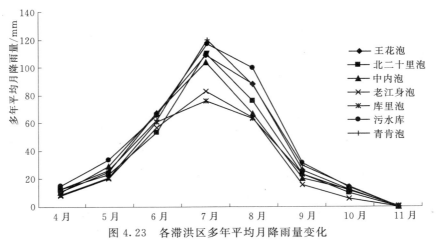

图 4.23 各滞洪区多年平均月降雨量变化

限制以及调度安排等原因，在各滞洪区的泄量比较中可以看出，库里泡是泄量最大的滞洪区，其次为中内泡见图 4.24；图 4.25 各滞洪区多年月平均泄量对比图指出各滞洪区在每年的 7 月开始加大泄洪，8 月、9 月的泄洪量基本为全年最大泄洪阶段，而后逐渐降低。

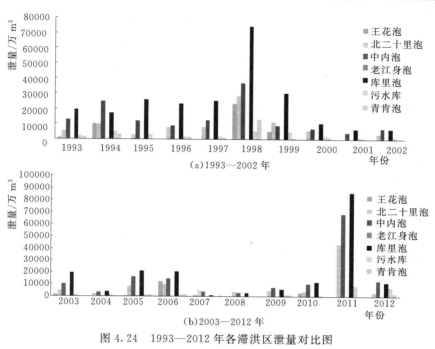

图 4.24　1993—2012 年各滞洪区泄量对比图

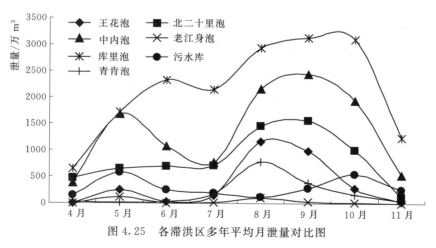

图 4.25　各滞洪区多年平均月泄量对比图

　　根据表 4.6 和表 4.7，各滞洪区的库容最多仅为设计库容的 78%，而最低可达到 2%，滞洪区的水量合理调度还存在一定问题。

　　综上分析可以看出，各滞洪区在汛中（7—9 月）大量泄洪，而汛后滞洪区内的水量减少，库容利用比例降低，因此在确保洪泛区安全的情况下，可以合理地调蓄汛期洪水，联合调度各滞洪区的水量，以达到安全利益最大化的目的。

表 4.6　　　　　　　　　1993—2012 年各滞洪区平均库容资料　　　　　　单位：万 m³

年份	王花泡	北二十里泡	中内泡	老江身泡	库里泡	污水库	青肯泡
1993	686	3396	2421	1068	8484	1142	3285
1994	3048	4518	1726	960	7175	908	6086
1995	1800	3694	1319	785	6299	765	5428
1996	686	4006	1552	8484	738	1231	4041
1997	131	2871	1752	570	5964	1200	3007
1998	9364	4622	3185	1121	11149	1254	6888
1999	4832	3945	2011	1078	8567	1367	6789
2000	426	1451	983	695	5796	895	2577
2001	—	3088	1493	503	4415	678	981
2002	—	5765	2256	—	6017	1121	—
2003	9008	5528	2660	—	7144	1595	3006
2004	5660	2323	1768	—	5275	967	2870
2005	7054	3869	1604	767	6414	1291	3758
2006	8730	3891	2098	1005	8228	866	4815
2007	8237	3988	3429	902	4240	1687	3877
2008	3948	4547	2793	600	6034	1876	1507
2009	7324	5766	2459	683	4993	1761	3277
2010	7876	2833	2533	683	5679	1374	3360
2011	7648	4155	2478	—	4592	1932	2571
2012	9891	4769	2960	789	8166	1669	5495

表 4.7　　　　　　　　1999—2012 年各滞洪区平均库容占设计库容比例　　　　　　　%

年份	王花泡	北二十里泡	中内泡	老江身泡	库里泡	污水库	青肯泡
1999	17	43	36	37	40	57	42
2000	2	16	18	24	27	37	16
2001	—	33	27	17	21	28	6
2002	—	62	41	—	28	46	—
2003	33	60	48	—	34	66	19
2004	20	25	32	—	25	40	18
2005	26	42	29	27	30	53	23
2006	32	42	38	35	39	36	30
2007	30	43	62	31	20	70	24
2008	14	49	51	21	29	78	9
2009	26	62	45	24	24	73	20
2010	28	31	46	24	27	57	21
2011	28	45	45	—	22	80	16
2012	36	52	54	27	39	69	34

4.3.3   分析结果

（1）安肇新河历年排水量为 1 亿～10 亿 m³，年均排放量约为 2 亿 m³（其中工业和生活废水为 0.70 亿 m³，洪水量 1.30 亿 m³）；历史上最大洪水年份为 1998 年，排放量为 9.5 亿 m³，其中洪水为 8.8 亿 m³。可见，洪水排放量变幅较大，调蓄洪水能力较强。

各大泡沼泄量大多集中在汛期，最上游的王花泡历史年最小泄量为 200 万 m³ 左右，最大泄量达到 2.35 亿 m³，下泄水量相当 2 个大型水库的水量；最下游的库里泡年最小排泄水量 1100 多万 m³，最大年份排泄洪水量达到 7.5 亿 m³，下泄水量相当 7 个大型水库的水量。由此可见，在保证汛期安全的条件下，大庆防洪工程体系安肇新河的 5 个串联滞洪区联合调度，调蓄和下泄洪水能力极强，为汛期充分调度洪水，保障防洪安全创造了条件。

（2）王花泡、库里泡等滞洪区存蓄水量来看，汛前 4 月需水量为 0.1 亿～2.0 亿 m³，个别年份在上年 11 月蓄水后，在 4 月后包含整个汛期，需水量持续下降。最大库容年内变化幅度最大如库里泡为 0.5 亿～2 亿 m³。为洪水资源化和充分利用提供了基础。

（3）安肇新河支系的青肯泡水库，最大蓄水年份库容达到 1.4 亿 m³，最小为 0.1 亿 m³；11 月蓄水最大年份为 0.9 亿 m³，最小为 0.1 亿 m³ 左右。可见，青肯泡水库调蓄洪水能力也很强，可进一步考虑库区周边生态环境恢复及其洪水资源化利用的有效途径。

4.4   滞洪区调度存在的问题

4.4.1   滞洪区土地管理

大庆各个串联滞洪区，每个都有农业耕作或从事渔业活动，滞洪区内养鱼池面积越来越多。但每到汛期调度，常会出现一个保上或保下的问题，通过卫星图片可清晰看到鱼池的分布情况。多滞少泄，对上游耕地造成淹没；少滞多泄，又对下游造成不应有的损失，缩减工程滞洪作用。两者矛盾，有时无法兼顾。如何调节这一矛盾，由于国家兴建滞洪区其本身就是一项牺牲局部、保全整体的防洪工程措施。例如，王花泡滞洪区的任务，就是保护下游耕地、草原免受洪水灾害。在滞洪淹没区进行农业耕作，是一项随机性生产。耕作部位越低，淹没概率越大，进行耕作势必得不偿失；土岗高坡，早熟抢收，或许有利可图，但都应坚持能收则收，该淹就淹。在上下游利益无法兼顾的情况下，淹没区耕作者或渔业生产者没有理由提出保护上游耕地问题。

4.4.2   滞洪区的功能定位问题

滞洪区工程，一般不考虑渔业和灌溉功能，但随着社会经济发展，滞洪区工程标准的提高，在保证滞洪能力的前提下，适当提高起调水位，增加越冬库容，兼顾渔业和灌溉，对发挥工程现有效益，将大有好处。水库工程的防洪限制水位、冬季蓄水位等，是发挥工程防洪效益、处理防洪兴利矛盾的一个关键指标，但不是一定就不可改变的。作为大庆地区防洪工程，有别于一般的滞洪区，它重点承担保护油田生产、居民安全的重要任务。随着上游、下游水利设施变动状况及人类活动（如兴建双阳河流域水利工程、城市开发占地、种地和养鱼侵占水面等）对自然径流的影响，进而影响滞洪区的调度。因此，大庆滞洪区的防洪功能要得到不断调整。如从原来的在一定频率洪水条件下，只保障免遭洪水威胁、控制洪水转变为保障安全的条件下，适当考虑洪水资源的利用问题。但这种功能的调整，同样要把工程安全放在首位，同时需要防洪管理部门、地方政府、受益企事业及居民的共同努力，要有科学依据，本着科学态度，慎重而又留有余地。

4.4.3　洪水调度的检测手段

大庆地区洪水调度过程中，水文测报系统及监测手段是否科学、准确，直接影响防洪工程效益的发挥。目前各滞洪区的管理水平，采用以水位判别洪水大小，所得成果往往与实际不符。因为水位的高低，取决于人为调节，加上水位观测的粗略，很难真实反映洪水频率，直接影响滞洪效益的发挥，应予以改进。因滞洪区面积大，形如"盘底"，"水位观测的微小误差对推求入库流量影响较大"（石磊，2005），建议改进水位、泄量观测设施。水位观测建永久性观测点，设斜坡水尺，力求减少风浪影响，读数精度提高；对于泄流量观测，设置永久性施测断面，用流速仪实测。根据滞洪区上游侵占水面的情况核实水位与容量关系，力求减少误差。对洪水频率的判定，判别蓄泄的条件考虑采用库水位与入库流量、洪量、降水实况、预报和泄洪情况相结合，为争取主动力求能尽早初步判断洪水的频率标准，进而指导汛期洪水调度。

4.4.4　水资源利用问题

根据大庆地区水资源状况及工农业、生态等需水特征，水资源的利用必须坚持可持续化。随着社会、经济发展对水资源的需求日益增长，大庆市的水资源相对比较匮乏，经调查，大庆地下已经形成了两大块漏斗区，西部形成了 2560km² 的漏斗区，东部则形成一个超过 1500km² 的漏斗区，几近覆盖整个大庆市，并波及与大庆相邻的周边市（县）。漏斗中心水位降深超过 31.7m，据不完全统计，因多年不合理开发地下水已使大庆市及周边地区地下水水位平均下降 10.42m（大庆市水务局，2000）。所以科学合理地开发地表水资源，实现洪水资源化，是实现水资源可持续利用切实可行的策略。

大庆市多年平均降雨量为 447.14mm，地表水资源相对丰富。但是，降雨年内、年际分配不均衡，4—8 月多年平均降雨量占全年降水量的 80.62%，这也给开发利用造成了很大困难（大庆市水利规划设计研究院，2006）。同时，各滞洪区的水量调度的相关性不大，应采取各滞洪区联合调度，充分利用水资源，发挥兴利作用。

5 滞洪区防洪能力及安全分析

5.1 国内外研究现状

流域防洪体系是一个系统的、有机的整体。目前国内外大多数国家，都是从流域的角度对防洪体系防洪能力进行评价以及研究。20 世纪 50 年代，美国首次提出的防洪非工程措施受到世界很多国家的青睐，日本、加拿大、印度以及西欧各国纷纷因地制宜地加以效仿和应用。防洪工程措施和非工程措施的结合，使得欧美等发达国家控制洪水能力有了很大提高。由于非工程措施的运用效果明显，加之随着社会经济的快速发展，开发区、工业园区以及城市化的加剧，防洪工程如水库、滞洪区等，除自然淤积外，人为的侵占洪泛区或滞洪区，导致防洪工程的防洪能力发生变化，必须进行功能转变和能力下降的评估，这对下一步防洪工程的完善不可或缺。

美国是最早经历了从控制洪水向管理洪水的观念的转变，20 世纪 70 年代以来的防洪减灾举措是其战后战略修正后的产物。美国主要水灾河流密西西比河，国家堤防防洪标准达到 100 年一遇至 150 年一遇，地方堤防为 50 年一遇；在东部经济发达地区堤防标准为 200 年一遇至 500 年一遇。通过 20 世纪最后 20 年一系列减灾政策的实施，尤其是洪水保险、应急管理，使美国人切身感到防洪减灾是由联邦政府领导的并得到了较为广泛的认同。在防洪减灾历程中，各种措施所产生的正面和负面效益日益清晰，美国第一部国家防洪减灾经典文献《美国防洪减灾总报告》（谭徐明等，1997）阐述了这一见解："社会对灾害的承受力是通过基本政策作出的决策而获得的，而不是一个技术性的操作问题，具体操作不具备这种功效。"决定各种减灾措施实际效益在于社会对其的支持程度，如果对其变化进行及时的调整，这样就能保障政策合理性和管理制度的不断创新。

刘兴华在研究流域防洪能力时，参考了日本的相关资料：日本是个易受台风、暴雨洪水与风暴潮袭击的国家。近代随着经济的快速崛起与高度城市化，在其仅占国土面积 10% 的洪水风险区中，逐步集中了全国 50% 的人口及 75% 的资产，社会的防洪安全保障需求不断提高。在推进综合治水的模式中，日本采取了以高投入、高技术建设高标准的防洪工程体系为主，以非工程措施增强应急反应能力为辅的方针。由于受城市化进程的影响，流域中固有的雨水蓄滞能力下降，分蓄洪能力丧失，洪峰流量增大，加重了河道的行洪负担，成为洪水风险加大的重要原因。因此，日本在推进综合治水策略时，从治水的指导思想上，转而强调要确保流域的蓄滞水功能。在各特定流域的综合治水规划中，要求针对流域城市化率的变化制定不同区域的流量分担计划。例如，位于日本的鹤见川流域，考虑到城市化与治水对策的进展，提出了流量分担计划，见图 5.1（刘兴华，2007）。

从图 5.1 中可以看出几个显著的特点：①由于流域中城市化面积率从 60% 增加到

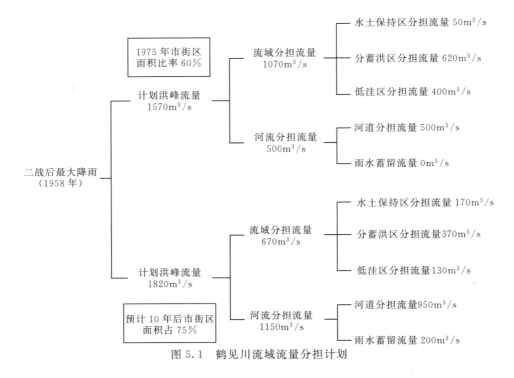

图 5.1　鹤见川流域流量分担计划

75％，同样降雨条件下，计划中考虑的洪峰流量增大了 250m³/s；②在综合治水对策中，河流整治的工程措施依然占有重要的地位，由于河流分担的流量增加了 650m³/s（其中河道行洪能力增大了 450m³/s），流域分担的流量反而减少了 400m³/s；③由于水土保持区与雨水滞留、渗透设施的建设，集中汇入河道的流量少增加 250m³/s；④综合治水措施使得分蓄洪区与低洼区分担的流量分别减少了 250m³/s 和 27m³/s，从而总体上降低了流域中水灾害的风险。

　　从新中国成立初到现在，防洪工程的建设成就显著，但在防洪非工程措施方面起步较晚。20 世纪 90 年代以来频繁的洪灾促进我国对洪灾问题的研究。在具体的工程防洪能力评价方面，如庞致功（1997）以沁河 1993 年中常洪水为例，从河道洪峰水位、洪峰流量，以及洪峰传播时间等方面，对沁河下游河道排洪能力进行分析，结果表明水位升高的主要原因是主槽被农耕占用，槽内多为高秆作物，行洪阻力加大，并提出提高河道排洪能力的对策和建议。曲少军通过实测资料分析，黄河下游河道在持续萎缩情况下，漫滩洪水滩地过流比有增大趋势，洪水期间仍是"淤滩刷槽"，主槽同流量的平均流速并未减小。论证了下游河道洪水期水位流量关系线随着流量的增大渐趋平缓的线性特征。在评述已有河道排洪能力分析方法的基础上，对近年来黄河下游河道排洪能力的计算分析方法作了阐述，提出对于水文站断面应根据断面形态不同分别采用水力因子法和涨率分析法作为主要的推求方法。水库对防洪能力的效果，主要体现在对洪峰流量的削减和对洪峰时间的延迟方面。综合探讨受水库影响的洪水资料的还原问题，对计算单一水库常用的库容曲线法（库容法）、进出库水量平衡法、水量相关法等方法进行分析、说明，分析其优缺点，并指出不同的计算方法由于精度的不同而得出的结果会出现较大的误差。何秀文（2005）对十里河水库现状防洪能力进行分析，计算了水库设计洪水和校核洪水，并对其现状防洪能力进行了分析。

5.2 防洪能力影响因素及防洪协调指标分析

5.2.1 大庆地区主要防洪工程

大庆地区防洪工程建立之初，区域内水系发育不健全，没有天然河道，史称安达"闭流区"。其中低平原的大部分地区来水为嫩江、松花江、乌裕尔河、双阳河洪水和明水县、青冈县坡地，即明清坡水。历史上曾有洪水从齐齐哈尔附近的塔哈尔经九道沟淹至让胡路的记载。由于区内微地形复杂、因降水而形成的径流被地面储存，形成了许多封闭的洼地、这些洼地积水形成泡沼。据统计市内早期泡沼曾多达 208 个，其中 136 个在市区，主要的泡沼就有 20 多个。油田开发早期，泡沼连片，这些泡沼大都呈碟形，水深很浅、没有明显的岸线，蓄纳洪水能力很低，小的泡沼旱年水位干枯见底，每遇大雨、泡沼水满外溢，形成径流。由于降水没有去处，汇流成灾使大庆地区洪涝灾害频发，具有典型的低洼易涝城市的特征。

大庆地区西靠嫩江、南临松花江、北有双阳河、西有乌裕尔河和双阳河下游汇集而成的九道沟和连环湖，东部有安肇新河和明水县、青冈县坡地来水。为抵御洪水威胁，自新中国成立后开始，大庆地区先后修建了一些堤防和蓄洪滞洪工程，我们按其防御的洪水来源将其分为（黑龙江省大庆地区防洪工程管理处，1997）：

（1）嫩江堤防工程。大庆地区外部洪水来源之一的嫩江干流是大庆地区杜尔伯特蒙古族自治县的西部边界，流经该区的嫩江全长 283km，堤防共有 3 段，即拉海堤、绰尔屯堤和大排排堤。杜蒙县堤防总长 48.6km，肇源县境内嫩江堤防共有 7 段，总长 58.3km。两县嫩江堤防总长 107km，由于险工弱段多，只能防御 10 年一遇洪水。

（2）松花江堤防工程。松花江为肇源县南部边界。松花江堤防大部分是在民堤基础上逐步修建起来的。肇源县境内松花江长 131km，堤防长 110km，可防御 10 年一遇洪水。

（3）双阳河堤防工程。双阳河位于大庆市北部，发源于拜泉县东部丘陵地区，流入林甸县则漫散于平原中，没有明显河道，在自然状态下，双阳河分为南支和西支，洪水约70%入南支，与北引总干渠在 76km 处交叉后入黑鱼泡滞洪区，另一部分过林明公路经明青截流沟汇入王花泡滞洪区。约 30%洪水经西支过北引总干渠在 54km 交叉后于林甸县城北部向西汇入乌裕尔河下游的九道沟。

（4）乌裕尔河、双阳河下游泄洪工程。乌裕尔河发源于小兴安岭，消失于林甸县境内，属于无尾河，与双阳河汇流于林甸县西部九道沟广大苇塘，没有明显河道、形成大面积沼泽地，是世界三大湿地之一，著名的丹顶鹤之乡——扎龙自然保护区就有相当一部分面积位于此区之内。区内洪涝灾害频繁，大洪水时可淹到肇源县境内。1970 年由连环湖南端开挖泄洪渠道，经胡吉吐莫镇的东吐莫村到马场堤，渠道长 18.6km，然后经过马场和拉海嫩江防洪堤泄入嫩江，泄洪渠道按 20 年一遇标准设计。

（5）安肇新河堤防工程。安肇新河是为排除闭流区内洪涝积水而开挖的防洪排水的骨干工程。河道全长 108km，为减少投资，充分利用自然泡沼的地形、在安肇新河上修建了王花泡、北二十里泡、中内泡、库里泡 4 座滞洪区。该工程 1969 年开挖，1989 年扩建，1992 年完工。

（6）市内排水工程。随着油田开发建设，油田数量及城市建设不断发展，为解决油田生产和城镇居民受水害问题，大庆市陆续修建了西、中、东三条大型排水骨干工程，这些排水工程以安肇新河为承泄区，排水最终泄入松花江（吴凤华等，2002）。

5.2.2　防洪能力分析的影响因素

5.2.2.1　防洪能力的概念

暴雨洪水是一种常见的自然现象，是由暴雨引起的江河水量迅速增加并伴随水位急剧上升的现象。当流域在短期内普降暴雨时，降雨首先被地表吸收。如果降雨强度大于地表吸收速度或者是降雨量大于地表吸收量，流域所形成的地表径流，依其远近先后汇集于河道。就河道某一断面而言，当近处的地表径流到达该断面时，河水流量开始增加，水位相应上升。随着远处的地表径流陆续到达，河水流量和水位继续上涨，至大部分较大的地表径流汇集到此断面时，河水流量增至最大值，即为洪峰流量（$Q_{洪}$），其相应的最高水位，称为洪峰水位。当河流堤防的安全泄量（$Q_{安}$）小于洪峰流量时，就会发生洪水，淹没沿岸的民房和庄稼，产生洪水危害。防洪能力是指在一定的经济、技术和社会发展条件下，通过防洪工程和非工程措施，某区域能够经受住多大频率的洪水而不至于使防洪保护区发生灾害（刘兴华，2007）。

5.2.2.2　防洪能力的影响因素

（1）工程方面影响。洪水作为一种自然现象，完全控制是不可能的，只能采取多种措施，把洪水所造成的损失减小至最低程度。采取工程的措施来防御洪水，提高流域防洪能力，这种防洪的思想从新中国成立初到现在，一直在防洪建设过程中占据主导地位。防洪工程对流域防洪能力的影响，多为正面的影响，即增加安全泄量（$Q_{安}$），提高流域防洪能力。大庆防洪工程对流域或地区防洪能力的影响，主要包括堤防建设、河道整治、人工排水渠道的建设和疏浚、滞洪区建设以及除险加固等。

1）肇兰新河与安肇新河的堤防工程。"两河"堤防工程是保证市内洪水排除的重要屏障，对防洪减灾、提高流域防洪能力起着重要作用。由于大庆地区地处盐碱地区，堤防多是经过多年不断的盐碱土加培而成，堤基、堤身存在不同程度的缺陷和隐患；同时，堤防本身也存在某些负面影响，如由于排水河堤把水流束缚在狭窄的河道中，在洪水期间容易壅高水位，有的地段堤内水位往往高于堤外地面高程，如果发生溃堤、垮堤等，其造成的损失比无堤防时更大。所以，"两河"堤防具有两面性，一方面，扩大了耕地保护面积，保障了人们生命、财产的安全和和生活的正常进行；另一方面，如遇到特大洪水，一旦决堤，后果更加严重。同时，由于堤防内水位的壅高使得坡水或支流难以汇入，加重沿河两岸涝灾。

2）河堤整治。河堤整治的目的是为了增加过流能力，以减少洪水泛滥的程度和概率。其整治可以是单目标的，如只为防洪；也可以是多目标的，如同时满足防洪、引水、保护城镇、滩地、桥渡等多方面的要求。为了达到某一目标而采取的整治措施，一般对其他方面也是有利的，例如为防洪而疏浚拓宽河道，增加过水断面和泄流能力。河道裁弯取直，即可减少占地，又可增加比降和流量，对防洪都有利。

3）滞洪区。滞洪区是流域防洪工程体系的重要组成部分，防洪效果主要表现为拦蓄洪水、削减洪峰，避免双阳河等洪峰在下游遭遇，减轻下游洪涝灾害。大庆滞洪区串联的5个泡沼包括王花泡、北二十里泡、中内泡、七才泡、库里泡，防御100年一遇洪水设计总库容达到7.4亿 m³。为缓解大庆地区洪水威胁起到了不可替代的调蓄作用。然而，随着社会经济的快速发展，滞洪区内水土资源产权没有明晰，侵占和占用滞洪区水面使得蓄洪的能力大打折扣。

（2）社会经济影响。洪水灾害的产生和造成灾害的大小，自然因素是主要的和第一位的，没有暴雨和洪水，就不会有洪水灾害的发生；另外，人类社会经济因素也在一定程度上影响着灾害的大小和严重性。从根本上说，没有人类社会，就不会有洪灾，只是一些洪水自然现象。只有洪水现象影响到人类社会，才会形成洪灾。随着社会经济的发展，财富的积累不断增加，加大防洪工程投入的同时，经济损失形成有增无减的态势。因此，社会经济的发展对流域防洪能力的影响，主要表现为以下几个方面：

1）随着人口的增加，城市化进程加快，人水争地的现象日益严重。大庆地区是我国石油、石化生产基地，城市发展以石油生产和油田开发为中心。1978年大庆市区工业总产值4469万元，到2000年达到12.68亿元，增加280多倍；2006年第一产业地区生产总值为47.5亿元，到2011年达到134.1亿元，5年增加2.83倍；2006年城镇人口为130.9万人，到2011年达到143.5万人，年均增加2.52万人。农村耕地水田面积1980年为203hm²，到2000年达到53966hm²；农村人均收入由2000年的1094元，增加到2011年的9300元，增加了8.5倍（大庆市统计局，2010）。城市新区的兴建和农村经济发展后，城区气候和下垫面条件均发生明显的变化，城市洪水水文特性也发生了显著的变化，大面积的天然植被和农业耕地被住宅、街道、公共服务设施、工厂及商业用地等代替，下垫面的滞水性、渗透性减弱，加之城市道路、边沟以及排水系统的完善，使城市集水区天然调蓄能力减小，汇流速度加快，径流系数明显增大，洪水到达时间提前，洪水波形变的尖陡，洪峰流量明显增大，加大了城市的成灾风险。

2）行洪河道一侧滩地人为设障或围垦养鱼。大庆地区防洪工程的排水渠道，大部分是一侧筑堤，另一侧利用天然沟泡，形成排水通道。由于水利工程占地确权的历史遗留问题，产权划分不明确，沿线农民利用沟泡，围垦养鱼或开耕地，侵占行洪区域，我国排洪河道多为复式断面，河滩部分是季节性或不定期行洪。随着人口的增加和城乡经济的发展，沿河城市、乡镇、工矿企业不断增加、扩大，滥占行洪滩地，严重阻碍了河道的正常泄洪能力，抬高了河道水位，增大了保护区的洪灾风险。

3）滞洪区内围水养鱼、种田造成蓄洪能力下降。滞洪区内围水养鱼、种田，人为夺走洪水蓄、滞的"容身"之地，是流域防洪能力下降的很重要的一个原因。滞洪区具有巨大的调蓄功能，对下游及沿线广大地区的防洪减灾等方面发挥着显著效益。大庆滞洪区建成20多年来，库容和面积都大大减少，根据2015年大庆防洪工程管理处委托专业部门测量结果，如王花泡被侵占的面积达到原设计库区面积的47％。大庆各滞洪区2015年实测侵占库区情况见表5.1。

表 5.1　　　　　　　　　　　大庆各滞洪区 2015 年实测侵占库区情况

滞洪区名称	实测水位/m	库面积/km²	被侵占面积/km²		被侵占面积占总面积的百分比/%
			鱼池面积	其他	
王花泡	207.29	140.28	66.00	0.72	47.60
北二十里泡	143.11	75.05	32.17	1.93（其中：交通用地 1.69；居民占地 0.24）	45.44
中内泡	141.12	29.32	11.10	0.97（公路 0.04；其他 0.93）	41.16
七才泡	141.00	12.36	0.04	1.43（旱地 0.80；其他 0.63）	14.80
库里泡	145.12	141.60	0.77	75.24（林地 0.84；草地 45.32；旱地 18.8；其他 10.28）	53.09
	144.86	112.14	0	60.48（其中草地 35.75；旱地 15.13；其他 9.6）	53.93
合计		510.75	110.08	139.93	

注　资料来源于《大庆地区滞洪区工程现状分析报告》（大庆开发区广维勘查测绘有限责任公司，2014）。

从表 5.1 中数据可以看出：5 个主要滞洪区鱼池面积占总面积的 21.5%，其他包括林地、道路、农田等约占 27.4%，总计被侵占的面积约占水面的 48.9%，几乎达到一半。侵占水面最大的库里泡达到 50% 以上，严重地影响蓄滞的洪水。

（3）水土流失造成的泥沙淤积影响。大庆地区为盐碱地区，植被很差，与黑龙江省东部地区比较，单位面积产沙量、洪峰流量模数、悬移质输沙量侵蚀模数和输沙量均大；每遇洪水年份，洪水挟带大量泥沙，增加排洪渠道的泥沙含量，降低河道的安全泄量，同时，淤积滞洪区和行洪滩地，给下游江河防洪带来极为不利的影响，从而降低整个流域的防洪能力。

5.2.3　防洪协调程度分析指标

5.2.3.1　防洪与社会协调指标

（1）促进社会稳定。这一指标主要从防洪体系减免财产损失和人员伤亡，使人民能够安居乐业，从而促进了社会的稳定及各项事业繁荣发展的角度出发。考核评定在不同历史时期防洪体系对促进社会稳定起到了多大的作用。

（2）技术人员比重。技术人员比重是指技术人员占水利职工总人数之比，可以反映一个流域内水利产业人员素质情况。计算公式为：

$$技术人员比重 = 技术人员数/水利职工总人数 \times 100\%$$

（3）移民安置。水利工程建设都要涉及移民安置的问题。而移民工作十分复杂、政策性强。其工作的好坏、成败关系到广大移民的生产、生活，关系到社会稳定，所以设立这一指标也是十分必要的，可以反映水利工程建设与社会协调发展的好坏。

（4）农村基尼系数。基尼系数是意大利经济学家基尼提出的关于判断分配平等程度的指标，该系数可在 0 和 1 之间取任何值。收入分配越是趋向平等，洛伦茨曲线的弧度越小，基尼系数也越小；反之，收入分配越是趋向不平等，洛伦茨曲线的弧度越大，那么基尼系数也越大。

$$G = \sum_{i=1}^{n} W_i Y_i + 2 \sum_{i=1}^{n-1} W_i(1-V_i) - 1$$

式中：W_i 为按收入分组后各组的人口数占总人口数的比例；Y_i 为按收入分组后，各组人口所拥有的收入占收入总额的比例；V_i 为 Y_i 从 $i=1$ 到 i 的累计数，如 $V_i = Y_1 + Y_2 + Y_3 + \cdots + Y_i$。

本书中基尼系数采用农村基尼系数进行考核分析。

（5）农村居民恩格尔系数。恩格尔系数是衡量人民贫困与富裕程度的指标，计算表示公式为：恩格尔系数＝农民居民食品总支出/农村家庭消费支出总额×100％。

5.2.3.2 防洪与环境协调指标

（1）单位面积 COD 排放量。单位面积 COD 排放量（t/km²）＝COD 排放量/流域面积，用来表征 COD 排放对生态环境的影响。

（2）水域功能区水质达标率。水域功能区水质达标率是反映一个国家或地区根据水域功能区标准划分的水质达标情况的环境指标。防洪工程在建设、使用过程势必对环境造成一定的影响，用此指标来反映防洪系统和环境系统的协调关系是可行的。但由于统计资料的缺乏，目前只能通过对河流水质的评价情况来代替水域功能区水质达标率。计算表示公式为：水域功能区水质达标率＝Ⅲ类以上水质河流长度/河流总长度×100％。

（3）水土流失治理率。该指标用来反映水土流失治理的程度，用公式表示为：水土流失治理率＝水土流失综合治理面积中的保有面积/宜治理水土流失总面积×100％（赵洪杰，2007）。

5.3 防洪能力分析方法

5.3.1 泥沙淤积计算防洪能力减少率

以邻近王花泡滞洪区的大庆水库为例（假设水库设有防洪库容且为非引水水库），通过计算泥沙淤积计算分析其防洪能力减少率。

北部引嫩工程自 1976 年投入运行以来，已形成红旗泡水库、大庆水库泥沙淤积的数量与综合的防治措施。从讷河市拉哈镇渠首嫩江引来的水，通过乌北、乌南总干和萨尔图分干全长 243km 渠道输水，最终大部分都流入了红旗泡和大庆两座水库。由于红旗泡和大庆水库都属于平原水库，库面宽阔和比降平缓，挟沙水流经渠道入库区后，水流流速骤然降低，泥沙在水库的进口处开始沉积，并向库区发展。由于水库泄流很小，出库流速很小，故入库泥沙基本上淤积在水库之中。大庆水库原设计日供水量为 10 万 t，目前实际日供水量达 230000t，估计年入库水量为 0.8 亿 m³。根据实测资料，该处水体的平均含沙量为 $S=0.28kg/m^3$，因此，年均进入大庆水库的沙量为（汪臣江等，2005）：

$$WS = 0.8 \times 10^8 \times 0.28 \div 1000 = 22400 \text{（t）}$$

一般而言泥沙淤积物的干容重为 1.3t/m³，则大庆水库年均泥沙淤积库容为

$17230.8m^3$。1976—2012年共淤积量达806400t，体积为$620308m^3$，大庆水库的总库容为8.9亿m^3；泥沙淤积总量占总库容的0.1%；若泥沙淤积量影响防洪库容并使其下降了0.1%，则可认为防洪能力降低了0.1%。

5.3.2　洪峰削减率计算防洪能力提高值

以王花泡滞洪区为例，通过计算洪峰消减率计算其防洪能力提高值。

1988年、1998年、2013年大庆地区均发生大洪水，对王花泡滞洪区的洪水流量进行还原，结果见表5.2。

表5.2　　　　　　　　　　王花泡滞洪区洪水流量还原表

年份	暴雨中心降雨		实测洪峰流量 /(m³/s)	天然（无防洪工程）洪峰流量/(m³/s)	日期
	雨量/mm	日期			
1988	214	8月5—6日	171	669.3	8月7日
1998	380	8月3—5日	311	1312.6	8月8日
2013	308.8	7月27—29日	442	1036.6	7月3日

通过计算洪峰削减率，可以看到水库在防洪方面的效果，王花泡滞洪区洪峰削减率见表5.3。

表5.3　　　　　　　　　　王花泡滞洪区洪峰削减率表

年份	日期	实测洪峰流量/(m³/s)	天然（无防洪工程）洪峰流量/(m³/s)	洪峰削减率/%
1962	8月31日	397	594	33.20
1988	8月7日	171	669.3	73.30
1998	8月8日	311	1312.6	76.30
2013	7月3日	442	1036.6	57.30

用王花泡滞洪区工程建成前得天然洪峰与降雨关系曲线与建成后的实测洪峰与降雨关系曲线对比，可得出滞洪区防洪能力提高值。王花泡滞洪区防洪能力见表5.4。

表5.4　　　　　　　　　　王花泡滞洪区防洪能力表

年份	实测		天然（无防洪工程）		洪峰削减率/%	防洪能力提高值
	洪峰流量/(m³/s)	P/%	洪峰流量/(m³/s)	P/%		
1962	397	11.1	594.0	5.6	33.20	9年
1988	171	20.0	669.3	2.9	73.30	30年
1998	311	12.5	1312.6	1.0	76.30	—
2013	442	6.7	594.0	2.0	57.30	35年

5.3.3　实测数据背景下的滞洪区防洪能力分析

大庆防洪工程管理部门组织专业测量队伍对各大滞洪区内鱼池、耕地等进行了测量，各滞洪区水面被侵占现象非常严重。现将各滞洪区的设计库容与现状库容进行对比，可计算出库容的减少率，从而可看出滞洪区的防洪能力下降的趋势。

5.3.3.1　原库容与设计库容对比分析

表 5.5 及图 5.2 王花泡的库容对比可见，库容减少率在各频率下均在 50％以上，$P=1\%$ 库容减少率最小为 53.92％，而在 $P=5\%$ 时库容减少率最大为 65.27％，即现状库容利用率低，滞洪区维护管理等方面有待加强。

表 5.5　　　　　　　　　　王花泡设计库容与现状库容对比表

滞洪区	频率	设计库容/万 m³	现状库容/万 m³	库容差/万 m³	库容减少率/%
王花泡	$P=1\%$	27658	12746	−14912	53.92
	$P=2\%$	21545	8720	−12825	59.53
	$P=5\%$	13937	4840	−9097	65.27
	$P=20\%$	6234	2381	−3853	61.81

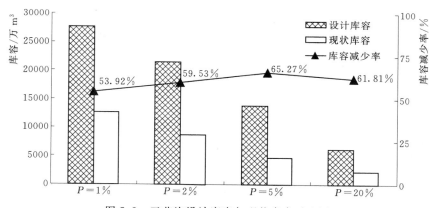

图 5.2　王花泡设计库容与现状库容对比图

表 5.6 及图 5.3 北二十里泡的库容对比可见，库容减少率在各频率下均在 30％以下，即滞洪区现状维持较好，$P=1\%$ 库容减少率最大为 28.39％，而在 $P=20\%$ 时库容减少率最低为 1.48％。

表 5.6　　　　　　　　　　北二十里泡设计库容与现状库容对比表

滞洪区	频率	设计库容/万 m³	现状库容/万 m³	库容差/万 m³	库容减少率/%
北二十里泡	$P=1\%$	9237	6615	−2622	28.39
	$P=2\%$	7106	5514	−1592	22.40
	$P=5\%$	5549	4694	−855	15.41
	$P=20\%$	3045	3000	−45	1.48

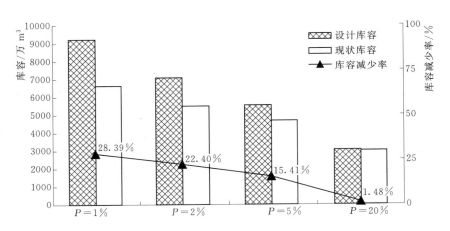

图 5.3　北二十里泡设计库容与现状库容对比图

表 5.7 及图 5.4 中内泡的库容对比可见，库容减少率在各频率下均在 30% 左右，其中频率 $P=1\%$ 库容减少率最大为 35.69%，而在 $P=20\%$ 时库容减少率最低为 25.28%。滞洪区还需加强管理及清淤维护等措施。

表 5.7　　　　　　　　　　　中内泡设计库容与现状库容对比表

滞洪区	频率	设计库容/万 m³	现状库容/万 m³	库容差/万 m³	库容减少率/%
中内泡	$P=1\%$	6301	4052	−2249	35.69
	$P=2\%$	5524	3661	−1863	33.73
	$P=5\%$	4560	3096	−1464	32.11
	$P=20\%$	2492	1862	−630	25.28

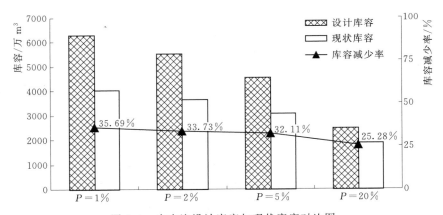

图 5.4　中内泡设计库容与现状库容对比图

表 5.8 及图 5.5 七才泡的库容对比可见，库容减少率在各频率下均在 10% 以内，其中频率 $P=1\%$ 库容减少率最大为 8.46%，而在 $P=20\%$ 时库容减少率最低为 5.54%。滞洪区现状维持良好。

表 5.8 七才泡设计库容与现状库容对比表

滞洪区	频率	设计库容/万 m³	现状库容/万 m³	库容差/万 m³	库容减少率/%
七才泡	$P=1\%$	39.46	36.12	−3.34	8.46
	$P=2\%$	36.53	33.61	−2.92	7.99
	$P=5\%$	30.72	28.52	−2.2	7.16
	$P=20\%$	22.55	21.3	−1.25	5.54

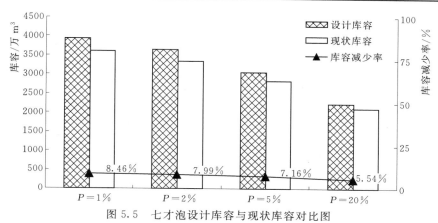

图 5.5 七才泡设计库容与现状库容对比图

表 5.9 及图 5.6 库里泡的库容对比可见，库容减少率在各频率下均在 20% 左右，其中频率 $P=1\%$ 库容减少率最大为 23.96%，而在 $P=5\%$ 时库容减少率最低为 18.40%。滞洪区管理及防护措施仍待加强。

表 5.9 库里泡设计库容与现状库容对比表

滞洪区	频率	设计库容/万 m³	现状库容/万 m³	库容差/万 m³	库容减少率/%
库里泡	$P=1\%$	27029	20552	−6477	23.96
	$P=2\%$	21172	16597	−4575	21.61
	$P=5\%$	13861	11311	−2550	18.40
	$P=20\%$	4337	3424	−913	21.05

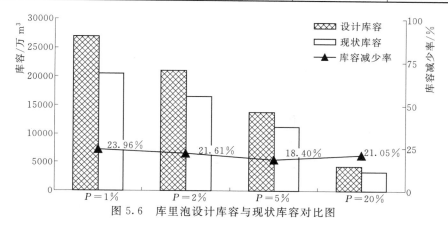

图 5.6 库里泡设计库容与现状库容对比图

表 5.10 及图 5.7 青肯泡的库容对比可见，库容减少率在各频率下均在 15% 左右，仍需做好滞洪区的管理维护工作。

表 5.10　　　　　　　　　　　　　青肯泡设计库容与现状库容对比表

滞洪区	频率	设计库容/万 m³	现状库容/万 m³	库容差/万 m³	库容减少率/%
青肯泡	$P=1\%$	19170	16168	−3002	15.66
	$P=2\%$	15540	13164	−2376	15.30

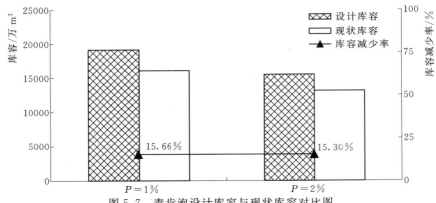

图 5.7　青肯泡设计库容与现状库容对比图

5.3.3.2　原设计面积与现状面积对比

表 5.11 及图 5.8 王花泡的面积对比可见，面积减少率在各频率下均在 30% 以上，其中 $P=1\%$ 面积减少率最小为 32.23%，而在 $P=20\%$ 时面积减少率最大为 75.79%，即滞洪区面积利用率低，需查找滞洪区库容、面积减少原因，增强滞洪区的维护管理。

表 5.11　　　　　　　　　　　　　王花泡设计面积与现状面积对比表

滞洪区	频率	设计面积/km²	现状面积/km²	面积差/km²	面积减少率/%
王花泡	$P=1\%$	207	140.28	−66.72	32.23
	$P=2\%$	182	112.19	−69.81	38.36
	$P=5\%$	146.9	60.81	−86.09	58.60
	$P=20\%$	82.7	20.02	−62.68	75.79

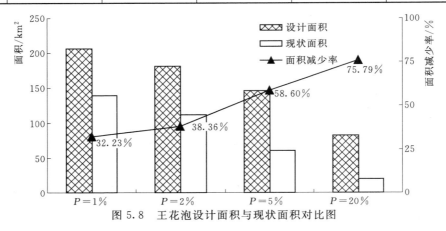

图 5.8　王花泡设计面积与现状面积对比图

表5.12及图5.9北二十里泡的面积对比可见，面积减少率在各频率下均在40％以上，其中 $P=1\%$ 面积减少率最小为45.77％，而在 $P=20\%$ 时面积减少率最大为49.48％，即滞洪区面积利用率低，需查找滞洪区库容、面积减少原因，增强管理。

表5.12　　　　　　　　　　北二十里泡设计面积与现状面积对比表

滞洪区	频率	设计面积/km²	现状面积/km²	面积差/km²	面积减少率/％
北二十里泡	$P=1\%$	74.5	40.4	−34.1	45.77
	$P=2\%$	72.3	38.58	−33.72	46.64
	$P=5\%$	70.5	36.77	−33.73	47.84
	$P=20\%$	65.4	33.04	−32.36	49.48

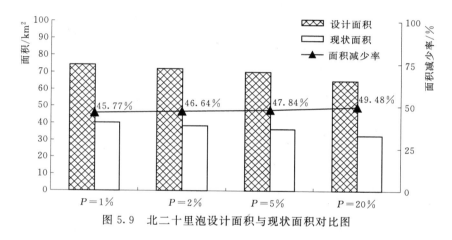

图5.9　北二十里泡设计面积与现状面积对比图

表5.13及图5.10中内泡的面积对比可见，面积减少率在各频率下均在30％以上，其中 $P=20\%$ 面积减少率最小为33.64％，而在 $P=1\%$ 时面积减少率最大为49.30％，即滞洪区面积减少多，需查找滞洪区库容、面积减少原因，增强滞洪区的维护管理。

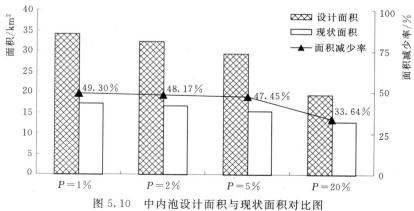

图5.10　中内泡设计面积与现状面积对比图

表 5.13 　　　　　　　　　　中内泡设计面积与现状面积对比表

滞洪区	频率	设计面积/km²	现状面积/km²	面积差/km²	面积减少率/%
中内泡	$P=1\%$	34.1	17.29	−16.81	49.30
	$P=2\%$	32.3	16.74	−15.56	48.17
	$P=5\%$	29.4	15.45	−13.95	47.45
	$P=20\%$	19.5	12.94	−6.56	33.64

表 5.14 及图 5.11 七才泡的面积对比可见，面积减少率在各频率下均在 20% 以内，其中 $P=20\%$ 面积减少率最小为 9.23%，而在 $P=1\%$ 时面积减少率最大为 17.85%，即设计面积与现状相比还在可控范围，但仍需做好管理维护工作，以防面积的进一步减少。

表 5.14 　　　　　　　　　　七才泡设计面积与现状面积对比表

滞洪区	频率	设计面积	现状面积	面积差	面积减少率/%
七才泡	$P=1\%$	13.00	10.68	−2.32	17.85
	$P=2\%$	12.30	10.24	−2.06	16.75
	$P=5\%$	10.75	9.27	−1.48	13.77
	$P=20\%$	9.10	8.26	−0.84	9.23

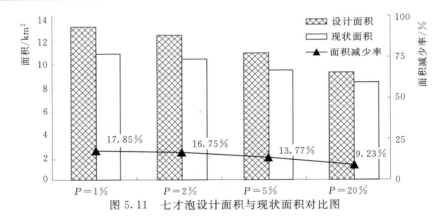

图 5.11 七才泡设计面积与现状面积对比图

表 5.15 及图 5.12 库里泡的面积对比可见，面积减少率在各频率下均在 21% 以内，其中 $P=1\%$ 面积减少率最小为 14.17%，而在 $P=5\%$ 时面积减少率最大为 20.44%，仍需做好滞洪区的管理维护工作，以防面积的进一步减少。

表 5.15 　　　　　　　　　　库里泡设计面积与现状面积对比表

滞洪区	频率	设计面积/km²	现状面积/km²	面积差/km²	面积减少率/%
库里泡	$P=1\%$	142	121.88	−20.12	14.17
	$P=2\%$	131	108.75	−22.25	16.99
	$P=5\%$	111.8	88.95	−22.85	20.44
	$P=20\%$	58.9	48.26	−10.64	18.06

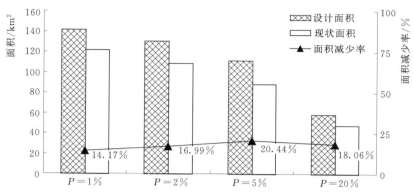

图 5.12　库里泡设计面积与现状面积对比图

表 5.16 及图 5.13 青肯泡的面积对比可见，面积减少率在各频率下均在 16% 以内，滞洪区维护管理良好。

表 5.16　　　　　　　　　青肯泡设计面积与现状面积对比表

滞洪区	频率	设计面积/km²	现状面积/km²	面积差/km²	面积减少率/%
青肯泡	$P=1\%$	141.6	126.07	−15.53	10.98
	$P=2\%$	132.4	112.14	−20.26	15.20

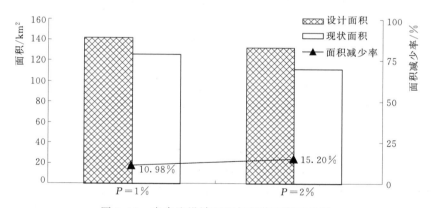

图 5.13　青肯泡设计面积与现状面积对比图

5.3.3.3　各滞洪区库容、面积变化对比

图 5.14 和图 5.15 原设计与现状的库容、面积对比图可见，库容对比中王花泡滞洪区在各频率下的库容减少率均为最大，而在面积对比中，当频率 $P=5\%$、20% 时，王花泡滞洪区的面积减少率也均为最大，而中内泡滞洪区的面积减少率也相对较大，对比各个滞洪区的库容、面积减少的情况，应着重管理王花泡及中内泡滞洪区，究其原因，采取具体措施，合理利用滞洪区的有效库容。

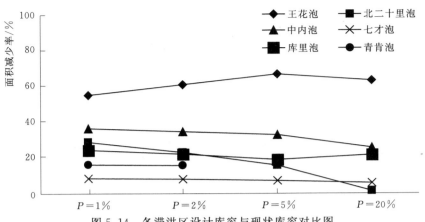

图 5.14　各滞洪区设计库容与现状库容对比图

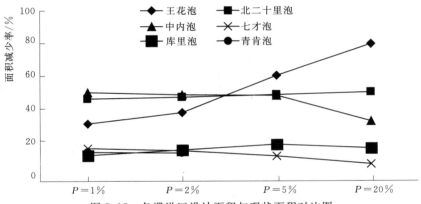

图 5.15　各滞洪区设计面积与现状面积对比图

5.3.3.4　基于库容减少的防洪能力分析结论

通过对各大滞洪区的设计与现状的库容和水面变化，可得出以下结论：

（1）王花泡的库容与设计情况对比，在各频率下减少率均在 50% 以上，$P=1\%$ 库容减少率最小为 53.92%，而在 $P=5\%$ 时库容减少率最大为 65.27%，即现状库容利用率低，汛期可调蓄洪水能力下降；北二十里泡的库容减少率在各频率下均在 30% 以下，即滞洪区现状维持较好，可调蓄洪水能力仍较强；库里泡的库容减少率在各频率下均在 20% 左右，其中频率 $P=1\%$ 库容减少率最大为 23.96%，滞洪区管理及其调度形势不容乐观，汛期可调蓄洪水的能力与设计相比大打折扣。

（2）现状情况下与设计相比，各滞洪区水面变化如下：王花泡的面积减少率在各频率下均在 30% 以上，其中 $P=1\%$ 面积减少率最小为 32.23%，而在 $P=20\%$ 时面积减少率最大为 75.79%，即滞洪区面积利用率低，主要原因是鱼池面积平均占总面积的 47.6%；北二十里泡的面积减少率在各频率下均在 40% 以上，其中 $P=1\%$ 面积减少率最小为 45.77%，而在 $P=20\%$ 时面积减少率最大为 49.48%；库里泡的面积减少率在各频率下均在 21% 以内，其中 $P=1\%$ 面积减少率最小为 14.17%，而在 $P=5\%$ 时面积减少率最大为 20.44%。主要原因是草地、旱田和林地面积较多，汛期严重影响蓄滞洪水，防洪能力下降。

（3）根据（1）、（2）情况，分析的防洪能力下降的趋势，是在被鱼池侵占而且不与库区联通的情况下得出的。随着今后滞洪区管理力度和执法力度不断加大，鱼池被逐渐清除，防洪能力会大大提高。建议规划设计部门对大庆防洪工程各大滞洪区重新全面勘测、设计，核定防洪标准，率定水位—库容、水位—面积曲线，以保证各项指标的准确性。为防汛及洪水资源化利用提供符合实际情况的基础数据。

5.3.3.5 防洪能力其他影响因素分析

防洪能力本质上反映防洪工程抵御洪水灾害风险的综合能力，因此，大庆防洪工程的防洪能力影响因素还包含如防洪除涝能力、检测能力、预警能力、物资保障能力、交通运输能力、医疗救护能力、社会动员能力、环境支持能力、减灾科研能力、灾害信息共享能力、灾害管理体制机制、减灾政策法规建设等。这些能力通常通过表5.17所列的指标进行分析，具体分析过程在此不做详细论述。

表 5.17　　　　　　　　　　　防洪能力综合评价指标体系

防洪能力	预警能力	抢险救灾能力	社会基础支持能力	科技支撑能力	灾害管理能力
考察指标	单位面积气象站数	单位面积物资储备库数	人均粮食产量	接受防洪教育时间	出台防洪法规占总法规数比例
	单位面积水文站数	救灾资金占GDP比例	人均储蓄额	防洪课程比例	防洪专业管理人员占总管理人员比例
	人均通信工具数量	单位面积运输工具数	人均水资源量	防洪知识普及率	防洪应急预案占总应急预案的比例
	媒体通报能力(间隔时间通报次数)	单位面积医疗站个数	植被覆盖率	防洪宣教人员比例	防洪信息多部门共享程度（专家打分）

5.4 防洪安全分析

5.4.1 防洪安全分析方法

要对城市防洪安全做出总的鉴定和评价，需要采用某些手段或方法把城市防洪安全的各个方面结合起来，作为一个统一整体来认识。城市防洪安全分析是一个系统而复杂的决策过程，必须综合考虑评价指标体系的各个指标，而每一个指标特性不同，涉及许多不确定、模糊的因素，因此，本节采用多目标多层次的基于模糊优选理论的城市防洪安全分析模型。

5.4.1.1 模型理论基础

城市防洪安全是一个多地区多目标多层次的复杂的决策问题，涉及社会、政治、经济、环境等多方面因素，而影响这些因素的指标又有很多，故可采用综合权重法来进行评价分析。所谓综合权重法，就是在对防洪安全进行分析时，应综合考虑防洪安全分析应遵循的原则和各种影响指标，对不同的指标分别赋予不同的权重，最后进行综合计算，得出分析结果的一种方法。在防洪安全分析中，影响因素的指标之间通常有着不同的类别和层次，关系比较复杂，必须根据实际情况，将各个因素指标分类分层。故本节将从各个地区的社会经济情况出发，全面考虑影响防洪安全的因素，确定影响防洪安全的指标然后根据此指标体系，利用在模糊一致矩阵基础上的多目标多层次模糊优选分析方法来构建防洪安全分析的数学模型。

5.4.1.2　层次分析法

层次分析法是美国教授沙旦于 20 世纪 70 年代提出的，是一种定性与定量分析相结合的目标决策分析方法，其最大优点是可以将决策者的经验判断给予量化，对目标（因素）结构复杂且缺乏必要的数据情况下更为实用，已成为处理难以完全用定量方法来分析社会经济系统的一种有效工具。它将复杂的研究系统分成几个层次，通过逐层分析，最终得出合理总目标的实现程度。

运用 AHP 一般可分为五个基本步骤（胡运权，1998）：

（1）建立层次结构模型。这是 AHP 的关键步骤，通常模型结构分为三层。目标层：表示要解决问题的目的，即决策问题所达到的目标；准则层：实现目标所采取的某种措施、政策和准则；方案层：参与选择的各种备选方案，见图 5.16。

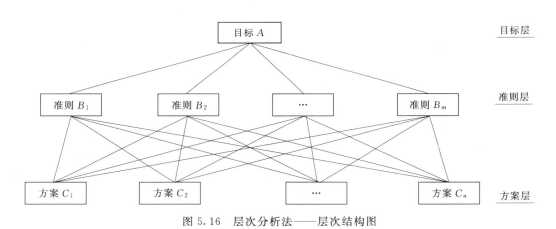

图 5.16　层次分析法——层次结构图

（2）构造判断矩阵。在层次结构中，针对上一层次的某元素，对下一层次各个元素的相对重要性进行两两比较，并给出判断，并将这些判断用数值表示出来，构成矩阵形式，即判断矩阵。判断矩阵中各元素的数值一般由 9 位标度法确定。如 A 层次中元素 A_k 与 B 层次的 B_1，B_2，…，B_n 有联系。则构造的判断矩阵形式如下：

$$\begin{bmatrix} b_{11} & b_{12} & \cdots & b_{1n} \\ b_{21} & b_{22} & \cdots & b_{2n} \\ \vdots & \vdots & \cdots & \vdots \\ b_{n1} & b_{n2} & \cdots & b_{nn} \end{bmatrix}$$

其中，b_{ij} 表示对于 A_k 而言，B_i 对 B_j 相对重要性的数值表现，通常 b_{ij} 可取 1，2，3，…，9 以及它们的倒数，其含义见表 5.18（胡运权，1998）。

表 5.18 九位标度法位数含义

标度	含义
1	表示两个元素相比，具有同样重要性
3	表示两个元素相比，一个元素比另一个元素稍微重要
5	表示两个元素相比，一个元素比另一个元素重要
7	表示两个元素相比，一个元素比另一个元素更重要
9	表示两个元素相比，一个元素比另一个元素极端重要
2，4，6，8	分别表示上述相邻判断的中值
倒数	元素 i 与 j 比较得 a_{ij}，因素 j 与 i 比较的判断为 $1/a_{ij}$

可以看出，判断矩阵元素有：

$$b_{ij} = 1 \quad (i = j)$$
$$b_{ij} = 1/b_{ji} \quad (i \neq j)$$

且只需给出 $n(n-1)/2$ 个判断。当判断矩阵中元素有：

$$b_{ij} = \frac{b_{ik}}{b_{kj}} \quad (i = 1, 2, 3, \cdots, n; \ j = 1, 2, 3, \cdots, n; \ k = 1, 2, 3, \cdots, n)$$

称判断具有一致性。保持判断的一致性在层次分析法应用中是很重要的。

（3）层次单排序。层次单排序是指根据判断矩阵计算对于上一层某元素而言，本层次与之有联系的元素相对重要性次序的权重。层次单排序可以归结为计算判断矩阵的特征根和特征向量的问题。即对判断矩阵 $\boldsymbol{B}$，计算满足：

$$\boldsymbol{BG} = \lambda_{\max} \boldsymbol{G}$$

式中：$\lambda_{\max}$ 为 $\boldsymbol{B}$ 的最大特征根；$\boldsymbol{G}$ 为对应于 $\lambda_{\max}$ 的标准化的特征向量。为检验判断矩阵的一致性，需要计算它的一致性指标：

$$CI = \frac{\lambda_{\max} - n}{n - 1}$$

CI 称为判断矩阵的一致性指标。为判断矩阵是否具有满意的一致性，还需利用判断矩阵的平均随机一致性指标 RI。对于 $1 \sim 10$ 阶判断矩阵，RI 值见表 5.19。

表 5.19 判断矩阵平均随机一致性指标系数 RI 值

阶数	1	2	3	4	5	6	7	8	9	10
n	0	0	0.58	0.90	1.12	1.24	1.32	1.41	1.45	1.49

当如下条件成立时：

$$CR = \frac{CI}{RI} < 0.1$$

即认为判断矩阵具有满意的一致性，否则需要调整判断矩阵。

从而可以求得满足一致性要求的判断矩阵最大特征根 $\lambda_{\max}$ 的特征向量 $\boldsymbol{G}$。

（4）层次总排序。计算某一层次所有因素对最高层相对重要性权重，称层次总排序。计算需从上到下逐层排序进行，对于最高层的单排序即为总排序。假定上一层次所有元素

B_1，B_2，$\cdots$，B_n 的层次总排序已完成，得到的数值分别为 b_1，b_2，$\cdots$，b_n 与 b_i 对应的本层次元素 P_1，P_2，$\cdots$，P_n 单排序的结果为 $(P_1^i, P_2^i, \cdots, P_n^i)(i=1, 2, 3, \cdots, m)$，则有层次总排序向量为

$$\boldsymbol{G}_0 = \left[\sum_{i=1}^{n} b_i p_1^i, \quad \sum_{i=1}^{n} b_i p_2^i, \quad \cdots, \quad \sum_{i=1}^{n} b_i p_n^i \right]^{\mathrm{T}}$$

（5）层次总排序一致性检验。为分析层次总排序的计算结果的一致性如何，需要计算与层次单排序类似的检验量，即层次总排序一致性指标 CI；层次总排序随机一致性指标 RI；层次总排序随机一致性比例 CR。其公式分别为

$$CI = \sum b_i \times CI_i$$

式中：CI 为与 b_i 对应的 B 层次中判断矩阵的一致性指标。

$$RI = \sum b_i \times RI_i$$

式中：RI_i 为与 b_i 对应的 B 层次中判断矩阵的随机一致性指标。

$$CR = \frac{CI}{RI}$$

同样，当 $CR \leqslant 0.10$ 时，认为层次总排序的计算结果具有满意的一致性，否则需要对该层中的各判断矩阵进行调整，使之具有满意的一致性。

通过该方法的步骤，可以看出：层次分析法不仅能进行定性分析，还可以进行定量分析，它把决策过程中定性与定量因素有机地结合起来，是一种定性与定量相结合的多准则决策方法；它把人的思维过程层次化、数量化，并用数学为分析、决策、评价提供定量的依据，具有高度的逻辑性、灵活性、系统性和简洁性。所以对于一些难以定量表达或在决策中存在定性变量的问题，可以有效予以解决。但层次分析法也有一定的局限性，主要表现在最终计算结果取决于判断矩阵的构造，人的主观判断、选择、偏好对结果影响极大。

5.4.1.3 模糊决策理论

模糊决策（胡运权，1998）是以模糊数学为基础，应用模糊关系合成的原理，将一些边界不清、不易定量的因素定量化，进行决策的一种方法。它先通过构造等级模糊子集把反映被评事物的模糊指标进行量化（即确定隶属度），然后利用模糊变换原理对各指标综合。一般需要按以下步骤进行：

（1）确定决策对象的因素论域

$$U = \{u_1, u_2, \cdots, u_n\}$$

也就是 n 个指标。

（2）确定评价等级的模糊论域

$$V = \{v_1, v_2, \cdots, v_m\}$$

即等级集合，每一个等级可对应一个模糊子集。

（3）进行单一因素评价，建立模糊关系矩阵 $\boldsymbol{R}$。因素论域 U 和模糊论域 V 之间的模糊关系可用评价矩阵 $\boldsymbol{R}$ 来表示：

$$\boldsymbol{R} = \begin{bmatrix} R_1 \\ R_2 \\ \vdots \\ R_n \end{bmatrix} = \begin{bmatrix} r_{11} & r_{12} & \cdots & r_{1m} \\ r_{21} & r_{22} & \cdots & r_{2m} \\ \vdots & \vdots & \cdots & \vdots \\ r_{n1} & r_{n2} & \cdots & r_{nm} \end{bmatrix}$$

其中矩阵 $\boldsymbol{R}$ 中第 i 行、第 j 列元素 r_{ij} 表示某个被评价事物，因素 u_i 对 v_j 等级模糊子集的隶属度。

（4）确定评价因素的模糊权重向量。一般说来，各个因素在总评定因素中对其作用不会完全相同。假设，因素论域 U 上的因素模糊子集为

$$\boldsymbol{A} = \frac{a_1}{u_1} + \frac{a_2}{u_2} + \cdots + \frac{a_m}{u_m}$$

也可简化表示为向量 $\boldsymbol{A}$：

$$\boldsymbol{A} = (a_1, \ a_2, \ \cdots, \ a_m)$$

式中：a_i 为因素 u_i 对 $\boldsymbol{A}$ 的隶属度，它是单一因素 u_i 在总评定因素中所起作用大小和所占地位轻重的权重。一般规定：$a_i \geqslant 0$ 且 $\sum a_i = 1$。

（5）利用合适的合成算子将 $\boldsymbol{A}$ 与各被评事物的矩阵合成得到各被评事物的模糊决策结果向量 $\boldsymbol{B}$。

模糊决策的模型为

$$\boldsymbol{A} \circ R = (a_1, \ a_2, \ \cdots, \ a_n) \begin{bmatrix} r_{11} & r_{12} & \cdots & r_{1m} \\ r_{21} & r_{22} & \cdots & r_{2m} \\ \vdots & \vdots & \cdots & \vdots \\ r_{n1} & r_{n2} & \cdots & r_{nm} \end{bmatrix} = (b_1, \ b_2, \ \cdots, \ b_m) = \boldsymbol{B}$$

其中 b_j 是由 $\boldsymbol{A}$ 与 $\boldsymbol{R}$ 的第 j 列运算得到的，它表示决策的事物从整体上看，对 v_j 等级模糊子集的隶属程度。

以上为模糊决策的 5 个基本步骤，其中（3）和（5）为核心的两步。模糊决策突出优点是简单易行，且能反映许多问题的本质，但其缺点也是相当明显的，因为它只考虑了主要因素而省略了其余信息，这对实际问题的刻画很不利。并且，在对准则层中的每个因素进行等级判断时比较难以建立一个比较客观的量的度量或其他可操作的衡量标准。

5.4.1.4 多层次多目标模糊优选防洪安全分析模型的建立

多层次多目标模糊优选理论是用层次分析法确定指标权重、通过模糊决策理论来确定定性和定量目标的相对优属度，通过这两种方法相结合的办法建立防洪安全分析模型。首先用层次分析法将整个复杂系统分成若干个层次，然后结合模糊决策理论确定各个指标的权重，最后由这些分析指标与实际防洪情况相结合计算出相应的防洪安全等级。具体步骤为：

（1）利用层次分析法将整个复杂的系统按各因素之间的隶属关系由高到低排序分成若干个层次，建立不同层次之间的隶属关系。

（2）判断就每一层次的定量指标的相对重要程度给予表示。

（3）利用模糊决策理论就每一层次的定性指标的相对重要程度给予定量表示。

（4）通过排序对问题进行分析决策。这种用层次分析法与模糊决策理论相结合的方法把复杂系统进行整体分解，把定性的指标定量化，把多目标、多准则的决策问题化为多层次单目标的两两对比，然后只需要进行数学运算就能解决问题。

5.4.2　防洪安全分析步骤

（1）以自然地理条件、社会经济状况、防洪工程措施和非工程措施影响因素为准则，按完备性、独立性和灵活性等为原则，基于城市防洪安全因素的分析研究，采用目标层次分析法，选取城市防洪安全分析指标，构建城市防洪安全指标体系（陆小蕾，2011）。

（2）考虑城市防洪安全指标体系的定量和定性等不同的特点，采用多层次多目标模糊优选理论，用层次分析法确定指标权重、通过模糊决策理论来确定定性和定量目标的相对优属度，通过这两种方法相结合的办法建立城市防洪安全模型。

（3）以大庆市城市防洪安全为研究对象，以上述研究成果为基础，建立大庆市防洪安全分析指标体系，以及大庆市防洪安全分析模型，计算得出大庆市的防洪安全等级，与大庆市实际情况对比，并提出对策和措施。

5.4.3　指标体系的建立

城市防洪安全是一个涉及面广、多目标、多准则的综合问题（陆小蕾，2011），因此，在评价城市防洪安全评价的过程中，就得从洪灾成因、受灾主体和防洪措施等方面来综合考虑防洪安全问题。本研究基于影响城市防洪安全的因素分析为基础，针对自然地理、社会经济、防洪工程措施和非工程措施等关系城市防洪安全的不同方面，选择有代表性的指标建立评价指标体系。防洪安全分析指标体系见表 5.20（赵洪杰和唐德善，2006）。

表 5.20　　　　　　　　　　防洪安全分析指标体系

总目标	准则层	指标层
防洪安全 A	自然地理 B_1	平均月降雨量 C_1
		不透水率 C_2
		地形坡度 C_3
	社会经济 B_2	人均 GDP C_4
		单位面积人口 C_5
		防洪投入占 GDP 比例 C_6
		工农业产值密集度 C_7
	防洪措施 B_3	防洪标准 C_8
		单位面积滞洪区总库容 C_9
		单位长度堤防保护耕地面积 C_{10}
	非工程措施 B_4	水政执法力度及水法规体系建设 C_{11}
		防汛指挥调度系统 C_{12}
		水情测验和报汛通信系统 C_{13}

5.4.4　防洪安全分析过程

5.4.4.1　防洪安全分析指标权重

根据上述的防洪安全分析指标体系，通过专家打分法列出各层次之间的判断矩阵，按照多层次多目标模糊优选法计算各指标权重。

（1）准则层判断矩阵 **B**。判断矩阵 **B** 表示为（郑剑锋，2006）：**A** 的三个影响指标自然地理因子 B_1、社会经济影响因子 B_2、防洪措施影响因子 B_3、非工程措施 B_4 的相对重要性的数值表现。在大庆市的防洪安全中，防洪工程措施对防洪安全应该是重要性最高的，其次为非工程措施，然后为社会经济和自然地理因子。则根据九位标度法得到判断矩阵 **B**：

$$\boldsymbol{B} = \begin{bmatrix} 1 & 2 & 1/5 & 1/3 \\ 1/2 & 1 & 1/7 & 1/5 \\ 5 & 7 & 1 & 3 \\ 3 & 5 & 1/3 & 1 \end{bmatrix}$$

可以根据前面讲述层次分析法最大特征值的计算方法计算出判断矩阵 **B** 最大特征值为 $\lambda_{\max} = 4.0685$，则可以计算出 $CR = 0.0254 < 0.1$，显然满足相容性。从而可计算 $\lambda_{\max}$ 所对应的特征向量归一化为：（0.1055，0.0609，0.5693，0.2643）。

（2）准则层 B_1 下相应指标判断矩阵 $\boldsymbol{B}_1$。判断矩阵 $\boldsymbol{B}_1$ 表示为：自然地理因子 $\boldsymbol{B}_1$ 下的三个分指标平均月降雨量 C_1、不透水率 C_2、地形坡度 C_3 的相对重要性的数值表现。对于防洪安全来说降雨量至关重要，所以在致灾因子的三个分指标中降雨量最重要，而不透水率相对地形坡度稍微重要，则根据九位标度法得到判断矩阵 $\boldsymbol{B}_1$：

$$\boldsymbol{B}_1 = \begin{bmatrix} 1 & 3 & 5 \\ 1/3 & 1 & 2 \\ 1/5 & 1/2 & 1 \end{bmatrix}$$

可以根据前面讲述层次分析法最大特征值的计算方法计算出判断矩阵 $\boldsymbol{B}_1$ 最大特征值为 $\lambda_{\max} = 3.0$，则可以计算出 $CR = 0.0032 < 0.1$，显然满足相容性。从而可计算 $\lambda_{\max}$ 所对应的特征向量归一化为：（0.6483，0.2297，0.1220）。

（3）准则层 B_2 下相应指标判断矩阵 $\boldsymbol{B}_2$。判断矩阵 $\boldsymbol{B}_2$ 表示为：社会经济影响因子 $\boldsymbol{B}_2$ 下的四个分指标人均 GDP C_4、单位面积人口 C_5、防洪投入占 GDP 比例 C_6、工农业产值密集度 C_7 的相对重要性的数值表现。四个指标对防洪安全来说防洪投入稍微重要于人均 GDP，工农业产值密集度则略微不重要。则根据九位标度法得到判断矩阵 $\boldsymbol{B}_2$：

$$\boldsymbol{B}_2 = \begin{bmatrix} 1 & 3 & 1/3 & 5 \\ 1/3 & 1 & 1/5 & 2 \\ 3 & 5 & 1 & 7 \\ 1/5 & 1/2 & 1/7 & 1 \end{bmatrix}$$

可以根据前面讲述层次分析法最大特征值的计算方法计算出判断矩阵 $\boldsymbol{B}_2$ 最大特征值为 $\lambda_{\max} = 4.07$，则可以计算出 $CR = 0.0254 < 0.1$，显然满足相容性。从而可计算 $\lambda_{\max}$ 所对应的特征向量归一化为：（0.2643，0.1055，0.5693，0.0609）。

（4）准则层 B_3 下相应指标判断矩阵 $\boldsymbol{B}_3$。判断矩阵 $\boldsymbol{B}_3$ 表示为：防洪措施影响因子 $\boldsymbol{B}_3$ 下的三个分指标防洪标准 C_8、单位面积蓄水工程（滞洪区及水库）总库容 C_9、单位长度堤防保护耕地面积 C_{10} 的相对重要性的数值表现。滞洪区的蓄水能力即单位面积滞洪区在防洪安全中占主要地位，而防洪标准也表示城市的防洪能力，则根据九位标度法得到判断矩阵 $\boldsymbol{B}_3$：

$$B_3 = \begin{bmatrix} 1 & 1/5 & 2 \\ 5 & 1 & 7 \\ 1/2 & 1/7 & 1 \end{bmatrix}$$

可以根据前面讲述层次分析法最大特征值的计算方法计算出判断矩阵 B_3 最大特征值为 $\lambda_{max} = 3.01$，则可以计算出 $CR = 0.0122 < 0.1$，显然满足相容性。从而可计算 λ_{max} 所对应的特征向量归一化为：（0.1666，0.7396，0.0938）。

（5）准则层 B_4 下相应指标判断矩阵 B_4。判断矩阵 B_4 表示为：非工程措施影响因子 B_4 下的三个分指标水政执法力度及水法规体系建设 C_{11}、防汛指挥调度系统 C_{12}、水情测验和报汛通信系统 C_{13} 的相对重要性的数值表现。水情测验和报汛通信系统在防洪安全中占主要地位，其次为防汛指挥调度系统，则根据九位标度法得到判断矩阵 B_3：

$$B_4 = \begin{bmatrix} 1 & 1/3 & 1/5 \\ 3 & 1 & 1/2 \\ 5 & 2 & 1 \end{bmatrix}$$

可以根据前面讲述层次分析法最大特征值的计算方法计算出判断矩阵 B_4 最大特征值为 $\lambda_{max} = 3.0$，则可以计算出 $CR = 0.0032 < 0.1$，显然满足相容性。从而可计算 λ_{max} 所对应的特征向量归一化为：（0.1095，0.3090，0.5816）。

（6）计算各指标权重。最后经过层次总排序得到各指标的权重：
$$A = (0.0684，0.0242，0.0129，0.0161，0.0064，0.0347，0.0037，0.0948，0.4211，$$
0.0534，0.0289，0.0817，0.1537)

5.4.4.2 大庆市防洪安全等级

由于不同时期，影响防洪安全的因素产生的影响程度不同，因此，以时间为条件，在汛期的不同阶段分别计算关于时间的三个权重。在降雨洪水特性基础上，将汛期定义为 6 月 1 日至 9 月 30 日，其划分为汛初（6 月 1 日至 7 月 15 日）、汛中（7 月 16 日至 8 月 20 日）、汛末（8 月 21 日至 9 月 30 日）3 个阶段。

通过资料查询如表 5.21 所示的大庆市防洪安全分析指标特征值。

表 5.21　　　　　　　　　　大庆市防洪安全分析指标特征值

指标层	特征值	单位
平均月降雨量	77	mm
不透水率	29.8	%
地形坡度	1/4000	
人均 GDP	15.332	元/人
单位面积人口	131.16	人/km²
防洪投入占 GDP 比例	0.025	%
工农业产值密集度	1987	万元/km²
防洪标准	50	n 年一遇
单位面积滞洪区总库容	3.26	万 m³/km²

续表

指标层	特征值	单位
单位长度堤防保护耕地面积	7.85	hm²/km
水政执法力度及水法规体系建设	一般	
防汛指挥调度系统	中等	
水情测验和报汛通信系统	中等	

注 资料来源于大庆年鉴及电子资料。

可对各阶段各指标特征值进行归一化处理，与所得各指标权重结合计算，可求得各阶段的防洪等级指数。假设其他指标不变，而在汛初、汛中（主汛期）、汛末的降雨量分别为70mm、100mm、60mm，防洪安全等级可计算出，分别为0.9316、0.9949、1。也可以根据实际情况，求得各时段的防洪安全等级。

5.4.4.3 防洪安全分析

根据上述计算的防洪分析各指标权重，可以看出单位面积滞洪区总库容对大庆市防洪安全占主导地位，水情测验和报汛通信系统、防汛指挥调度系统、防洪标准及降雨量等指标，对大庆城市的防洪安全也较为重要。通过以上示例计算防洪安全等级，可分别计算不同年份的防洪安全等级，并加以比较，针对各年指标特征值的不同，其安全等级应有较大的差别，采取相应措施加强城市的防洪安全。

6 防洪效益及分析

6.1 防洪效益概述

江河洪水泛滥或山区山洪暴发，淹没城市、村庄和土地，冲毁农田、铁路、公路、通信与输电线路、工矿厂房等各类工农业生产设施，给人类生产、生活造成一系列的灾害，并带来洪灾损失。防洪就是利用一定的工程措施、非工程措施或其他综合措施来防止或尽量缩减洪水灾害；防洪效益则是由于采取各种防洪措施而避免或缩减的洪灾损失，也包括可能增加的土地利用价值等。

防洪效益渗透于国民经济各部门和人类生产生活的许多方面，主要表现如免除或减少因水灾而可能造成的人口伤亡、淹没损失和防汛抢险费用；使洪泛区内重要工农业生产基地与外区的经济联系有可靠的保障；增加洪泛区内的土地利用价值；减轻国家赈灾救灾的财政负担等（张明，2002）。防洪效益通常分为防洪经济效益、社会效益、环境效益，三者互为基础，相互促进，有着辩证统一的关系（张达志，2002）。

6.1.1 防洪工程经济效益

防洪工程经济效益在表现形式上又可分为直接效益和间接效益、有形效益和无形效益、正效益和负效益。

（1）直接效益和间接效益。防洪工程的经济效益按工程系统作用的时空边界范围可分为直接效益和间接效益。直接效益是工程项目产出物的计算价值（直接作用）；间接效益是防洪工程项目为社会作出贡献而本身并未得到的那部分效益（间接作用）。对防洪工程而言，直接效益就是防洪工程减少的洪水直接淹没损失，间接效益则是减少的间接损失，即由直接损失带来的损失，如由于洪水淹没导致交通中断、经济活动受阻或停滞而造成的经济损失等。

（2）有形效益和无形效益。防洪工程的经济效益按可定量和不可定量计算分为有形效益和无形效益。有形效益可以用实物指标或货币计算，无形效益则不能用实物指标或货币表示，如防洪工程所避免的人们由于家庭财产的丧失、亲人和朋友的死亡等引起的沮丧、焦虑等心理创伤，这种感情上的损失是无法用货币或实物计量的，因而防洪工程在这方面的效益为无形效益。

（3）正效益和负效益。依据防洪工程对外部环境的效果可将防洪工程的经济效益分为正效益和负效益，正效益是指工程对外界条件和周围环境产生的有利影响或积极作用；负效益则是指工程项目对外界和周围环境产生的不利影响或消极作用，如防洪水库淹没无法恢复的名胜古迹等。

目前通常把减少的洪灾损失计算值作为防洪工程经济效益，它和水利建设其他项目的效益相比，具有下述特点（谢函，2006）：

（1）防洪工程经济效益集中体现的是减少受灾机会和减免淹没损失，即防洪工程是以治理水害为目的，而不是直接创造社会财富（张明，2002）。防洪工程本身不直接生产实物产品，不直接创造财富；而是消除灾害，为社会提供安全服务，为受益区改善劳动生产条件和人民生活条件。其效益渗透在社会经济和人民生活的许多方面，故其效益以可减免的洪灾损失和可增加的土地开发利用价值计算（张达志，2002）。

（2）防洪工程效益受洪水的随机性和洪灾损失不确定性等因素影响，年际之间变化很大。即防洪效益随洪水的大小而变化，一般洪水年份无洪灾损失或灾害很小，大洪水或特大洪水年份洪灾损失很大。因而，防洪工程在一般年份几乎没有效益，但遇到大洪水年时能体现出很大的效益。因此，防洪效益以多年平均效益和特大洪水年效益表示。

（3）防洪效益随国民经济的发展而增长。防洪保护区内工农业生产随着国民经济的发展而增长，因而即便是同一频率洪水出现时间不同，其造成的损失也不同，且随时间的推移和经济的发展而增大。

（4）防洪工程的社会效益和经济效益大，一般没有财务效益。洪灾损失有经济损失和非经济损失，两者均有广泛的社会性，需从全社会角度考虑。

（5）防洪工程可能存在一些负效益。如专门为防洪目的而修建的水库，要淹没大量的土地，作为特大洪水的分洪区，在分洪时要迁移居民，因滞蓄洪水而淹没土地和村庄，人为地造成一定负效益去换取下游重点防护区的正效益。

6.1.2 防洪工程社会效益

防洪工程社会效益是指通过一系列工程、非工程措施来保护国民经济各部门和地区经济的发展，以最小的投入将灾害损失降低到最低限度，最大限度地减少国民经济损失，实现防洪经济效益的最大化；同时，各级政府有精力、有财力、有能力更好地安置灾民、安排生产，避免引起大的社会动荡和混乱，真正实现抗灾夺丰收、抗灾保发展目标。"良好的防洪社会效益，让人们在安居乐业的同时，切身体会到防洪工作的重要性，体会到加大防洪投入、提高防洪经济效益的意义所在，就能形成防洪工程、非工程建设投入—减灾—效益的良性循环"（谢函，2006）。

6.1.3 防洪工程环境效益

防洪工程环境效益是指运用各项防洪综合性措施来保护和改善生态环境所起的作用和可获得的利益。如保护水质免受污染，为人们提供合理的、稳定的生产和生活环境，如兴建水库，改善局部小气候，调节当地年平均气温与极端气温。另外，还可以极大地改善城市的投资环境，增强投资者的安全感和投资兴趣。防洪环境效益与防洪社会效益、经济效益相辅相成，相互促进。

6.2 防洪效益的计算方法

6.2.1 防洪效益计算方法概述

防洪工程经济效益包括直接经济效益和间接经济效益两部分。直接经济效益是指防洪工程（或防洪工程体系）减免的由洪水直接造成的经济损失，它是防洪工程经济效益的主体，也是计算间接经济效益的基础。间接经济效益是指防洪工程所减免的间接经济损失。

　　要比较准确地计算直接经济效益，一方面要认真调查和核实有该工程情况下的实际洪灾损失；另一方面要科学、合理地计算假定无该防洪工程下可能造成的洪灾损失。关于计算洪灾间接损失，目前国内外比较认可的办法有两类：①根据各洪水淹没区直接损失构成，参照国内外有关资料分项计算；②先按有、无该防洪工程情况下洪灾间接损失与直接损失不同的比例关系分别求出其洪灾间接损失值，再求出其差值作为该防洪工程减免的洪灾间接损失值，即间接经济效益。防洪工程运行期获得的经济效益是指从工程发挥效益时起实际减免的洪灾损失价值，实际发生多大洪水，减免了多少损失，工程就有多少效益，因此，防洪工程多年平均防洪效益是最有价值的指标值，具体来说为无防洪工程和有防洪工程多年平均洪水损失之差。多年平均防洪经济效益的计算方法很多，归纳起来可分为：频率法、年系列法、保险费法、最优等效替代法、稳定生产增长法等（表 6.1）。在实际工作中需结合现实情况选定适用的计算方法，合理确定计算参数，尽可能准确地估算防洪工程经济效益。目前计算防洪工程多年平均经济效益广泛采用的方法有频率法和年系列法。

表 6.1　　　　　　　　　各种防洪效益计算方法、适用范围

防洪效益计算方法		效益计算边界	反应防洪效益形式	适用范围	应用广泛程度
减少损失法	频率法	直接效益	多年平均	拟建与已成工程	广泛
	年系列法	直接效益	多年平均	拟建与已成工程	广泛
	模拟曲线法	直接效益	多年平均	拟建工程	很少
	最优等效替代法	直接效益和间接效益	总值	拟建工程	较广泛
	稳定生产增长法	直接效益和部分间接效益	总值	拟建与已成工程	很少应用
	保险费法	直接效益	多年平均	拟建工程	不广泛

　　根据大庆市的数据资料以及计算便捷等特点，该章将以洪灾损失频率法为基础计算防洪效益。

6.2.2　洪灾损失频率曲线法的基本原理及计算步骤

　　洪灾损失频率曲线法是指在某一防洪工程范围内，分别计算出有、无防洪工程时，不同频率的洪水发生一次所造成的损失值。根据计算结果制作洪灾损失频率曲线，用图解法求出本区域内有、无此防洪工程时的多年平均损失值，两者的差值即为修建此防洪工程的效益。这种利用频率计算的平均损失值的方法，称为洪灾损失频率曲线法（许志方和沈佩君，1987）。

6.2.2.1　一次洪水防洪效益计算方法

　　一次洪水防洪效益是指有、无防洪措施情况遇到某一次致灾洪水所造成的国民经济损失差值。已成防洪工程一次洪水直接防洪效益计算方法一般是：①调查分析确定所论洪水是否是为致灾洪水，如不是致灾洪水则无防洪效益；②调查有某防洪工程情况下出现该次

洪水所造成的国民经济损失；③通过假定无某防洪工程时的洪水还原计算和相应的洪灾损失调查，估算其相应的洪灾损失，其差值即为已建成防洪工程在该次致灾洪水下的直接防洪效益。

其中损失值计算中应注意的问题有：

（1）农作物的损失。应根据减产值扣除因灾少开支的生产费用所得的损失值。如灾后能补种的，其减产值和生产费用，应按补种或改种的情况分析；如洪灾有肥田或补充地下水资源的效益，损失值中应扣除这些效益。在已灾典型区，不同淹没等级各种农作物的减产值和生产费用，应根据调研资料结合农业统计报表分析确定。

（2）林业损失。一般的水淹，林株死亡很少，可予不计。但在深水、长历时淹没情况下，林木将会死亡，已成材的一般不影响，因此，淹没损失主要是淹死幼林的损失。

（3）工程设施损失。工程设施包括农田水利、桥涵公路、电网、通信线路和各类市政设施。其损失值不能按毁坏的实物数量计算，应按毁坏程度计算损失，即恢复和修理费。对于主体结构已不能用的，应按灾前价值扣除尚存可用物料的残值进行计算（杨山河和陈越远，2003）。

6.2.2.2　制作洪灾损失频率曲线

目前在防洪工程效益计算中，比较普遍的是采用暴雨频率—洪灾损失的关系曲线来计算洪灾损失。一般是将工程兴建前后各年的成灾暴雨频率与相应年份的损失值点绘成相关曲线（图 6.1）。曲线 A 表示未修工程以前的成灾暴雨频率—洪灾损失曲线，曲线 B 为工程建成以后的成灾暴雨频率—洪灾损失线。

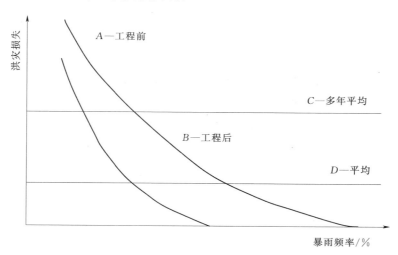

图 6.1　暴雨频率与洪灾损失关系曲线图

6.2.2.3　计算防洪效益

图 6.1 中工程建成前、后两曲线之间纵坐标差值即为工程建成后相应暴雨频率时所得到的防洪效益。

由于防洪工程的效益受每年降雨量变化影响较大，故在暴雨年份防洪工程效益显著；干旱年份工程几乎没有效益。因此，计算防洪工程效益时，应以多年平均效益来表示。图

6.1中直线 C 为与曲线 A 相应的、在工程兴建以前的多年平均受灾面积；直线 D 为与曲线 B 相应的、在工程建成后的多年平均受灾面积。两直线间的纵坐标差值即为工程建成后所得到的多年平均防洪效益（许志方和沈佩君，1987）。

根据洪灾损失频率曲线，可用式（6.1）计算年平均损失值 S_0。图 6.2 中 S_0 以下的阴影面积，即为多年平均洪灾损失值，即

$$S_0 = \sum_{P=0}^{1}(P_{i+1} - P_i)(S_i - S_{i+1})/2 = \sum_{P=0}^{1} \Delta P \overline{S} \qquad (6.1)$$

式中：P_i，P_{i+1} 为两相邻频率；S_i，S_{i+1} 为两相邻频率的洪灾损失；ΔP 为频率差；$\overline{S}$ 为平均经济损失，$\overline{S} = (S_i + S_{i+1})/2$。

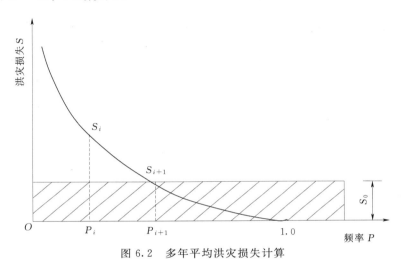

图 6.2　多年平均洪灾损失计算

6.2.2.4　洪灾损失及防洪效益的增长率

洪灾损失或兴修工程后的防洪效益，一般都随着国民经济建设的发展而增加。据近年调查和统计资料表明，各单项土地利用项目的洪灾损失增长率是有差别的。一般情况，农业、林业、畜牧业用地及工商业停工、停产等的洪灾损失率与农业和工商业产值的增长率经常是同步的。而城乡居民、企业和事业单位的财产损失率，工程设施的损失率和工农业生产的增长速度常常是不同步的。一般小于工农业增长率。洪灾综合损失的增长率，可用式（6.2）计算：

$$j = \sum_{i=1}^{n} a_i j_i \qquad (6.2)$$

式中：j_i 为第 i 种土地利用项目的洪灾损失增长率，可由调查、统计资料或预测分析求得；a_i 为第 i 种土地利用项目占整个洪水淹没面积的权重。

6.2.2.5　考虑国民经济建设增长率的多年平均防洪效益现值计算

随着国民经济的发展，在防洪保护区内的财产是逐年递增的，一旦遭受淹没，其单位面积的损失值也是逐年递增的。设 S_0、A 分别为防洪工程减淹范围内单位面积的年平均综合损失值及年平均减淹面积，则年平均防洪效益为

$$b_0 = S_0 A \qquad (6.3)$$

设防洪区内洪灾损失的年增长率（即防洪效益年增长率）为 j，则

$$b_t = b_0(1+j)^t \qquad (6.4)$$

式中：b_t 为防洪工程经济寿命期内第 t 年的防洪效益期望值；t 为年份序号，$t=1$，2，…，n；其中 n 即为经济寿命年。

设计算基准年在防洪工程的生产期初，则在整个生产期（即经济寿命期）内的防洪效益现值为

$$B = \frac{i+j}{i-j}\left[\frac{(1+i)^n - (1+j)^n}{(1+i)^n}\right]b_0 \qquad (6.5)$$

6.2.3 大庆地区防洪工程效益计算

6.2.3.1 洪水淹没范围

大庆地区历史上曾多次发生洪涝灾害。1966 年进行规划时，曾对本地区进行详细的洪水调查，并对 1945 年北二十里泡—库里泡的洪水进行平衡分析，推求出该年各控制点的洪水总量。首先是从双阳河分流口至库里泡的水量平衡，分片查算了该年洪水淹没面积和最大蓄水量、损失水量。其次分析了各控制点的设计洪水量，按其同 1945 年洪水总量比例，缩放各片的最大洪水淹没范围，再从分片库容曲线，查取最高洪水位和淹没面积。考虑溃坝的影响，按治理前的防洪工程情况，黑鱼泡、王花泡、库里泡等滞洪区，都只能防御 10 年一遇洪水，超此标准，就有溃坝可能。按原设计滞洪区的校核水位作为溃坝水位，估算各积水区的最高水位（黑龙江省大庆地区防洪工程建设指挥部，1992）。

按以上分析，可求出大庆地区洪水淹没面积，见表 6.2。

表 6.2 　　　　　　　　　　　　大庆地区洪水淹没面积表 　　　　　　单位：km^2

市（县）	总面积	淹没区面积	
		$P=1\%$	$P=5\%$
大庆市	5500	852	581
安达市	3587	670	463
肇源县	4069	772	300
青冈县	1563	242	167
明水县	1289	220	152
林甸县	3746	1186	720
合计	19754	3942	2383

注　资料来源于《黑龙江省大庆地区防洪工程管理处工程指南》（黑龙江省大庆地区防洪工程管理处，2005）。

6.2.3.2 淹没区经济概况和损失测算

大庆地区原为农业耕作和草原畜牧区，自 20 世纪 60 年代大庆油田开发，继而石油化工工业蓬勃兴起，电力工业也相应发展。目前是油井密布，输油、输电、输水管线纵横交错，铁路、公路四通八达，已成为我国重要的石油和石油化工基地，年产原油高达 5500 万 t。1990 年仅大庆市的工业总产值 221.6 亿元，其中石油工业 170 亿元，石油化工 42.3

亿元，地方工业 9.3 亿元。

在 20 年一遇洪水淹没区内有人口 9.1 万人，耕地 55.5 万亩，草原 206 万亩。

在 100 年一遇洪水淹没区内，有人口 32.6 万人，其中城镇人口 16.2 万人，耕地 120 万亩，草原 301 万亩，淹没区内有石油管理局的油田 261km²，占大庆油田老区总面积的 1/4，油井 2331 口，注水井 940 口，原油稳定装置 3 座，增压站 1 座，脱水站 10 处，水、电联合站 12 处，转油站 84 处，35kV 和 110kV 输电线路 192km。35kV 变电站两处，8 万 kW 发电厂一处。石化总厂的部分设施和乙烯的热电厂、工业水厂、原料储罐、龙卧管带和材料库等，电力局的 220kV 输电线路 5 条，长度 50.3km，包括齐齐哈尔—大庆—哈尔滨联网干线 110kV 输电线 8 条，长度 65km。有滨洲铁路线长 12.5km。

按上述淹没区情况，分别计算生产损失，固定资产损失率在 0.2 左右，测算直接损失 100 年一遇为 15.46 亿元，20 年一遇为 4.22 亿元。大庆地区洪水淹没范围情况详见表 6.3。

表 6.3　　　　　　　　　　　　　大庆地区洪水淹没范围情况表

市（县）	淹没区							
	面积/km²		人口/万人		耕地/万亩		草原/万亩	
	$P=1\%$	$P=5\%$	$P=1\%$	$P=5\%$	$P=1\%$	$P=5\%$	$P=1\%$	$P=5\%$
大庆市	852	581	10 (6.2)	3.6 (2.0)	14.7	8.7	68.0	52.0
安达市	670	463	3.2	2.1	20.0	10.4	65.0	48.0
肇源县	772	300	9.4 (6.0)	1.3	27.0	10.0	30.0	12.0
青冈县	242	167	0.8	0.2	7.3	2.5	23.6	16.0
明水县	220	152	1.4	0.5	6.6	2.3	16.5	13.7
林甸县	1186	720	7.8	1.4	44.5	21.6	98.0	64.8
合计	3942	2383	32.6 (12.2)	9.1 (2.0)	120.1	55.5	301.1	206.5

注　1. 人口括号内数字为城镇人口数。

　　2. 从黑鱼泡到库里泡包括大庆市和安达市，淹没面积当 $P=1\%$ 约为 1300km²，$P=5\%$ 约为 800km²。

根据统计资料可得到淹没实物指标统计表，见表 6.4。

表 6.4　　　　　　　　　　　　　淹没实物指标统计表

项目	$P=1\%$	$P=2\%$	$P=5\%$
保护面积/km²	6702	4990	2850
保护耕地/万亩	302	203	102
保护平原/万亩	384	286	185
人口/万人	89.7	60.1	30.5
城镇/个	23	16	8
村屯/个	526	353	179
油井/眼	14040	11499	7165

注　资料来源于《黑龙江省大庆地区防洪工程管理处工程指南》（黑龙江省大庆地区防洪工程管理处，2005）。

大庆市遭遇 100 年一遇洪水淹没损失计算如下：

（1）综合损失：包括耕地、草原、小型企业、居民财产、铁路、公路、工业的工农业损失。按单位面积损失指标为 600 元/亩，计算得 60.3 亿元。

（2）石油损失：淹没大庆油井 14040 眼，损失日产量 9.255 万 t，单价按 1050 元/t 计，停产半个月，损失约 14.6 亿元。

（3）石化工业损失：1994 年石化工业总产值 128 亿元，按 8% 经济增长率计算 2004 年停产半个月损失 11.5 亿元。

（4）固定资产损失：淹没区固定资产 600 亿元，损失率 1.8%，固定资产损失值 10.8 亿元。

100 年一遇洪水减免洪灾损失合计 97.2 亿元。

以上数值是 2005 年大庆防洪工程管理处根据 100 年一遇实物淹没指标估算（黑龙江省大庆地区防洪工程管理处，2005），可作为多年平均防洪效益估算的参考。

6.2.3.3 多年平均防洪效益计算

效益计算依据工程建成前、后实际淹没损失进行评估防洪减灾效益，大庆防洪工程兴建前、后损失曲线间所包围面积的多年平均值作为防洪效益的年值，多年平均防洪效益计算见表 6.5。

表 6.5 　　　　　　　　　　　多年平均防洪效益计算表

洪水频率 $P/\%$	ΔP	防洪工程建设前洪灾损失/亿元			防洪工程建设后洪灾损失/亿元		
		各频率洪灾损失值 S	平均损失 $\overline{S}$	$\Delta P \overline{S}$	各频率洪灾损失值 S	平均损失 $\overline{S}$	$\Delta P \overline{S}$
0.5		0					
	0.3		0.25	0.075			
0.2		0.5					
	0.1		0.75	0.075			
0.1		1.0			0		
	0.05		7.42	0.37		2.50	0.13
0.05		13.83			0.5		
	0.03		21.86	0.65		6.82	0.21
0.02		29.89			13.14		
	0.01		33.88	0.33		21.67	0.22
0.01		37.86			30.2		
$\sum \Delta P \overline{S}$		1.50			0.56		

注　1. 第三列数值为 1988 年防洪工程规划设计淹没区调查损失数折算到 2004 年。

　　2. 第六列数值为 1998 年、2013 等年份淹没损失数折算到 2004 年。

　　3. 第六列实际洪灾损失参见《1998 年松花江大洪水》（水利部松辽水利委员会，2002）和《黑龙江省黑龙江、松花江、嫩江流域灾情评估报告》（2013）。

按照上述多年平均效益计算公式，可求得有防洪工程前后的多年平均淹没损失分别为 1.49 亿元和 0.51 亿元，则防洪工程的直接效益为 0.98 亿元（基准年为 2004 年）。洪水频率与洪灾损失关系见图 6.3。

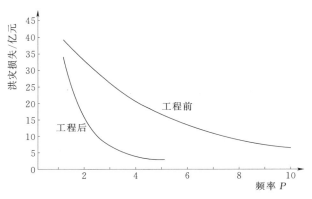

图 6.3　洪水频率与洪灾损失关系图

6.3　防洪效益的经济分析

6.3.1　经济评价指标的选择

大庆防洪工程经济评价指标主要选择几个反映工程建设和运行特征的指标，即效益费用比、内部收益率、敏感性三个重要指标。

6.3.1.1　效益费用比

效益费用比（BCR）是指工程在计算期内所获得的效益与所支出的费用之比，可以是总效益与总费用之比，也可以是平均年效益与平均年费用之比。假设大庆防洪工程在建设期 m 年内，各年年末投资为 K_t，在投产期（$t_a—t_b$）内除仍需要一部分投资 K_t 外，随着投产机组的逐年增加，年运行费 u_t 与年效益 B_t 也逐年增加。在生产运行期（$t_b—t_c$）内，工程一般已不再要求投资。只是某些经济寿命较短的机电设备尚须在生产期内于 t_d 年投入中间更新费 K'_t，在运行期末 t_c 可回收净残值 K'_n；而在整个生产运行期内，各年的年运行费和年效益在一般情况下可以认为等于某一常数，可分别用 u_0 和 b_0 表示。各年投资、运行费、效益流程示意图见图 6.4。

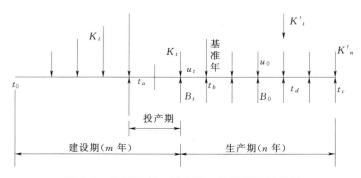

图 6.4　各年投资、运行费、效益流程示意图

如果计算基准年在建设期末（t_b），折现率或利率为 i，则该工程折算到基准年 t_b 的总净投资或总造价为

$$K = \sum_{t=1}^{t_b} K_t (1+i)^{t_b-t} + K_t^1 (1+i)^{t_b-t_d} - K_n^1 (1+i)^{t_b-t_c}$$

同法，折算到基准点 t_b 的总运行费为

$$U = \sum_{t=t_0}^{t_b} u_t (1+i)^{t_b-t} + \sum_{t=t_0}^{t_c} u_0 (1+i)^{t_b-t}$$

总费用现值

$$C = K + U$$

折算到基准点 t_b 年的总效益为

$$B = \sum_{t=t_0}^{t_b} B_t (1+i)^{t_b-t} + \sum_{t=t_b}^{t_c} B_0 (1+i)^{t_b-t}$$

效益费用比

$$\frac{B}{C} = \frac{B}{K+U}$$

6.3.1.2　内部收益率

内部收益率（IRR）是指防洪工程在经济寿命期 n 年内，总效益现值 B 与总费用现值 C 两者恰好相等时的收益率，也即效益费用比 $B/C=1$ 时的 i 值。如果此时所求出的收益率 IRR 大于或等于规定值时，则认为防洪工程项目是有利的，即投资该工程项目可以获得大于或等于规定的收益率。规定的收益率值称为社会折现率 is，目前规定 is 为 7% 或 12%；在进行财务评价时，规定的收益率值称为行业基准收益率 Ic，目前规定 $Ic=10\%$。根据图 4.3 及公式，可知当 $B=C$ 时，则可由公式反求出 IRR 值：

$$\sum_{t=t_c}^{t_0} B_t (1+IRR)^{t_0-t} + B_0 \left[\frac{(1+IRR)^n - 1}{IRR (1+IRR)^n} \right]$$

$$= \sum_{t=1}^{t_0} K_t (1+IRR)^{t_0-t} + K'_t (1+IRR)^{t_0-t} - K'_n (1+IRR)^{t_0-t} +$$

$$\sum_{t=t_c}^{t_0} u_t (1+IRR)^{t_0-t} + u_0 \left[\frac{(1+IRR)^n - 1}{IRR (1+IRR)^n} \right]$$

上式的左边为效益现值 B，右边为费用现值 C，由于公式中除 IRR 为未知值外，其余均为已知值，因此可以用试算法求出内部收益率 IRR。内部收益率表示工程依靠本身效益回收投资费用的能力，也就是说，在这样的内部收益率（经济报酬率）情况下，大庆防洪工程在整个计算期内的效益现值恰好等于该工程的全部费用现值，即 $B=C$，或 $B/C=1$。显然，当所求出的内部收益率 $IRR \geq is$（或 Ic）时，该工程是有利的，IRR 值越大，表示该工程越有利。

6.3.1.3　敏感性

敏感性主要考察防洪工程在考虑主要变动因素如投资、效益、价格、工期、可变成本等发生变化时，其他主要经济指标的变化幅度及其影响。如防洪工程在投资、年效益、施工期变动的情况下，通过分析，财务内部收益率对效益的变化最为敏感，其次是施工期，再次才是投资。当以 4% 作为财务基准收益率时，效益减少约 16%，即达临界点，此时财务收益率等于基准收益率。若生产效益再降低，该工程将会由可行转为不可行。因此，在

该工程的生产经营过程中要注重抓效益；在建设期也应注意控制建设年限。

各主要因素变化幅度参照数据为：①投资为±10%～±20%；②效益为±15%～±25%；③施工年限为提前或推后1～2年；④达到设计效益的年限为提前或推后1～2年。

6.3.2　大庆防洪工程的经济分析

计算各项指标：①防洪工程投资，总投资为2.54亿元；②采取运行费为总投资的3%，自投产年份开始投入资金；③工程施工期为1989—1991年，以1992年初为基准年，经济计算期为30年；④经济报酬率取7%，在经济计算期内的效益增长率均以6.8%计；⑤防洪工程效益2004年基准年的多年平均值为0.98亿元，换算成以1992年为基准年，则为4450.11万元。

6.3.3　经济效果分析

6.3.3.1　效益和费用的现值计算

费用现值 $C = 25400 \times (1+7\%)^3 + 762 \times \dfrac{(1+7\%)^{30}-1}{7\% \times (1+7\%)^{30}} = 40571.8$（万元）

其中，投资1989年为25400万元，自1992年起每年年运行费用均为762万元。经济报酬率 $i=7\%$，在经济计算期内的效益增长率 $f=6.8\%$。

效益折算系数按等比系列求现值的复利因子公式算得，计算公式为

$$f_n = \frac{1+f}{i-f}\left[\frac{(1+i)^n - (1+f)^n}{(1+i)^n}\right]$$

其复利因子为29.15。

效益现值 $B = 4450.11 \times 29.15 = 129704.5$（万元）。

净效益现值 $B_{净} = 89132.7$（万元）。

6.3.3.2　效益和费用的年值计算：

效益年值 $\overline{B}$ 计算：

$$\overline{B} = B\frac{i(1+i)^n}{(1+i)^n - 1} = 129704.5 \times \frac{7\% \times (1+7\%)^{30}}{(1+7\%)^{30}-1} = 10452.42 （万元）$$

费用年值 $\overline{C}$ 计算：

$$\overline{C} = C\frac{i(1+i)^n}{(1+i)^n - 1} = 40571.8 \times \frac{7\% \times (1+7\%)^{30}}{(1+7\%)^{30}-1} = 3269.53 （万元）$$

6.3.3.3　效益费用比计算

$$B/C = \overline{B}/\overline{C} = \frac{129704.52}{40571.78} = \frac{10452.42}{3269.53} = 3.20$$

6.3.3.4　敏感性分析

以效益、费用单项指标浮动和两项指标同时浮动，浮动幅度分别按−10%和±10%进行，计算成果列于表6.6中。

由表6.6结果可以看出，即使按效益减少10%和费用增加10%同时浮动，其效益费用比为2.62，净效益值为5810.69万元，可见大庆市防洪工程的经济效果是显著的。

表 6.6   敏 感 性 分 析 成 果 表

敏感性因素	费用年值/万元	效益年值/万元	效益费用比	净效益年值/万元
基本方案	3269.53	10452.42	3.20	7182.89
费用增加 10%	3596.49	10452.42	2.91	6855.93
费用减少 10%	2942.58	10452.42	3.55	7509.84
效益减少 10%	3269.53	9407.18	2.88	6137.64
费用增加 10% 效益减少 10%	3596.49	9407.18	2.62	5810.69
费用减少 10% 效益减少 10%	2942.58	9407.18	3.20	6464.60

6.3.3.5 综合评价分析

　　通过上述对大庆防洪工程的防洪效益经济分析，效益费用比为 3.20，敏感性分析中，尽管效益减少 10% 和运行成本增加 10%，其效益费用比仍高于 2.5，可见其防洪效益是非常显著的。这些效益不包括王花泡等七大滞洪区和排水渠道的生产生活污水排放、生态湿地供水、多种经营等其他效益。

7 大庆地区控制洪水的综合管理对策探讨

7.1 水土资源的利用及其管理

（1）近年来，大庆滞洪区内水土资源没有实行统一管理，农民侵占河湖、围垦造地、养鱼没有得到遏制，反而越来越严重。随着人口资源与环境之间矛盾的越来越紧张，占有资源的价值量越来越高，上述现象有逐渐增长的趋势。滞洪区调度考虑兴利的同时，要对其调度指标重新核定。不同水位下的水土资源要明晰产权。确权发证，国家该补偿的补偿、该征地的征地，并出台相应的滞洪区管理公告或条例。只有这样，水土资源的利用才能可持续并得到有效的配置。如王花泡滞洪区的水面是安达市管理，防洪工程是黑龙江省防洪管理处管理并同时拥有水的控制权。如果水位太高，不放水，淹没土地农民告状。正常年份每年放2次水。一次是春天开化之后，汛前超过起调水位时。如农民养鱼，水位低时养鱼水面不够，也要上访告状；于是地方政府与管理部门协商，与农民的纠纷也不断。从近些年水量调度分析，一般很少有汛前滞洪区库容一旦超过起调水位就放水的（不考虑洪水资源化利用下的防洪调度控制运用方案是超过起调水位即开闸放水），都参考气象预报和水文信息，留有余地。另一次放水是秋天上冻前，主要预防水位高时，防止工程冻害破坏。

（2）汛期防汛抢险责任分工应有明确规定。建议正常管理、平时工程养护、水情预报、防洪调度由管理单位负责，汛期防汛抢险、备土、物资由工程所在市（县）负责，或按受益单位划分责任（段）分工。但防洪工程管辖范围内，行洪滩地淹没高程没有明确规定；民众随意在其中修建设施，如鱼池、房屋、道路等。导致一到汛期，尤其是发生洪水时，不仅影响防洪安全，淹没所有物问题和纠纷不断。因此，应结合滞洪区及其排水河道风险图工作，重点标明不同设计洪水位的淹没范围及高程数字，特别是规定各方认可的受灾主体等。

（3）大庆防洪工程管理处管辖的水土资源的范围，要确权发证。由于大庆地区防洪工程涉及面广，汛期洪水调度复杂，涉及3区8县，为了做到统一调度、科学管理。建议成立"大庆地区防洪协调委员会"，以黑龙江省水利厅为主要委员单位、吸收地方政府、石油、石化等生产企业以及各个利益相关者等多方面参加的管理委员会，定期开会研究解决管理和调度等有关事宜，包括相关管理条例、法律、法规的起草和报批。

7.2 河 道 工 程 管 理

目前，大庆防洪工程的主要任务，只是排出洪水和石油化工生产污水，这一目标完全是按着最初的目标设计。但随着人口、资源与环境问题的变化和发展，这一单一目标已不能适应新形势变化。因为，大庆地区是一个缺水地区，工业生产、农业、生产生活及生态环境用水不富余，面临着未来经济发展和防洪多功能的需要的挑战。从客观出发重新定位滞洪区功能是时代发展的必然选择。

7.2.1 河道工程建设质量管理的提升

（1）健全质量管理体系。强化法制建设，强化法制意识，认真遵守贯彻相关法律法规，提高依法工作的自觉性。

（2）加强领导责任制，并加强监督和检查，严格实行质量责任终身制。

（3）加强进场材料及设备的质量控制，对材料供应商实行招投标制，对发现有质量问题的材料及设备要及时停止使用，并追究当事人的责任。

（4）严格技术管理。技术管理包括技术责任制、技术交底、图纸会审、材料检验、施工日记、技术复核、工程验收、技术档案等制度。

（5）加强技术培训，提高施工技术人员专业素质，促进施工质量管理实施。

（6）工程建设质量分工负责。工程建设质量管理由项目法人、建设单位负责、监理单位控制、施工单位保证和政府部门监督。项目法人对工程质量负全面责任，监理、设计、施工单位按照合同及有关规定对各自承担的工作负责，质量监督机构履行政府部门监督职能（黑龙江省大庆地区防洪工程管理处，2005）。

（7）注重科技进步和质量管理。推广先进的科学技术和施工工艺，依靠科技进步和加强管理，努力创建优质工程。

（8）工程建设严格实行招投标制，对不符合条件的施工单位严禁参加招投标。

（9）做好施工前、施工中、施工后的质量管理，做好资料整理，积累施工经验（侯瑜琨，2011）。

7.2.2 河道工程建设投资管理

（1）从设计单位的可行性研究和各级设计中严格执行投资控制。

（2）施工单位投资控制应该从材料费、人工费、措施费、机械使用费及间接成本等方面入手，水利施工企业推向市场，以增强企业活力，增强企业自主经营、自负盈亏、自我发展和自我约束的能力。

（3）加强工程的发包方与监督方协作，有利于投资控制。

7.2.3 河道管理中体制机制创新

（1）管理体制和机制问题。按照统一管理与分级负责的原则，落实分级负责的责任制；在管理过程中，探索管理与养护分离的新机制，制定市场准入的规划和管养定额标准，逐步实行养护的社会化、市场化。

（2）落实管理的经费。任何管理都需要人和物的投入，管理也必须要有成本，管理的投入要根据工程的性质和管理责任权限，由公共财政投入和社会性投入配套组成。

（3）提高管理的技术含量和科学调度水平，保障管理技术和科学调度应用与发展的统一。

（4）加强管理队伍建设，引进专业人才，提高管理人员的素质和管理水平。

7.3　滞　洪　区　管　理

（1）加强领导，健全机构。为了强化对滞洪区的治理，可否考虑设立治理机构，可称作滞洪区治理办公室，专门协调与管理滞洪区及其处理相关问题。可在现工程管理处内增加一定人员和编制，明确职能和责任，并在同级主管部门的领导下开展工作。

（2）强化管理，完善法规政策。安肇新河流域滞洪区的专管或群管机构，要依靠所在市、县（区）各级政府和广大群众，在有关部门的统一领导下实行分级管理。各专管机构应实行目标管理，制定有关管理制度、奖惩制度和各种设备的操作规程等各项规章制度，与奖金工资挂钩，分工明确，奖惩分明，狠抓落实。对群管人员，从管理站到管理段层层进行承包，签订合同并进行公正，一切按合同办理，使群管人员的责、权、利有机结合起来。防洪工程设施是保证滞洪区安全运行的重要保证。滞洪区周边的堤防应参照有关堤防管理规范制定管理规章制度，依法进行管理。各地要针对各自的实际情况提出各种设备运行、保管、检修等管理办法，责任到人，保证各种设备完好并能及时准确地传递信息。

（3）完善滞洪区通信预警系统，加大宣传力度。每年不定期组织法规宣传车宣传、散发宣传材料等，大力宣传《中华人民共和国防洪法》《中华人民共和国水法》《蓄滞洪区安全与建设指导纲要》和《蓄滞洪区运用补偿暂行办法》，向群众讲明利害关系，传授抗洪避险知识。通过宣传，使群众明白滞洪区在抗洪中的作用和地位，弘扬顾大局的精神，保障滞洪区任务的顺利完成（赵春友，2013）。

7.4　城区防洪排涝工程综合管理

（1）提高城市防洪排涝标准。根据有关防洪法规及地方政府的《大庆城市排水工程规划规范》和《大庆城市防洪规划规范》等文件要求，结合大庆市城市防洪排涝工程现状以及借鉴同等规模城市的防洪排涝标准，确定主城区及主力油田区抵御外洪的标准；城市雨排系统的排水标准根据地块或用地功能或性质以及重要性，雨水后损失程度和影响程度而选取一般居住区、道路确定设计降雨重现期。

（2）彻底解决安肇新河出口排水不畅问题。大庆防洪工程承担着城区排涝任务，但安肇新河出口不畅。根据历史洪水和现有工程情况分析，若遇 50 年一遇至 100 年一遇洪水，淹没泛滥面积可达 3900km²，将淹没油井 2330 口，减少原油产量 300 万 t，受灾人口 33 万人，将有 15 亿元的固定资产受淹，直接损失达 12 亿元。由于供电供气系统冲毁，铁路等交通阻断所造成的间接影响将更为严重。在 20 年一遇洪水情况下，也将淹没农田 53 万亩，草原 206 万亩，油井 1550 口。直接损失 414 亿元（大庆市水利规划办公室和黑龙江省水利勘测设计院，1988）。上述损失还不包括由于泄洪道不畅，致使排水受阻所形成的灾害。因此，大庆地区防洪的重要性和紧迫性越来越突出，已成为该区建设中的主要问题，亟待加以解决。

（3）提高城市雨洪资源利用水平。城市雨洪资源利用的主要方向为引洪入湖、引洪入湿、引洪回注地下水及油田，并通过增加绿地和透水路面的面积，兴建雨水收集设施，可以最大程度地利用洪水和截蓄雨水。通过这些措施的实施可以化害为利，改善城市生态环境，缓解城市用水紧张状况（刘金和和温志山，2012）。因此，城区雨洪利用要与滞洪区水量调度相结合，在确保安全的前提下，充分利用雨洪资源。

（4）完善城市生活污水管网建设，提高污水处理率。建立优秀城市应包括地上和地下两部分建设的理念，大庆市由于历史原因，生活污水排放实行就地就近排放，造成生活污水管网建设与城市建设不配套。把普及建设具有综合功能的地下网络，作为防治水污染和内涝内渍的主要技术措施。城区新建或改建项目必须雨污分开收集排放的方式，对老城区创造条件尽快实现雨污分流，以提高污水处理效率，保证资源合理利用，降低处理成本。对于居民集中区主城区采取污水集中方式进行处理，而对于分散居住的区域采取分散污水处理方式，对进入水功能区的生活污水必须实施处理，提高生活污水处理率。

传统的用水方式是需水量增加，就要寻求新的水源地。大庆市随着经济的快速发展和水资源供需矛盾突出，今后应摒弃需水增加就要寻找水源的办法，投资兴建水源工程；要结合用水行业的特点及对水质和水量的要求多渠道开辟水源，污水回用和中水回用是一种最有效的途径。大庆市城市污水年排放量为 1.5 亿 m^3，经过污水处理后年污水回用能力可超过 5000 万 m^3（大庆市水利规划办公室和黑龙江省水利勘测设计院，1988）。大庆是水资源匮乏的城市，无更多的新鲜水可以利用，要把污水处理后，可以应用到工业冷却、城市绿化、城市水环境等领域中去，把再生水资源作为经济的第二水源，可以大大缓解工农业和居民用水的压力，既控制水体的污染，又改善水环境，是一项社会效益明显、经济效益可观、社会协调发展的战略措施。

目前，龙凤湿地 8 个进水口，其中 3 个（东二排干进水口、龙华路与东外环交叉进水口、安肇新河入口）昼夜排污。每年 3000 万 t 污水排入湿地。其中：东二排干进水口汇集王家围子、东风新村等地排入的水，成分比较复杂，包括生活污水、雨排污水、医疗废水、餐饮污水等；王花泡和安达地区的城市综合污水，从安肇新河入龙凤湿地。龙华路与东外环交叉附近的 2 个进水口，经过地埋式污水处理设备处理后排入湿地。湿地旁边有一个东城区污水处理厂处理生活污水后排入湿地。这些污水通过结合大庆防洪排涝工程，处理好、安置好，以达到洪水资源的有效配置。

7.5　非工程措施管理的对策研究

（1）加强非工程措施规划。城市防洪排涝的非工程措施主要包括行洪通道管制、蓄滞洪区管理、洪水预警预报、超标准洪水应急预案、洪涝灾害保险、防洪工程管理与调度以及政策法规建设等方面。通过非工程措施建设可以提高城市应对洪涝灾害的能力，约束人类活动对防洪排涝设施的不良影响，改善城市与洪水的关系，达到防洪减灾的目的。

（2）严格执行环保工程"三同时"制度。做好环境工程建设，应将环保工程建设纳入经济、社会发展规划，环保工程与建设工程达到同时设计、同时施工、同时投产使用。执行环保工程"三同时"制度，是确保大庆市水资源质量、环境改善的主要因素。

（3）加强对点源污染的控制和管理力度。大庆市水环境治理点源污染控制和管理是水环境综合整治的关键，特别是市区重点工业污染源如炼油厂、化肥厂、甲醇厂、酒精厂等，其污染物排放量、污染负荷占全市工业企业污染物排放量及污染负荷的绝大部分，控制了大的污染源也就为水环境整体整治奠定了基础，因此必须加大管理力度，对大的重点的污染源实施污染物排放总量控制和污染物排放达标管理。对所有的新建、改建、扩建项目必须实行环境影响评价报告书制度，所投产的项目各种污染物和水重复利用率，必须达到国家有关标准规定。

（4）提高洪水预报水平。大庆市的水文情报预报在防洪减灾中已经发挥了重要作用，洪水预报的精度提高。利用先进的洪水预报技术，可以大大提高洪水预报的精度，有助于事先对防洪工程进行合理调度。

大庆地区防洪工程自动测报系统主要包括明青坡地水文自动测报系统。明青坡地水文自动测报系统主要是监测、采集明青坡地来水的遥测雨量自动测报系统。明青坡地位于大庆地区防洪工程上游，是明青截流沟汇水流域，流域跨有明水、青冈、安达等市（县），明青坡地是暴雨洪水多发区，洪水流经明青截流沟后汇入王花泡，它是大庆地区洪水主要来源之一。因此，该区的洪水监测是大庆地区防洪工作重点（栗端付等，2010）。

（5）增强防汛指挥系统的现代化水平。大庆市防汛任务十分繁重，为此市政府于1998年设立了专门常设办公机构——防汛办公室，它是雨情、汛情、灾情、险情的信息情报中心，也是防汛物资、抢险机动队伍的调度中心，还是制定各种防御洪水方案、应急措施以及抢险指导的技术中心。防汛办公室工作的好坏，直接影响到上级领导的决策质量，因此必须强化对防汛办公室的领导，选配事业心强、有实践经验、熟悉业务、精通计算机、网络、通信的人员长期从事办公室工作（黑龙江省大庆地区防洪工程管理处，2005）。

为了充分发挥工程效益，确保大庆油田石化工业和农牧业生产安全，黑龙江省水利厅根据国家防汛部门对防洪工程进行现代化管理和科学调度运用的要求，以黑水改字〔1994〕131号文件下达了建设大庆地区防洪工程自动化调度系统，研究解决防洪工程自动化调度技术课题。系统建设目标是：全面、快速、准确地收集全流域雨情、水情、工情信息，采用先进技术手段将信息传输到防洪调度中心。经过自动化处理做出准确预报方案，为单个滞洪区洪水调度和多个滞洪区串、并联调度提出优化调度方案，为防洪决策指挥信息系统提供科学依据（丁善玲和凌朝霞，2007）。

这样防洪工程体系与非工程体系的最优联合运用，大幅度地提高防汛信息收集、洪水预测、防汛指挥决策的科学性和快速反应能力，充分发挥现有防洪工程体系的作用，达到最大限度地防洪减灾目的。

（6）完善防洪预案。制定和完善防御洪水方案水利工程调度方案和调度规程，完善蓄滞洪区分洪区撤退预案，可以为防汛防旱工作提供强有力的制度保障。大庆市防汛防旱预案的编制发展，经历了方案—预案—应急预案几阶段，从过去单一的水利工程调度方案到防御洪水预案，再发展到目前的防汛抗旱应急预案，实现了从被动调度、被动处置到科学调度、主动处置的转变，从单一的水利工程调度方案发展到涵盖组织体系、预警预防、应急响应、保障措施、后期处理等多方面的综合性应急预案，并逐步形成一整套较为完善的防汛防旱预案体系。

（7）依法防洪，提高全民防洪意识。近年来，大庆防洪工程管理单位，非常重视依法防洪工作，并已经取得重要进展。在深入贯彻执行《中华人民共和国水法》《中华人民共和国防洪法》等法律的同时，还协助地方出台法规，如《大庆市防洪保安费征收使用管理办法》《大庆市生活饮用水地下水源保护区划分与防护管理办法》《黑龙江省水利工程管理条例》《黑龙江省河道管理条例》《水功能区管理办法》等多部涉水法规，按照这些法规，进一步规范了防汛工作行为，增强了全社会的水患意识和法律意识，使防汛工作逐步走上法制化轨道。

（8）建立强制性洪水灾害保险与理赔制度。洪水灾害频发，但人们普遍对水灾的风险意识不足，缺乏提前防范措施，更鲜有为水灾投保的意识，因此难免造成人身及经济财产的损失。通过有效的保险保障，可以有效地规避因水灾造成的经济损失。目前，大庆市洪水保险业务才刚刚开始，需要广泛地开展宣传，提高社会各阶层对洪水保险的认识并结合大庆市的实际情况，进一步研究完善各种洪水保险制度和机制，使其在大庆市防洪事业中发挥更大的作用。

（9）加强洪水灾害评估系统及其防洪关键技术研究。现在的洪水灾害评估，主要依靠逐级洪水灾害报表上报，信息收集和传递缓慢，受人为因素的影响较大，不具有时效性，不利于决策部门及时地展开灾害评估灾害救援等工作。应在制定和完善洪灾评价标准的基础上，研究利用卫星遥感等先进技术和科学方法评估洪灾损失程度的措施和手段。

还存在大量亟待解决的防洪技术，迫切需要组织人力和物力进行公关。以河道涉水建筑物群叠加防洪影响分析技术为例，洪水期涉水建筑物的存在可能导致河道水位显著抬高，影响其行洪能力。目前开展的河道涉水建筑物防洪评价都是针对某一河段的单项工程，尚未对整个河道多个项目累积的防洪影响进行总体研究分析。针对河道上单一建筑物对行洪影响不大，建筑物集群后严重削弱行洪能力的实际，进行河道涉水建筑物防洪影响研究，可以为河道全流域多涉水建筑物的兴建提供指导性意见。

7.6 法律法规对策研究

（1）科学划分水功能区，建立健全水功能区管理法规体系。依法对水功能区进行管理，建立了较为完善的法规体系，是保护水环境和城市安全优质供水的保障。大庆市为了水环境的永续利用，相继出台了保护水资源的管理办法，1997 年 2 月 1 日实施制定了《大庆市生活饮用水地表水水源地保护区污染物防治管理办法》，1999 年大庆市下发了《关于大庆市地面水域环境保护功能保护区划分》等地方性规范性文件，对保护水环境开发利用水资源提出了具体的要求，但为了适应现代化城市建设的发展，还需制定完善的水功能区保护、开发利用办法，如制定《大庆市地表水功能区管理办法》《大庆市排污许可管理办法》《大庆市工业企业污染源管理办法》等规范性文件。

（2）改革现行的排污收费制度，树立环境容量商品意识。现今环保收费是超标收取排污费，未超标的单位不收取排污费，这不符合对水功能区管理和对污染源的控制要求。为了实施排污总量控制（苑长春，2011），有效控制污染物总量的增加，必须实施排放污水收费政策。即对超标收取排污费的同时，还应收取排放污水费；对不超标的单位，只要排放污水，要根据污水排放量的多少征收排污水费。以促进企业和个人节约用水，减少污染物的排放量。

第2篇

管 理 洪 水

——从控制洪水向管理洪水的思路转变

8 国内外洪水管理的现状、进展及借鉴

防洪从控制手段迈向管理手段是人类社会发展的历史必然，国外发达国家已先行一步，积累了不少经验，也有不少教训。在我国正处于从控制洪水向管理洪水转变的重要时期，了解国外的经验与教训，是很有意义的。

自 19 世纪 60 年代起，为了改善航运和控制洪水的需要，美国占主导地位的防洪方略是修建堤防，逼迫洪水归槽，从此进入"控制洪水"时代。开始大量投资防洪工程的建设，推出了修建水库、整治河道、设置滞洪区、开辟泄洪道等综合工程措施，强化了政府控制洪水的职能。但到了 20 世纪 50 年代，美国人发现尽管如此，水灾损失仍然有增无减，人们开始意识到仅仅依靠防洪设施是远远不够的，还需要增加新的防洪手段。这一时期，洪水管理的理念开始萌芽。该阶段的典型特征是以绘制洪水风险图和推行洪水保险为核心的洪泛区管理，表明人们已经意识到需要主动去承受一定的洪水风险，而不是指望能通过工程措施完全控制住洪水。20 世纪 70 年代后期起，日本、法国、德国、荷兰等发达国家的防洪理念也逐步向洪水管理转变（李原园等，2013）。

洪水管理的理念得到广泛接受和快速发展是在 1993 年美国密西西比河大洪水之后。1993 年，美国中西部密西西比河流域上游发生了历史罕见的特大洪水，损失惨重。这次洪水使人们进行了深刻的反思：在工程措施极其完备的密西西比河，不但不能控制洪水，反而遭受到如此大的损失，可见人类的力量不可能完全控制洪水，也不可能完全消除洪水风险，单凭工程措施不但难以彻底解决防洪问题，同时在经济上也是得不偿失，必须转换思路，才可能找到更好的解决办法。于是已经萌芽并得到一定发展的洪水管理理念被提到了新的高度。随后，德国、英国、日本、澳大利亚等发达国家以及中国、印度、泰国等广大发展中国家都开始接纳洪水管理理念并将其付诸实践。

8.1 美国的洪水管理

8.1.1 洪泛区及洪水管理过程

美国的洪水易发区约占美国国土面积的 7%，其中几乎有 1000 万户家庭及 3900 亿美元财产处在风险中。泛区的城市化率为其他地区的 2 倍，年均死亡人数稳定，年均洪水损失上升。每年灾后救济 30 亿美元，未参加保险的损失增多。不仅在 100 年一遇洪泛区内有不受保护的开发，而且在临近 100 年一遇洪水泛区也不断有人开发（李原园等，2013）。而且在泛区内居住并从事开发业务的人，支付的决策投资是不相称的。贷款与洪灾后的补助挫伤了采取防护措施的积极性。泛区内有 2 万个社区，90% 参加了国家洪水保险计划，但只有不到 20% 的居民买保险。

1917 年防洪法开始在密西西比河下游萨克拉曼托河实施。1927 年美国特大洪水发生后,于 1928 年颁布实施《1928 年防洪法》,提出对密西西比河进行以防洪为主的综合治理(姜付仁,2003)。《1936 年防洪法》是美国历史上第一部综合性防洪法。1953 年首次试行田纳西河流管理局(TVA)土地利用和控制洪水措施。20 世纪 50 年代和 60 年代开展水资源协调,于 1965 年成立美国水资源委员会。1968 年颁布洪水保险法。1976 年、1979 年、1986 年与 1994 年对国家泛区管理计划进行修订。1993 年上密西西比河流域发生大洪水后在洪水管理上提出三项重要建议,即充分考虑所有可能的措施,包括撤退、预报预警、防护、天然与人工滞蓄洪;充分估计经济与社会价值;更多地采用非工程措施,通过泛区管理与计划减少脆弱性。

8.1.2　洪水管理的发展趋势及经验

随着洪水管理从陆地向沿海社区、滨河、滨湖地区转移;美国的大规模基建投资开始逐渐减少,各种标准、条例等措施增多;从工程措施转向地方规划、条例、区划和多目标管理的非工程措施;国家洪水保险计划成为管理的重要工具,对地方政府因疏于执行泛区条例的投诉增加;增强了对湿地自然功能与环境质量内在价值的认识。

美国幅员辽阔,江河洪泛区众多,受洪水威胁的面积约占国土面积的 7%,近 1/6 的城市处在 100 年一遇洪水淹没影响范围内,洪灾是美国最为严重的自然灾害。20 世纪以来,美国在实施防洪减灾过程中,不断探索和调整洪灾治理的对策,逐步构建了以防洪工程、洪水预报预警、国家洪水保险计划(NFIP)为主的防洪体系,并加强和完善了防洪减灾法律法规体系,开展了洪水风险图现代化计划,成立了专门的防洪组织,在洪水灾害风险管理方面积累了丰富的经验。

8.1.3　完善防洪减灾组织管理

目前,美国已形成了以陆军工程师团为核心机构,气象局、地质调查局、垦务局和联邦应急管理署共同参与,地方政府分级管理的统一的防洪减灾组织与管理模式。其中,陆军工程师团是承担防洪减灾任务的核心部门,负责防洪调度工作以及对洪泛区的管理。气象局和地质调查局主要负责洪水预警预报,包括水文站网建设、水情监测、洪水灾害信息发布等;垦务局承担所负责水库的防汛调度管理;联邦应急管理署主要负责洪水保险、防灾意识群众宣传、抢险救灾等。

8.1.4　洪水管理的原则及相关法律法规体系

洪水管理的基本责任在州与地方政府,主要考虑的是联邦政府的利益。从全部社区、区域和国家的规划与管理上审视泛区;从泛区管理的视角看待洪水损失,而不仅仅关注损失本身;在资源管理上更多地从泛区内外的资源着眼;考虑成本与效益的相互影响(沙勇忠和刘海娟,2010);对各种策略进行评价。

美国于 1936 年颁布了首部《洪水控制法案》,自此以后,美国先后通过了《联邦洪水保险法》(1956 年)、《全国洪水保险法》(1968 年)、《洪水灾害防御法》(1972 年)等全国性法案(李原园等,2013),联邦政府开始采用多种非工程措施加强了洪泛区的洪水管理。1973 年，美国颁布了《洪水灾害防御法》，将洪水保险计划由自愿参与改为局部强制。1993 年密西西比河大洪水后，"给洪水以回旋空间"成为洪泛区管理的新理念，美国开始从"控制洪水"向"洪水管理"转变。1994 年，美国又颁布了《国家洪水保险改革法》，进一步强化了强制性洪水保险制度，加强了对洪泛区的统一管理（李可可和张婕，2006）。上述防洪减灾法律法规是美国在不断调整人与洪水之间关系的过程中制定和完善的，这些法律为美国开展防洪非工程措施，加强洪水管理，减轻受洪水威胁地区的洪灾损失起到了重要的法律保障。

8.1.5 美国的非工程减灾措施

非工程防洪措施指"利用立法、洪泛区管理和防洪技术等手段，缓和洪水淹没敏感性"的技术。在威斯康星州的普拉艾赖伊达切因镇的实践证明，非工程措施是减少洪水损失的有效途径。1993 年，普拉艾赖伊达切因镇遭遇了 40 年一遇至 50 年一遇洪水的侵袭，红十字工作人员赶往援救，但是，出人意料的是没有两个星期他们就撤离了，因为那里没有人需要他们的帮助。移民安置使那些整日为他们的房屋和企业面临洪水损失危险而忧心忡忡的人们得以解放。非工程管理措施也得到成功的应用，例如，明尼苏达河谷国家野生动植物自然保护区和密西西比河上游野生动植物和鱼类自然保护区，为蓄滞 1993 年明尼苏达河下游洪泛平原和密西西比河上游河谷的部分洪水起到显著作用。建设自然保护区、公共绿地、绿色走廊和生态农业等都是洪泛区正确利用非工程防洪措施的例子。通过把处于风险中的建筑物减少到最低限度，从而大大减轻了洪水损失。

美国是世界上最早提出并实践洪水保险的国家，先后制定了多部法案，保障了洪水保险的推广与实施，并使洪水保险计划由自愿性转变为强制性。强制保险政策的实施，对美国的洪水保险计划的实施起到了很大的推动作用。美国洪水保险计划（NFIP）是在政府主导下开展的政策性保险计划，已形成了由联邦紧急事务管理署管理，国家洪水保险计划与私营保险公司相互补充的发展模式，已有超过 20000 个社区参加了洪水保险计划，洪水保险费率由编制的洪水风险图确定。目前，洪水保险计划已做到收支平衡，在防洪减灾中发挥了积极作用（王硕，2013）。

（1）国家洪水保险计划（NFIP）：国家洪水保险计划和州、地方政府洪泛区管理计划相结合，不鼓励在中西部洪泛区进行开发活动。国家洪水保险计划已通过以下一些措施，成功阻止了洪泛区开发活动的进一步进展。通过绘制洪水风险图，增强公众的洪水风险意识，使洪泛区居民承担防洪费用，提高洪泛区开发的投资，利用经济杠杆约束洪泛区的开发活动（钟石鸣，2010）。

（2）要求进一步研究可供开发商和个人选择的，可以避免洪水风险的开发允许范围和工程项目。如购买和迁移洪泛区建筑物，即在州和地方政府有力配合下，联邦政府有计划地购买和迁移洪泛区内的建筑物，是一项减少潜在洪水损失的重要战略。政府成功地实施出资购买建筑物全部产权的战略，从而减少了对一次或一连串洪水灾害的救援投资（侯起秀和陆德福，1998）。经过多年的酝酿，当资金到位后，实施这项战略终于可能成为可能。考察委员会估计，在过去 20 年中，在密西西比河上游地区有 600 多座建筑物被政府出资购买，并使居民迁出洪泛区（李原园等，2013）。以前，这些建筑物中的绝大部分已被洪水损坏，如果不是政府出资购买的话，1993 年大洪水将受到灭顶之灾。

8.2 欧洲的洪水风险管理

近 20 年来，欧洲发生了多次洪水灾害，造成了严重的经济损失，为了降低洪水灾害带来的诸多风险，欧洲各国全面实施了《水框架指令》，加强了洪水风险管理，对防洪减灾起到了积极的作用。

8.2.1 制定莱茵河洪水管理行动计划

莱茵河发源于阿尔卑斯山，流经瑞士、德国、法国和荷兰等国汇入北海，是流域内工业、生活用水的重要水源，莱茵河传统的流域管理达到 100 多年的历史。自 20 世纪 90 年代以来，莱茵河几乎年年面临洪水问题，造成了巨大的经济与财产损失，以往的防洪管理方法已经不能满足经济社会发展对防洪的要求。1998 年 1 月在荷兰鹿特丹召开了第 12 届莱茵河流域部长级会议，会议通过了总投资 120 亿欧元的《洪水管理行动计划》，其目的在于利用未来 20 年的时间提高和改善莱茵河的防洪和流域可持续管理水平。计划中提出了今后的防洪策略应集中于减轻灾害风险、降低洪水水位、增强风险意识和完善洪水预警系统四个方面，并将行动计划具体分为流域水保措施、河流水保措施、防洪工程措施、洪灾预防措施、洪水预警预报五个方面措施（王润等，2000）。

8.2.2 加强洪水风险管理和评估工作

由于气候变化，海平面持续上升，欧洲未来洪水发生的量级和频率可能不断增加，而且随着经济社会的发展，在洪泛区内受影响的人口和财产数量持续增加，欧洲未来将面临更严峻的洪水风险。因此，2000 年 12 月，欧盟通过了《水框架指令》，要求自 2007 年 11 月起，欧洲各国必须实施洪水风险评估和洪水管理，许多欧盟成员国已经采取防洪措施，加强了洪水风险管理，并制定了共同防洪行动计划，从全局角度来解决洪水灾害问题，包括土地利用规划、基础设施建设规划、水资源调度管理等多个专业协调，最大程度降低洪水给居民生命财产、自然环境、经济活动及文化遗产等方面的影响（王硕，2013）。

8.3 加拿大的洪水风险管理

加拿大早在 1945 年就认识到洪泛区管理是唯一最可能减少洪水损失的途径，1975 年出台了《减少洪水损失计划（FDRP）》，加拿大联邦政府才主动支持洪泛区管理工作。FDRP 还支持包括洪水预警预报、土地收购以及工程措施在内的其他管理洪水的做法，并向公众发布洪水危害信息。1996—1997 年，加拿大接连圣劳伦斯河发生了特大洪水，损失惨重，洪水洪灾暴露出一系列的洪水管理方面的问题。例如，预警预报系统不健全；工程调度无序造成上下游矛盾；对人类活动造成下垫面变化对水文情态的影响估计不足，致使水情估计失误等。这种状况引起加拿大政府的警觉，加拿大洪水管理出现了危机，加拿大环境部表示要对以往减灾计划的有效性进行评估，并重申洪水管理是国家减灾政策的一部分（文康，2004）。

8.4　亚洲及太平洋地区的洪水风险管理

在亚太地区的许多国家，由于经济社会的高速发展，防洪工作也发生了很大变化，为了对自然资源实行可持续开发，该地区的防洪工作已形成这样的理念，即以大型工程或工程措施为主向对土地利用加以控制的方向转变，采取了工程与非工程措施相结合的途径，特别是突出防洪工作要有社会参与的理念。亚太地区的许多国家，如澳大利亚、孟加拉国、印度尼西亚、日本、马来西亚、泰国和越南，已广泛采用蓄滞洪区减少洪水危害。同时通过利用蓄滞洪区蓄洪，改善水质，利用淤泥改良土壤，沿河洼地滞留洪水等可作为水资源利用。

亚太地区的国家很强调土地利用管理，将之视作防洪的一种补充措施。在土地利用管理方面，采取了特定的工程与非工程措施。工程措施包括一些小而投资少的措施，以削减洪峰洪量，控制或滞蓄洪水，防止土壤侵蚀。非工程措施包括不同种植及耕作技术，以保护植被，增加土壤下渗，减少坡面流。土地利用管理对高度都市化流域尤其重要（阳俐，2001）。

为了有效推行土地利用管理政策，不少地区和国家已通过立法，授权各级政府采取政策措施，加强流域管理。日本在洪水管理的立法方面走在亚太地区的前面。政府采取建立有效的法律和管理体系，以解决土地蜕化、环境保护和维护生态系统问题。这个体系与资源开发的原则协调一致。因此，要求有一个综合的途径管理和保护自然资源，包括土地、水、植被和人类活动。这个途径就是要承认改变流域上游的自然环境会影响下游。立法要建立流域管理的国家标准，使土地利用、开发和保护能尽可能地减少对人类的危害，并避免与水有关的自然灾害对自然资源的破坏。

8.5　大庆地区可以借鉴的洪灾风险管理经验

8.5.1　日本的“雨水入渗系统”

日本于1963年兴建滞蓄雨洪的蓄洪池或利用湖泊，还将蓄洪池的雨水用作喷洒路面、绿化灌溉等城市杂用水（即“中水”）。这类设施多建在地下，以充分利用地下空间。近年来，各种雨水入渗设施在日本迅速发展，包括渗井、渗沟、渗池等（孙宏波和兰驷东，2007）。其主要功能是将地面径流就地入渗地下，在控制径流汇集，减小洪峰流量的同时，使地下水得到补给，使遭受破坏的水环境系统得到修复，同时也起到阻止地面沉降的作用。日本还利用屋顶积蓄雨水，并逐步进入渗井和渗沟，再回补地下。

8.5.2　美国的“就地滞洪蓄水”

美国的雨洪利用以提高入渗能力为主，并作为土地利用规划的一部分。如在加利福尼亚州富雷斯诺市，地下回灌系统利用10年间回灌的地下水达1.338亿 m^3，占该市年用水总量的20%。在芝加哥兴建了著名的地下蓄水系统，以解决城市防洪和雨水利用问题

（王彦梅，2007）。美国不仅注重工程措施，还制定了相应的法律，例如，针对城市化引起河道下游洪水泛滥问题，美国科罗拉多州（1974 年）、佛罗里达州（1974 年）和宾夕法尼亚州（1978 年）分别制定了《雨洪管理条例》（李原园等，2013）。这些条例规定，新开发区的暴雨洪水洪峰流量必须保持在开发前的水平。所有新开发区必须实行强制性的"就地"滞洪蓄水，滞洪设施至少能控制 5 年一遇的暴雨径流。

8.5.3　德国的"雨水集蓄"

德国城市雨洪利用主要有以下目的：①减少雨洪排放量；②减少暴雨时城市污水量；③提高人民的环保意识；④减少城市供水量。

德国的城市雨水利用可分为两大类：一类是家庭屋顶雨水集蓄利用系统，另一类是公共建筑和绿地等集蓄和导渗系统。家庭屋顶雨水集蓄系统将雨水导入屋外或半地下室的水池中，供家庭杂用水；水池装满后雨水自动溢流进入户外渗水管，进而排入小区排水系统（杨小芳等，2009）。据统计，德国的家庭杂用水占家庭用水的一半。公共建筑集蓄入渗回补系统较大，容积可达 $100m^3$ 以上，有的雨水集蓄系统集蓄雨水的目的不是直接使用，而是将地面径流导入地下渗水管或地面洼地，使其回渗地下，改善生态环境，减少城市暴雨径流，减少城市防洪负担。德国的建筑规划法规规定，在小区规划建设中，除家庭应有雨水集蓄利用系统外，小区内也应设置公共雨水入渗回补系统。

国外雨水利用的经验证明：雨水可以作为部分工业用水和杂用水的水源，以减少自来水供水的压力；利用雨水对地下水补给，以调节城市地下水采补平衡、控制地面沉降；强化城市雨水管理利用，可以改进环境条件，减轻城市排水工程的负担。因此，雨水利用是一项减轻城市涝灾、增加水资源、修复生态环境的综合性措施，是将减轻城市涝灾与城市土地利用、城市规划密切结合的有发展前途的管理措施（李原园等，2010）。

8.5.4　国内典型城市涝灾风险管理

上海市是一个城建历史悠久、地下管网错综复杂、人口与建筑物高度密集的大都市。导致上海市区暴雨积涝的因素主要有外河风暴潮顶托排水、内河排水能力锐减、水面率减少削弱调蓄雨水能力，地面下沉易于积涝成灾、都市化发展不透水面积增加从而加大暴雨径流等因素，也包括市政排水建设滞后、设施不配套、管理不到位等因素。在上述因素中，有的要依靠大的水环境的改善，如外河风暴潮的控制，地面下沉的控制和海平面上升的考虑以及拓浚内河等；有的要采取一些特殊的非工程措施，如恢复水面率，减少不透水面积暴雨径流等。这些问题牵涉面积很广，必须在城市防洪规划与城市建设规划中统筹考虑。

结合雨水利用建立涝灾风险管理对策，北京市近年做得很好。根据北京市市政规划要求，小区建设中都应留有不少于 30% 的绿地面积。若绿地低于地面 5～10cm，并将建筑物屋顶雨水导入绿地，就能充分发挥绿地蓄滞雨水、增加下渗补给的作用，如将绿地、草坪蓄滞汛期洪水，入渗回补，并同渗井、人工湖泊（洼地）系统相结合，即可在北京市城区周围和各小区建设的建成区扩大与不透水面积比率增大的情况下，保持排水河道防洪流量不增大。这应当是城市涝灾风险管理的一种方向，值得有条件的城市借鉴。

9 大庆地区洪水特征及洪水管理的必要性分析

9.1 洪 水 特 征

9.1.1 灾害特性

由于自然、地理、气象等因素影响，大庆地区天然降雨过多会对石油生产、农作物、生态环境及其他财产产生破坏作用，既有灾害的特性，同时，还有其资源特性与环境特性。如果降雨适中或偏少，就可作为一种资源看待，而且对生态环境影响作用也是不可替代的。三者之间存在着复杂的影响与转化关系（澳大利亚 GHD 公司、中国水利水电科学研究院，2006）（图 9.1）。

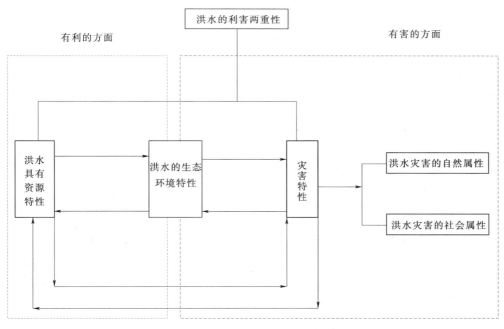

图 9.1　洪水的基本特性

自 20 世纪 60 年代以来，洪水导致大庆地区严重水灾害的现象很多，如 1962 年、1983 年、1987 年、1988 年、1998 年等年份都发生了大洪水，给人们生命财产和生产生活造成严重的损失以及给社会的稳定和经济发展带来的负面影响非常严重。洪水灾害往往表现在具有双重属性，即自然属性和社会属性。周魁一先生在论及洪水的双重属性方面强调：水灾的社会属性与水灾的自然属性往往处于交互影响的状态（周魁一，2004）。

随着社会经济的发展和科学技术的进步，人们越来越发现，重视灾害的社会属性，以法律、行政、经济、教育、技术等综合手段、推动、实施有利于全局和长远利益的工程措施，理性增强对洪水的调控能力，是削弱洪水的危害性，除害兴利的有效方式。洪水管理就是基于对洪水基本特性的深入理解，而提出的这样一种理念（程晓陶，2001）。

9.1.2　资源特性

洪水是自然界中水循环的一种基本现象，也是维持自然界生态系统平衡的环境基本要素。洪水也有有利的一面，每年汛期的几场暴雨洪水往往是区域淡水资源的主要补给形式。大庆地区的历史洪水塑造出来的天然湖泊、湿地等，为当地创造了更为有利的生存环境，目前的"百湖之城"实际上也得益于过去的洪水塑造；洪水发生还可大量回补地下水，使靠地下水涵养的生态系统得以维持；依靠汛期洪水补给而存留的湿地，为保持生物多样性创造了条件。然而，过去洪水的资源特性与环境特性往往被人们所忽视，尽管人们修水库、建塘坝、拦蓄洪水，但只追求的削减洪峰，并没有将洪水本身当做一项可利用的资产或资源。如大庆蓄滞洪区就已经考虑如何充分利用已有的防洪工程体系，通过调整讯限水位和水库优化调度等方式，加大拦蓄洪水的能力，以丰补枯，增加可利用的水资源补给湿地等。

9.1.3　环境特性

随着社会经济的发展，尤其是伴随工业化、城市化的进程，人类社会的用水量与用水保证率需求都显著提高；同时由于水环境的污染加剧，进一步减少了可利用的水资源，使得以往不缺水的年份也严重缺水起来（韩德武等，2007）。从环境角度看，洪水造成灾害，对人类生存环境所带来了各种破坏如冲毁房屋、农田、水土流失、污水横流、垃圾遍野等。所以，水环境的好坏与洪水管理水平也密切相关。

9.2　防洪安全保障需求变化的分析

地区防洪体系建设的根本目的，是为了满足社会对防洪安全保障的基本需求。不同类型的区域和群体，对防洪安全保障的标准不仅会有量上的差异，而且在保障的形式上甚至会有质的不同。因此，把握流域防洪安全保障需求的变化，对于流域防洪体系的建设与评价具有重要的意义。

9.2.1　对防洪安全保障需求的挑战

（1）安全期望。大庆地区是我国重要的石油化工生产基地，工业发展水平很高，不论是生产安全还是城乡人民的生命财产安全，是全社会最基本的需求。总体来看，人们富裕的程度越高，对安全保障的期望越大，对生命越为珍惜，对因意外事件造成正常生活、生产活动中断或不便的心理承受能力越低，对意外失去已有资产也越为担心（程晓陶等，2004）。

（2）洪水兴利的期望。随着人口的增长与经济的快速发展，大庆城市扩张速度很大，人与洪水争地的矛盾加剧，特别是由于资源的产权归属问题，湖泊周边的农民利用库泡养鱼等商业性活动，按着洪水调度方案，排洪水位下降若对渔业产生影响，蓄洪多了，对防洪安全不利，于是矛盾产生。一方面迫使工程投入加大，提高防洪工程的标准；另一方面有足够的水资源可以利用。

（3）资产易损性影响。越是价值高、受淹后易损的资产，越是在系统中具有难以替代的地位。一旦损失后自身价值无法弥补且产生连锁灾害性反应的资产，安全保障的要求就越高。大庆地区石油生产的资产就属于这类。

（4）承灾能力问题。经济的发展，一方面可能使得损失值增加；另一方面，在资产分布与结构合理的地方，损失占总资产的比重可能下降，社会承受灾害的能力相应增长，安全保障的需求从内容到形式也会发生显著的变化。

现代社会中，面对洪水的袭击，人们不仅要求保证生命财产的安全，而且要求基本保持或尽快恢复正常的生产、生活秩序，这就使得安全保障的内容发生了质的变化。遭受损失的区域远远超出洪水淹没区域。例如，油田生产的某些厂矿没有在主要的洪水淹没区，但因为交通、通信、供水、供电、供气等网络系统的破坏而遭受重大的损失；间接损失超过甚至远远大于直接损失。所以，面对社会安全保障需求的质的变化，单纯依赖防洪工程体系已经不够，必须建立更加完善的应急管理体系；灾后救助体系，也需要从低水平的灾民温饱救助型向社会化的风险分担型发展（程晓陶等，2004）。

9.2.2 农业发展对防洪安全保障需求的变化

大庆地区，通过 50 多年来的发展，传统农业社会的面貌已发生了很大的变化。1949年与 2012 年比，人口就从一百多万人增长到 281.5 万人，翻了一番多一点；而粮食总产量 2013 年已达到 65 亿 kg，实现了五年翻一番。全市种植业呈现出优质高产作物增加、经济作物比例扩大的格局，粮食作物种植面积达到了 973.03 万亩，瓜、豆、薯等经济作物种植面积达到 101.76 万亩，青贮等饲料作物种植面积达到了 24.98 万亩。正是由于这些社会、经济、生态、环境方面的重大变化，使得我们有可能考虑如何在受灾难以避免的情况下，通过实施洪水风险管理来提高防洪安全保障水平，在治水方略中适当承受一定的风险，以寻求与自然更为和谐的发展模式。

值得强调的是，大庆地区滞洪区的居民与大中型水库库区的居民，是具有特殊防洪安全保障需求的群体。一旦发生超标准洪水，往往需要他们做出牺牲来保证整体的安全。但是，他们应该同样具有获得安全保障的权利。目前，大庆防洪工程 100 年一遇洪水保护人口已超过 100 万人（黑龙江省大庆地区防洪工程管理处，2005）。为了提高蓄滞洪区周边居民的安全保障水平，既不可通过修剪防洪工程来消除其受淹的可能性，也难以依靠大规模的移民来消除损失，只能依靠建立基于风险管理的逐步完善的社会安全保障体系。

9.2.3 城市化对防洪安全保障需求的变化

城市防洪安全保障的要求，与城市的发展地位、人口规模、经济结构、资产类型及洪水风险程度等有关。一般来说，城市防洪排涝标准较人口资产密度低的农村要高一些。根据大庆地区以往经济发展和历年洪水经济损失分析，特别是 1998 年大水以后，在城市化的进程中，城市人口、资产密度越来越大，同等淹没条件下，理论上经济损失也越大。因此，防洪保护标准也相应要求不断提高；又由于城市面积不断向防洪排涝标准低的区域扩张，新城区必然要求提高保护标准。这些也为大庆防洪工程提出新的要求，这些要求不仅仅是工程措施能够完成的；提高非工程措施的水平至关重要。因为防洪安全保障需求的变化体现在：不仅要求确保城市不受淹，而且要求在发生特大洪水的情况下，保证各种生命线网络系统的畅通，一旦损毁要求有应急措施和快速恢复能力，尽力减轻水灾对城市功能正常运转的冲击；虽未受淹但会遭受严重间接经济损失的石油化工企业，需要通过很多种形式来分担风险，如开辟新的滞洪区、发展防洪保险的形式等；由于城市对防洪排涝工程体系的依赖性极大，因此，需要切实提高防洪系统本身的可靠性，还要提高非工程防洪措施水平，以避免由于管理不善和多龙治水导致决策分散而诱发的人为灾害事件的发生。可见，加强洪水管理对未来既是难点也是重点。

9.2.4　防洪安全保障需求变化的其他特征

（1）油田的防洪安全保障。大庆油田年产量 4000 万～5000 万 t，石油生产作业区域广，面积大，南北长 138km，东西长 73km，面积约为 6000km²。由萨尔图、杏树岗、喇嘛甸、朝阳沟等 48 个规模不等的油田组成。大庆油田原油产量第一，累计生产原油 19.1 亿 t，占全国同期陆上原油总产量的 40% 以上；上缴利税第一，共为国家上缴各种资金 9734 亿元，为国民经济发展做出了重要贡献；原油采收率第一，主力油田采收率已突破 50%，比国内外同类油田高出 10～15 个百分点，并从 1976 年开始，实现年产原油 5000 万 t 以上持续 37 年高产稳产（大庆市统计局，2012；大庆石油管理局，2010；大庆石化总厂，1998）。油田设施，特别是大量与行洪河道相交的输油（气）管道一旦遭受洪水的破坏，将会造成严重的损失。因此，加强洪水管理，减轻洪水对油田的危害，增强油田设施与穿河管道的保护能力是重要的任务。

（2）油田区有毒有害物资的防洪安全保障。随着大庆工业经济的快速发展，城市中生产、存储、运输有毒有害物资的情况大量增加，一旦遭受洪水的袭击，有可能导致大范围水源的严重污染。因此各级防汛部门与有关单位需要制定专门的应急防范措施，在紧急情况下保证有毒有害物资的安全转移。

（3）防洪安全保障需求的区域性冲突。在流域土地高度开发利用的情况下，防洪安全保障需求变化的另一个重要特点是区域内提高安全保障标准的冲突性增加（程晓陶等，2004）。日益扩张的城市化地区要求确保安全，就意味着农村地区要承担更大的风险；下游地区要减轻特大洪水的压力，就意味着湖泊上游区域要增加淹没的损失。大庆地区的防洪特征表明：滞洪区洪水管理和周边日益扩张的水土资源占用的矛盾十分突出。

（4）城乡结合部成为防洪安全保障最薄弱的地带。市场经济的不断发育完善，使大庆市由原有的单纯向国家供给原油和原材料的能源石化基地向综合性城市的方向逐渐发展，成为统领五区四县的区域性中心城市，单一的工业职能向综合的经济、政治、文化、交通、信息等多种职能发展，市场因素成为影响城市化发展的首要因素之后，国家对大庆外围 4 县的农业产业化和农村城镇化的鼓励政府促进了其城镇化的发展。在城市化进程中，城市不断向防洪排涝能力较低的周边农村扩展。城乡结合部中有村，村中有城，又是外来人口的聚集地，违章建筑多，市政工程与管理相对薄弱。一旦遭受严重的洪涝灾害，容易引起社会的不安定。

以上分析表明，大庆地区社会经济的发展，使得流域中的安全保障需求已经发生了很大的变化。要满足大庆地区日益增长的防洪安全保障需求，不是靠单一工程手段来满足安全保障需求，而需要建立综合的防洪安全保障体系；不是任何局部地区靠自身力量来满足安全保障需求，而需要加强大庆地区整体防洪体系的建设与合理的分担风险；不是任何个别部门可以解决的问题，而是需要各有关部门以致全社会采取协调一致的行动。显然，加强地区的管理，增强地区管理机构的权威性与综合协调能力，是提高地区防洪安全保障水平的关键。未来防洪安全保障体系的建设是既迫切又任重而道远的任务。

9.3　洪水管理的必要性

9.3.1　洪水管理的目标、核心

大庆地区洪水管理，定义为依据可持续发展原则，以协调人与洪水的关系为目的，理性规范洪水调控行为，增强自身适应能力，适度承受一定风险以合理利用洪水资源，并有助于改善水环境等一系列活动的总称，包括整个闭流区及防洪工程管理、风险管理、调度管理、社会管理、洪水资源利用等。

大庆地区洪水管理中，洪水风险管理是核心，它是指为把水灾害损失控制在最低程度，分析发生洪水灾害程度的大小，采取相应对策，对受洪水威胁地区的社会经济活动进行全面管理的工作。从时间上贯穿于洪水灾害的全过程，包括灾前日常管理、灾中应急管理和灾后管理。确立管理目标，进行风险识别、分析和评价，拟定管理方案，进行管理决策，制订管理计划，评价管理效果。

9.3.2　洪水管理的迫切性

大庆地区过去是很少或几乎没有人居住的湖泊、湿地和地势低洼的区域。油田开发建设后，逐步建起了生产、生活等区域，属于闭流区，没有河流、地势低洼，洪水灾害频繁，在 20 世纪 60 年代建成了一些较低标准的排水工程，蓄滞洪区的土地所有权不清，没有机构对蓄滞洪区进行综合土地管理。在 1994 年后，建成大庆地区防洪工程，随之成立黑龙江省大庆地区防洪管理处。但因为蓄滞洪区建成后，已运行近 20 年，国家并没有纳入滞洪区管理目录，加之随着社会经济发展，在资源利用上管理部门与周边百姓矛盾较为突出。

对这些地区土地的开发利用程度不断提高，天然湖泊洼地逐渐被无序围垦和侵占，致使调蓄洪水能力大大降低。滞洪区既要承担蓄滞超额洪水的防洪任务，同时又是区内居民赖以生存和发展的基地。加之，周边社区社会风险管理较为薄弱，风险意识不强，滞洪区存在不断被无序开发利用，使得调蓄洪水的能力逐渐降低；缺乏有效的扶持政策和引导措施，管理单位与滞洪区周边居民在蓄滞洪水与经济社会发展的矛盾日益尖锐。这些问题和矛盾如果得不到及时解决，一旦发生大洪水，将难以有效运用滞洪区，流域防洪能力将大大降低；同时，由于滞洪区内人口众多，补偿救助保障体系又不完善。

9.3.3 由控制洪水向管理洪水转变

由"洪水控制"向"洪水管理"这一理念的转变，要认识到以工程控制洪水策略的局限性，20 世纪 40 年代，美国的吉尔伯特·怀特首先提出了协调人与洪水的关系，以工程、洪泛区管理、洪水保险、土地利用规范等措施有机组合的综合的减灾思想。在中国，随着 20 世纪 90 年代国际减灾十年计划的启动以及 1991 年和 1998 年大洪水的发生，虽然实际决策结果的主流仍和历史上洪水过后一样，按新的洪水标准设计工程、加高加固堤防；但也促使决策者、研究人员和社会人士开始反思"控制洪水"策略的得失。在经历了十多年对洪水、洪水灾害特性、洪水与社会经济发展和生态环境等关系的探讨后，新的治水思路基本形成，由"洪水控制"向"洪水管理"转变的策略正式提出。洪水管理的概念是相对于单一的以工程措施控制或消除洪水灾害的观念提出的。与控制洪水不同，其对象不再限于洪水，还包括土地和人的行为管理。洪水管理指以公平的方式，采取综合的措施，管理、利用洪水和土地，规范人的开发和防洪行为，减轻洪水灾害影响，最大化社会福利的过程。洪水管理并不排斥防洪工程的建设，实际上工程防洪措施是洪水管理的重要组成部分。当人口持续增长，洪泛区开发在社会财富的积累中占相当份额或主要份额时，建设适当的防洪工程体系，为社会经济相对稳定发展提供保障是治水的主要任务。世界上有洪水问题的国家都曾经或正在经历这一工程防洪阶段。

目前，大庆地区防洪策略的主流是依靠各种工程措施对洪水进行约束和疏导，利用已修建的水库、堤坝、闸站、河道整治、发展水文测报与洪水预报调度系统，形成了前所未有的防洪工程体系，极大地提高了控制洪水、除害兴利的能力。其主导思想是与洪水斗争并战而胜之，保障国家、人民的财产和生命安全。但是，面对经济社会快速发展时期和北京地区防洪形势的演变，现有防洪体系与社会日益提高的防洪安全保障需求不适应的矛盾显露出来，治水思路和治水模式的转变，是现阶段重要的值得深入探讨、有待继续突破的课题。

9.4 洪水管理的功能转变

9.4.1 发挥湿地的防洪功能

湿地在水文方面的功能主要有湿地作为地下水的补给源或排出地；湿地对洪水的调蓄；湿地减缓水流风浪的侵蚀作用。其中后两个功能称为湿地的防洪功能。湿地对洪水的调蓄功能是最重要的湿地价值之一。凡是和河流相连通的湿地一般都具有调蓄洪水的作用，包括蓄积洪水、减缓洪水流速、削减洪峰、延长水流时间等。

湿地调蓄洪水功能所起的作用与湿地属性有关。湿地越大，蓄积洪水与减缓流速的能力也越大。湿地位置也决定湿地的调蓄洪水功能，如鄱阳湖和洞庭湖都与长江相连，由于所处位置不同，洞庭湖调蓄洪水的作用更大，更引人注意。另外，湿地的植被类型也对调蓄功能有影响。湿地通过固结底质、消耗波浪及水流的能量来缓解侵蚀，达到保护水利工程的功能。功能发挥的效果主要取决于湿地上的植被类型；植被覆盖地范围（如带宽）以及被保护对象的坡度、土质和水位差等（杨冬辉，2001）。湿地，尤其沼泽湿地，其剖面结构自上而下一般为草根层、腐殖质层、潜育层和母质层（一般为黏土或亚黏土）。草根层、腐殖质层或泥炭层矿质颗粒很少，孔隙较大，具有较强的蓄水性和透水能力，是沼泽湿地水文调节过程最为活跃的界面区域。表9.1为苔草沼泽与耕地最大蓄水量的对比情况。

表9.1　　　　　　　　　　　　苔草沼泽与耕地最大蓄水量对比

深度/cm	沼泽最大蓄水量/mm	耕地最大蓄水量/mm	二者之差/mm
0～5	46.8	30.8	16.0
5～10	45.0	32.1	12.9
10～20	71.6	47	24.6
20～40	97.0	83.9	13.1
40～60	99.3	94.9	4.4
60～80	102.7	100.3	2.4

注　资料来源于《大庆油田农业资源与农业发展战略》（大庆石油管理局农工商联合公司，1993）。

1998年入夏以来，嫩江、松花江流域遭受超100年一遇的特大洪水袭击。接连而至的4次洪峰在嫩江、松花江两岸肆虐咆哮。洗劫了城镇、耕地和油田，人民生命和国家财产遭受严重损失。据8月9—26日的雷达影像分析结果和黑龙江、吉林两省统计资料，这次特大洪水共淹没土地面积107万hm²，受灾县（市）区62个，受灾乡镇778个，进水村屯6458个，损毁房屋214.4万间，受灾人口986.2万人，直接经济损失超过300亿元（水利部松辽水利委员会，2002）。1998年松嫩洪水汛期之长，水势之大，灾害之重，为历史罕见，令人触目惊心。我们需要认真思考的问题是：嫩江、松花江流域如此规模的特大洪灾形成与湿地的开垦和破坏是什么关系？洪灾能给我们什么警示？重新认识湿地在松嫩流域抵御洪水、环境整治、发展经济、保护生物多样性的重要作用，可能寻找出有利于流域社会经济环境持续发展、可操作性又强的新途径。

实践证明，大庆地区湿地和泡沼在松嫩流域洪水调蓄中具有重要作用。松嫩平原区内还有大片无河网的内流区域，地势低平，河网稀疏，河曲发育，排水不畅，河水泛滥，湿地发育广泛。新中国成立初，嫩江下游嫩江与松花江汇合处以北的大安、肇州、大庆、泰康之间，东西50～60km，南北170～180km内均为湿地。在洪水泛滥期间，湿地能降低流速，削减洪峰，把洪水储存下来，然后缓慢地释放出去，从而减少下游农田和城市的洪水灾害。当然，湿地调蓄洪水的功能有限，必须结合防洪排涝工程方能减轻洪涝灾害的影响。

9.4.2　洪水资源化

洪水本身是一种自然现象，是否造成灾害除了洪水的自然属性外，在很大程度上还决定于人类活动的强度与方式。也就是说，并不是所有的洪水都会造成灾害，当洪水的量级还未超过一定的临界值时，它就是一种资源，通过一系列措施，洪水可以转化为水资源。因此，大庆地区对待洪水的思路将有控制洪水向管理供水转变，将洪水资源有效利用，因势利导，因地制宜，趋利避害，化害为利，既满足发展的需求，又保障可持续的发展。

9.4.3 加强洪水风险管理

大庆地区的治水思路可以尝试探讨洪水风险管理模式，即在深入细致地把握各水系洪水风险特性与演变趋向的基础上，因地制宜，将工程与非工程措施有机地结合起来，以非工程措施来推动更加有利于全局与长远利益的工程措施，辅以风险分担与风险补偿政策，形成与洪水共存的治水方略。

10 大庆地区洪水风险管理的基本思路与内容

10.1 洪水风险概述

洪水管理的主要核心就是对洪水的风险进行管理。洪水风险是从控制洪水向管理洪水转变的一个重要概念。大庆防洪工程防洪中的风险包括因洪水而引发的防洪工程破坏或失事风险、环境与生态风险外，还包括人为因素导致的风险或加大风险，如汛期调度不当、滞洪区侵占水面等。

近年来，由欧洲保险业提出的风险三角形概念，已经被广泛采用。该定义认为"风险"（Risk）是可能产生的损失，取决于三个要素——危险性、承灾体受灾可能性和易损性。这三要素好像三角形的三条边，任意一条边伸长或缩短了，三角形的面积即风险就会增大或减小（Kron，2003）。这一概念不仅使风险的评估成为可能，而且可以分别针对风险的三个要素制定各种减灾对策。引进洪水风险概念，就是要在作出处理洪水的决策时，估计未来洪水发生可能存在的不确定性或风险，对策、措施就应该包括应对这种洪水风险的余地。引进洪水风险概念，就是要在作出处理洪水的决策时，估计未来洪水发生可能存在的不确定性或风险，对策措施就应该包括应对这种洪水风险的余地。

人类不可能完全控制或驾驭洪水风险，而只能通过工程措施以及非工程措施等手段，使得洪水的灾害的程度下降；同时人们必须承受适度的洪水风险，完全消除这种风险是不可能的或付出的成本代价是相当昂贵的。这里所说的洪水管理，重点是风险管理，即识别风险、估计风险、评价风险、规避风险与应对风险，其中最重要的是规避风险和应对风险，而规避风险的核心是约束人类不合理的社会经济活动，降低洪水灾害造成的风险，如控制滞洪区或排洪工程周边的开发以减少洪灾风险；应对风险的关键是转移风险和分担风险，转移风险的目的在于通过各种措施，以全局的观点，从流域或区域出发，实施洪水在时间和空间上的转移与降低，从而达到以最低的代价获得最大限度地减少洪灾损失与保护生态环境的目的。分担风险就是将风险损失在不同利益主体之间、经济社会发展于生态环境建设之间进行分配的过程（李原园等，2010）。

对洪水风险的探讨，首先应该强调的是寻求一种更加合理的治水理念，一种更为有效治水模式。即从大庆地区石油生产和工农业发展情况出发，充分考虑社会经济快速发展以及防洪形势不断变化的情况下，设法解决传统的排除洪水的治水理念与方法，面对难以处理的治水新问题，解决好、协调处理好管理单位和地方政府、周边群众等利益相关者之间基于洪水的利害关系。同时我们要在洪水管理的过程中，坚持追求适度与有限的目标。只有适度地承受一定限度的风险，以不同形式合理地分担风险，我们才可能寻求到人与自然相和谐的、区域及部门之间相合作的、水利与国民经济相协调的发展之路。还要把握住洪水风险管理的本质，即综合利用法律、行政、经济、技术、教育与工程、非工程的综合手段，管理好洪水，减少洪水的危害，更高层次是利用好洪水，变害为利。

10.2　洪水灾害风险管理的内容

洪水灾害风险管理主要包括对洪水的预测和调度中的风险管理、防洪工程风险管理、防洪投资风险管理、蓄滞洪区风险管理、洪水生态环境风险管理、防洪决策风险管理等方面的内容（朱元甡，2001）。因此，把握好这些主要内容，才能"不走歪、不跑偏"。具体如下：

（1）排洪工程的风险管理：洪水预报不可能做到百分之百的准确，但准确的预报，会对滞洪区蓄泄以及洪水调度决策提供帮助，会减少损失；预报与实际不相符合，不仅不能对管理区域内水库、河道、闸坝等水利工程的调度决策提供帮助，如果提供错误的信息，可能会增大洪涝灾害风险。近几年，大庆增设水文局，防洪工程管理单位就可以与水文部门联合起来，共同协商汛期洪水调度问题。防洪工程建设质量的好坏，直接关系到河道、滞洪区、堤防等水利工程的调度决策，都可能产生潜在的风险。防洪工程的防洪标准不是越高越好，防洪标准的确定与投资的经济效益风险、超标准洪水发生的风险及河道上下游、左右岸的洪水风险密切相关。

（2）蓄滞洪区风险管理。主要针对河堤背水面以外临时储存洪水的低洼地区及湖泊，包括域内土地开发利用方式的管理，城镇防洪减灾设施的管理，建筑物结构及耐水标准的管理，洪水预报、警报系统及防洪救灾体制的建立和管理，居民避难系统的建立，洪水保险制度的建立等。

（3）洪水生态环境风险管理。大庆市为百湖之城，区域内湿地、沟泡密布，加之生态环境的脆弱性，洪水生态环境风险管理的难度较大。所以，风险管理包括对各类防洪工程建设以及补水、排洪等对流域内生态系统、环境质量的影响进行评估；制定改善环境、保护生态的补偿计划并逐步实施；对洪水灾害发生后产生的环境和生态影响进行调查和评估等。

（4）防洪决策风险管理。主要针对上述各项管理过程中的决策进行管理，避免由于决策失误造成的不良影响和失误，包括决策科学化、制度化。如建立辅助决策信息管理系统、决策支持系统，以及建立和完善相关的法规体制等（周光武，1999）。洪水灾害决策风险管理可以说是一个系统工程，分析以往大庆地区洪水防御目标及洪水调度的教训，汛期特别是大汛的目标决策面临着巨大的挑战：包括如何对洪水风险进行识别、估计和评价，并在此基础上综合利用法律、行政、经济、技术、工程手段，合理调整人与自然之间的关系，并根据洪水特征、工程质量、防洪保护区的人口、财产状况和承受能力，对防洪投入风险因素进行评估，确定对各项风险因素可以接受的标准，使风险管理成本最小，尽量减少人员伤亡、财产损失，并对生态环境的破坏最小；实现经济社会最大安全保障和可持续发展的双重目标，这是一个相当困难的过程。1998 年大水过后的连续缺水就是一个例子。

总之，洪水灾害的风险管理应贯穿洪水灾害的全过程，包括灾害发生前的日常风险管理、灾害发生过程中的应急风险管理和灾害发生后的水毁工程恢复过程中的风险管理。

10.3　洪水风险管理中的决策方案选择

　　洪水灾害风险管理的目标是合理调整人与自然、人与洪水之间的关系，实现人类的最大安全保障和可持续发展。实现最大安全保障是指选择最经济和有效的方法（包括防洪工程措施和非工程措施）使洪水灾害风险降低到可以接受的程度。它可以分为灾害发生前的管理目标、灾害发生时的管理目标和灾害发生后的管理目标。灾前的管理目标是选择最经济和有效的方法来减少或避免损失的发生，将损失发生的可能性和严重性降至最低程度（裴宏志等，2008），如进行洪水预报、洪灾警报发布、防洪工程的规划与实施、防洪调度预案等工作；灾害发生时的管理目标是当实际灾情发生后，监测实时雨情、水情和工情信息，确定最合理有效的调度方案，并组织好抢险与避难转移等。这就要求我们防洪管理部门针对洪水风险，给上级决策部门提供可选择的不同方案，这些方案包括（李娜，2003）：

　　（1）回避风险。风险回避是指考虑到风险事故存在和发生的可能性较大时，主动放弃或改变某项可能引起风险损失的活动，以避免产生风险损失的一种控制风险的方法。回避风险实质是减少或消除风险区内的承灾体，是从根源上消除风险的一种方法。如 1998 年大洪水时，大庆地区就采取将受到洪水灾害威胁的地区内的人口和资产从风险区内搬出。同时，也包括这一地区在现行情况下土地开发利用应该严格服从防洪的需要，并应尽可能减少固定居住人口，严格控制有碍河道行洪的各类建筑。

　　（2）降低风险。有的时候风险回避方法的适用范围十分有限，同时风险回避的方法在我国目前情况下也不可能完全实施，因此，采取一定的防洪工程措施和非工程措施，减少洪水灾害发生的频率和洪水灾害损失是目前情况下最适合大庆地区防洪，也是对付洪水灾害风险的最有效方法。常见的工程措施包括有加高滞洪区堤坝和排洪渠道的整治、修建避险道路、避水场所等；非工程措施包括洪水预警、洪水预报、加强河湖水域管理、健全防汛调度、抢险救援（设计好避难路线、做好抢险避难的宣传工作）、加强风险区管理和安全建设（适当限制高风险区内的经济发展、雨洪资源化利用）等。

　　（3）分散风险。目前采取分散风险的办法主要是洪水保险，洪水保险的目的是为了将部分地区所受的洪水灾害经济损失比较合理的分散到广大受保护地区内，也就是说用众多投保户积累起来的保险费去补偿保险户受灾的损失。实行洪水保险，可以使保险户受灾后及时得到经济补偿，快速恢复生产；可以减少政府救济费，减轻国家财政负担；可以限制洪泛区的发展，减少洪水灾害损失。大庆地区现在还没有实行洪水保险试点，但由于本地区经济发达，已基本具备条件，期望适当时机开展此项工作。

　　（4）转移风险。洪水灾害可能威胁到重点保护区域时，主动将灾害转移到其他非重点保护区域，使总体灾害损失减少。如国家已经批准大庆胖头泡分洪区建设，为了减轻现有大庆防洪工程的压力，与胖头泡联合调度，引洪水如分洪区。转移风险是一种牺牲局部保全大局的措施，但考虑到公平性原则，受保护区域应该给予牺牲区一定的经济补偿。

10.4　洪水灾害风险管理的主要方式和原则

10.4.1　主要方式

洪水灾害风险管理主要包括洪水监测、洪水预报、防洪调度、灾中救援、灾后恢复重建等内容。洪水灾害风险管理主要是通过法律、行政、经济、技术、教育与工程等手段来实现最大安全保障和可持续发展的目标。

（1）法律管理。现代社会是法律社会，对于人们社会经济活动的制约就需要用法律手段。通过法律可以强制性地限制与杜绝与防洪有关的违法、违规行为，如遵守《中华人民共和国水法》《中华人民共和国防洪法》《中华人民共和国河道管理条例》等。但是，大庆地区滞洪区管理还有很多法规需要健全，需要尽快出台一系列相关法律，来约束、限制、指导人们的社会经济活动。另外，制定出有关的法律后，应加强法律的执行管理。

（2）行政管理。行政管理是指通过行政手段指挥与协调防汛减灾行为。大庆防洪管理处在上级主管部门黑龙江省防汛抗旱指挥部办公室的领导下，行使大庆地区防洪工程管理。这种行政管理是洪水灾害风险管理中的重要一环，起着管理、运行、建设，并与地方政府协调，履行防汛的职责。

但需要明确的是：按照我国的洪水灾害常规管理，主要是由直属于国务院的国家防汛抗旱总指挥部领导下进行的，防汛指挥部门在进行洪水灾害管理工作时，只对防洪工程的调度运用、大江大河的防御洪水方案的编制修订进行管理，对流域内所从事的防洪以外的活动无权管理。因此，在各有关省、自治区、直辖市之间就防洪问题发生纠纷时，防汛指挥部门只能起协调的作用，流域内的经济开发活动与防洪发生矛盾时，防汛指挥部门也只能起监视和咨询的作用，无法直接管理。当前体制下，存在着防洪工程的建设施工与调度运行脱节、工程的建设与养护脱节的现象。因此，大庆防洪工程管理处是以水管理、防洪管理为主的省直机构，若能扩大其职权，以防洪工程受益圈为中心对管理范围内的一切开发活动都授权其统一管理，可以解决诸多存在的问题。如美国的田纳西流域管理局的经验值得借鉴。

（3）经济管理。通过经济政策的制定与实施，影响或控制人们的各种经济活动，创造一个有利于减灾而且不利于致灾行为产生的环境。经济手段在洪水灾害管理方面是一个非常重要的手段。若对在蓄洪区内侵占水面等行为进行惩处，并建立一套完整的滞洪区管理的法律文件。如美国的国家洪水保险计划中规定，任何社区只有参加了洪水保险，在既定的洪泛区征地或搞建设时才可能获得联邦或联邦机构的资金援助。如果不参加洪水保险，灾后将不能享受到任何形式的联邦救济金或贷款。

（4）技术管理。现代科学技术的发展日新月异，这就为洪水灾害风险科学化的管理提供了支持。数据库技术、洪水演进仿真技术、"3S"技术、人工神经网络技术等都为研究掌握洪水发生发展变化的规律、为防洪调度、转移避难、灾后救援提供了技术保障。大庆防洪工程管理处通过多年的雨情测报系统等信息技术的建设，取得了长足进步，但也存在很多问题，需要进一步提高预报、调度的现代化的水平。

（5）工程管理。大庆防洪工程运行二十多年的实践表明：对保护油田开发和生产以及人民生命财产起到了重要作用，取得了十分显著的效益。目前的滞洪区、排水河道和闸坝系统、水库等已经建成，洪水造成的人员伤亡已经很少，因洪水造成社会影响和动荡的可能性减小。但目前还存在很多问题：一些主要排水河道标准不足，堤坝质量较差，洪水时发生管涌、渗流、溃堤的风险很高，给防洪抗灾增加了难度。同时，非工程措施作用已经变得很重要，它与工程措施共同发挥着作用，具有互补性和不可替代性。而非工程措施在过去往往不像工程措施那样被重视，所以，未来非工程措施的建设以及洪水灾害风险管理的任务还十分艰巨。

10.4.2 洪水灾害风险管理需坚持的原则

有效地进行洪水灾害风险管理，必须根据大庆地区防洪特点和工程实际，以及当地社会经济发展水平等多方因素考虑，需要遵循以下原则：

（1）总体利益优先的原则。洪水灾害风险管理的总目标是以最小的代价实现最大的安全保障。最小的代价就是指总体费用或成本最小，也就体现着总体利益优先。比如，修建滞洪区堤坝或排水河道可能要占用某些农田，但为减少更大损失，这些措施虽然会使局部损失增加，但对整体和全局来说，损失往往更小。整个油田生产得到了保障，石油化工生产得以顺利进行，所以风险管理必须在尽可能减轻损失的前提下做出必要的取舍。

（2）保障可持续发展的原则。对洪水灾害管理来讲，可持续发展是指保障灾害造成的损失增长的速度小于社会发展增长的速度。这里主要强调的是在发展的同时注重保护自然环境、保护湿地、保护生态环境，避免因防洪减灾而过分影响到环境与生态平衡。在注重防洪减灾经济效益的同时，注重防洪减灾对环境、生态带来的负效益（程晓陶，2001）。

（3）保持公平原则。20 世纪 50 年代，美国在防洪方略的反思中，有专家指出，少数人为了获取更大的利益去开发洪泛区土地，却要全体纳税人为他们提供保护，分担损失，是不公平的。大庆滞洪区的建设就是为了更好地保护当地的城市、油田、农业等不受洪水侵袭。在洪水发生时有计划、科学合理的调度，本着"牺牲局部、保全整体"的重要作用。因此，如何处理好蓄滞洪区的发展与防洪减灾的问题，就变得十分重要。既考虑到蓄滞洪区周边人民群众发展的要求，又要保证滞洪区作用的充分发挥。因此，针对滞洪区国家出台的《蓄滞洪区补偿实施办法》即能够充分体现社会公平的原则，又能保障滞洪区正常运行不受到干扰。

（4）坚持科学原则。大庆地区洪水管理是一个复杂的系统，涉及石油、石化、地方政府、人民群众等各方面；防汛决策中也涉及自然的因素和社会的因素，如包括降雨径流、洪水监测、洪水预报、防汛调度、转移撤退、灾后救援等，还涉及水利、气象、民政、计划、各级政府、部队等多个部门。所以，在洪水灾害风险管理过程中，需要用科学的态度对洪水灾害管理的各个环节认真研究，需要科学的筹划组织。防汛决策应包括水利专家、气象专家、经济和社会专家等多学科参与的决策；同时利用现代高科技技术，对洪水灾害形成、发展、演变中的规律进行研究，这样才能提高对洪水灾害管理的能力，提高管理效率，实现洪水灾害风险管理的最终目标。

11 大庆地区洪水风险分析与管理

11.1 洪涝灾害的基本属性分析

大庆地区洪涝灾害的时间和空间的分布特性极其显著，表现为洪水集中在汛期，发生快、历史短、洪量大。同时具有双重属性，即自然属性和社会经济属性的交互作用，如表现在油田开发等人类生产活动等的影响。洪涝灾害的自然属性是指洪涝的发生、发展与发展趋势等，如洪涝的发生位置、影响范围、水深分布等；洪涝灾害的社会属性是指洪涝对社会及环境的影响等。如因洪涝造成的受灾人口、经济损失、环境影响等（田敏等，2010）。研究清楚大庆地区洪涝灾害的时空分布特性是建立有效的洪水风险管理的前提和关键。

11.1.1 洪涝灾害的自然属性

大庆地区洪涝灾害的自然特征表现非常明显。反映洪涝灾害自然特征的指标包括洪涝灾害的空间特征指标、时间特征指标和严重程度指标，这些指标反映了洪涝灾害自然特征的一面。这些指标在 1998 年大洪水中，洪涝灾害的空间范围、发生、发展变化和严重程度都根据洪水自然属性而发生变化。

洪灾影响范围包括直接影响范围和间接影响范围，直接影响范围指直接过水或受淹的地区，间接影响范围指与直接影响范围紧密相连不可分的地区。淹没水深、淹没历时、流速和冲击力是洪灾严重程度指标。洪涝灾害发展过程指洪涝灾害随时间的发展变化过程，包括淹没范围的扩大或缩小，洪灾程度的加重或者减轻。

在这些洪涝灾害自然特征指标尤其是洪涝灾害发生时间、影响范围、历时以及洪涝灾害发展变化过程等，在洪灾监测和评估中起到非常重要的作用。充分认识洪涝灾害的自然属性，对防洪调度和抢险决策非常重要。

11.1.2 洪涝灾害的社会经济属性

洪涝灾害发生后，对大庆地区人口、资源和环境等社会影响是多方面的，归纳起来，可分为以下几个方面：

（1）人口影响。洪涝灾害对人类社会的影响首先表现为人口的大量伤亡或受灾。如 1998 年发生的特大洪水，造成大庆全市共有 62 个乡镇受灾，占乡镇总数的 54.3%；受灾村屯 2150 个，占总数的 43.5%；受灾农户约 18.9 万户，占全市农村总户数的 53.9%；受灾人口约 97 万人，占全市总人口的 67.9%。

（2）经济影响。洪涝灾害对经济的影响主要包括以下几个方面：

1）农业。严重的洪涝灾害，常常造成大面积农田被淹、作物被毁，使作物减产甚至绝收。1950—1990 年的 41 年中，全国平均每年农田受灾面积达 780.4 万 hm^2，成灾面积 430.8 万 hm^2，而重灾年份如 1954 年、1956 年、1963 年、1964 年、1985 年等，农田受灾面积都超过了 1400 万 hm^2。对于大庆市，几次洪水也是造成了巨大的农业损失，例如 1998 年的特大洪水，造成农业损失 20.2 亿元，受灾农田 436.54 万亩，成灾 393.3 万亩，绝产农田 301.4 万亩。农业的损失往往还会造成相关行业（如加工业、纺织业等）的严重损失。

2）交通。铁路是国民经济的动脉，且随着经济的发展，铁路愈发显示出其重要地位。滨洲铁路干线位于洪水严重威胁之下，历史洪涝灾害曾多次发生冲毁铁路、桥涵，带来直接财产损失，更为严重的是由于交通中断导致的间接效益损失。据统计，在 1998 年特大洪水中，洪水由通让铁路沿线不断向东推进，导致肇源西部乡镇交通全部中断，受损公路 50 条 380km，受损桥涵 405 座。

3）水利设施。每一次大的洪涝灾害都造成大量水利工程，包括水库、堤防、渠道、塘堰、电站、泵站等被毁或破坏。如 1998 年的特大洪水造成大庆市水利设施损失 48200 万元，损坏堤防 539km。

4）城市工商业。城市人口密集、工商业发达，一旦遭受洪灾，损失巨大。工商业企业洪灾经济损失包括财产损失和停工、停产、停业给企业造成的净产值损失两部分。1998 年大庆境内的嫩江、松花江、双阳河、乌裕尔河发生的超 100 年一遇的特大洪水，使大庆的城市建设及工商业也遭受重大损失，造成危房约 21 万间，约 32 万间房屋倒塌。并且随着经济的发展，城市化进程，城市工商业损失在洪灾总体经济损失中所占比重越来越大。

5）居民家庭财产。居民家庭财产主要包括房屋、生产交通工具、家具、家用电器、衣被、日用品及柴粮草等储备物资、畜禽等，洪涝灾害往往造成房屋倒塌，牲畜伤亡，家具、日用品等财产被冲毁等损失。

（3）环境的影响。

1）耕地的破坏。大庆地区位于松嫩平原腹地，洪涝灾害对耕地的破坏主要为：①水冲沙压，毁坏农田。每次洪水泛滥决口，因水冲沙压而失去耕种条件。②洪涝灾害加剧盐碱地的发展。洪水泛滥之后，土壤经大水浸渍，地下水位抬高，其中所含大部分碱性物质被分解，随着强烈蒸发，大量盐分被带到地表，使土壤盐碱化，对农业生产和生活环境带来严重危害。

2）水环境的污染。由于大庆是我国石油化工生产基地，而且地表湖泊众多。一旦洪水泛滥，工业废水、废料、垃圾等有可能漂流漫溢，同时，河流、湖泊、池塘、井水等水源都会受到病菌、虫卵的污染，严重危害人民身体健康。当一些城镇、厂矿遭到洪水淹没后，一些有毒重金属和其他化学污染物被大量扩散，对水质也会产生严重污染。

3）生态环境的破坏。大庆地区属于盐碱地带，生态环境极其脆弱，一旦洪水发生，对生态环境的破坏非常严重，如为水土流失带走大量的土壤及养分，导致土壤贫化和盐碱化加重。洪水发生时，村屯、城镇进水，道路、良田耕地被淹也带来严重的生态灾难。

综上，洪涝灾害的社会经济（包括生态环境）特征指标的定量评估常常是非常困难的，尤其是洪涝灾害对生态环境造成的影响评估。在目前洪涝灾害社会经济特征描述指标最常用的是：影响人口、伤亡人口数以及直接经济损失和间接经济损失。在用遥感技术对洪涝灾害自然特征指标（主要是淹没范围）监测的基础上，可借助于灾前淹没区土地利用识别，通过GIS的空间叠加和空间统计分析，估算出可能造成的经济损失（闻珺，2007）。

11.2　洪水灾害风险分析

洪水灾害风险分析主要包括风险识别、风险估算和风险评价。灾害的风险分析是洪水管理的主要内容，只有把洪水灾害风险问题弄清楚，管理洪水才具有针对性。

11.2.1　风险识别

风险识别主要是识别洪水本身的风险及其他影响洪水灾害的主要风险因子。传统上，在考虑洪灾风险时，仅仅只考虑了洪水本身的风险（即洪水事件发生的概率）（李原园等，2013）。当然，洪水本身的风险对洪灾风险来说是一个很重要的因素，但是，其他一些因素对洪灾风险来说也很重要，根据大庆地区的水文气象和工程状况列举的是一些重要的因素。

水文因子：包括雪融、降雨特性，流域的降雨径流关系和河网特性。降雨特性包括降雨量的空间和时间分布，样本的代表性，雨量数据的精度和数量，分析和模拟的方法等。流域特性包括湖泊、水库和滞洪区、湿地的储水量等。

水力因子：包括河道内的洪水演进特征，演进模拟的方法和公式等，这些依赖于河道的几何特征、糙率、河底坡度以及洪泛平原的特征。还包括防洪工程如堤坝、放水闸、涵、堰、泵站、桥等的作用，排水河道中泥沙的影响如侵蚀、冲刷和淤积等，以及风和浪的影响。尤其是大庆防洪工程的排水渠道通过盐碱地带，河道堤坝被侵蚀严重。

工程因子：基础的地质特性，堤坝底部渗流及防渗，堤防内部侵蚀或管涌，堤防强度不稳定性，堤防背水面的渗流破坏和其他土壤结构问题。建筑坝或堤防的材料类型和质量，在工程施工和运行期的影响大坝或堤防质量的温度和湿度变化等。

运行和管理因子：洪水来临前和洪水期的滞洪区调水调度规程，突发事件发生时的操作规程，河道的安全监测和洪水预警，工程运行管理和检修规程。

其他因子：包括其他社会、环境、生态等因子。

如对研究受堤防保护区域或滞洪区域的洪水灾害风险来说，风险因子除了洪水本身的风险外（如洪水漫顶、冲毁排水河道等风险），排水河道的结构和操作方面的风险也很重要，如滑坡、管涌、水工建筑物的管涌、崩岸及操作失误等。后者的影响有时甚至远远超过前者的影响，而且随着工程建成运行，后者的作用会越来越明显。

11.2.2　风险估算

11.2.2.1　风险估算原理

风险估算（程先富等，2015）一般是通过对区域洪水成因、洪水特性（包括洪水概率、流量、水位等）、水利工程状况进行分析，首先分析洪水频率，然后采用历史洪水调查法、水文学方法、水力学模型试验或数值模拟计算等方法，确定区域内不同地区的洪水及洪水淹没特性参数（包括淹没范围、淹没水深及水深分布、泥沙冲淤分布、淹没历时、流速等）；再对区域内的社会经济状况（人口、资产等）分布和抗灾能力进行分析，得出不同高程下的主要资产类型和资产价值，再结合由经验或调查取得的这些资产在不同淹没水深下的洪灾损失率信息，估算出区域在不同频率洪水下的洪水灾害直接经济损失和间接经济损失，并利用频率曲线法、实际典型年法或保险费法估算期望损失。

11.2.2.2　风险估算实例

2013年汛期，大庆地区发生近50年一遇洪水，滞洪区周边利益相关者反映洪水调度存在问题，明清截流沟水淹草原问题，大庆防洪管理处协同大庆水文局对这一风险进行了评估（大庆水文局等，2014）。

a. 背景资料

2013年6—8月，安达、明水、青冈及大庆周边地区连降大到暴雨，雨量超过1998年，明青坡地5—9月平均雨量为597.08mm，单站（明水县东兴站）5—9月最大雨量为701mm，单站（明水县双兴站）最大日雨量（8月13日）为93mm。正常年份5—9月多年平均降雨量约为400mm，大约多50%。明青交叉枢纽工程位于安达市文化乡奶牛场西2.5km处，明青截流沟46+779处与北引至东湖引水渠11.4km处成55°平交，由泄洪闸、北引节制闸和东湖防洪闸组成。泄洪闸以上控制面积2824km^2，交叉枢纽以下控制面积223km^2，流经林甸、明水、青冈及安达等市（县）。在交叉工程上下游分别设置节制闸和防洪闸，以防止明青坡水倒灌和进入，保护引水渠，闸的规模按东湖引水渠引用流量和渠道现状设计，闸门顶高程按明青坡水水位决定；在截流沟上设置泄洪闸，平时关闸保证东湖引水渠正常引水，坡水来临关闭东湖引水渠节制闸，启开泄洪闸，宣泄坡水，此时东湖引水渠上防洪闸适当开启，以保证东湖水库用水。东湖引水渠在交叉处设计引水量7.5m^3/s，交叉处水位158.10m，校核引水量12.5m^3/s，交叉处水位158.80m（摘自《大庆地区防洪工程明青截流沟工程初步设计报告》十四卷）。从以上对明青交叉枢纽的论述，可以看出，泄洪闸的功能：①明青坡地无洪水时为东湖引水提供水位支持；②明青坡地洪水来临时宣泄洪水，没有调蓄洪水的作用。

明青泄洪闸设计标准为240m^3/s（最大泄量，即20年一遇）。从8月21日起，明青截流沟来水量已超过设计流量，到8月22日，明青截流沟洪峰流量达332m^3/s，洪水已经绕漫过闸门，泄洪闸超标准运行，属不可抗力的自然灾害，不存在管理不到位和超负荷泄洪问题。

老明青截流沟始建于20世纪60年代后期，为解决明青坡水对大庆和安达的威胁而修建的排水工程。按3年一遇洪水挖河，按20年一遇洪水筑堤，限于当时经济条件，且又处在"文革"中，施工没有达到设计标准。1989年，大庆地区防洪工程改扩建时，部分重建了明青截流沟工程，修建了明青交叉以上至北引干渠太平庄管理站共11km的截流沟工程。1991年11月成立大庆地区防洪工程管理处，负责本地区的防洪工作，工程移交时，各滞洪区工程主副坝和渠堤工程都进行了移交并办理了土地使用证，新建的明青交叉以上至北引干渠太平庄管理站共11km的截流沟工程移交大庆地区防洪工程管理处管理，老明青截流沟工程未交大庆地区防洪工程管理处管理。

b. 风险评估及计算

第一步：流域降雨量计算。本流域内交叉工程以上共有雨量站18处，其中包括大庆防洪自动测报系统雨量站和绥化水文局管辖的雨量站。首先对雨量资料进行了合理性分析，剔除水文系统和防洪系统观测重复的和资料明显不合理的站。最后 6 月使用 16 个站、7 月使用 15 个站、8 月使用 14 个站。流域平均雨量采用算数平均法计算（黑龙江省大庆水文局，2014）。

第二步：流域产流量计算。

采用水量平衡方程计算：

$$W_{t+1} = W_t + P_t - E_t - R_t$$

式中：W_{t+1} 为第二天土壤含水量；W_t 为当天土壤含水量；P_t 为当天流域平均降水量；E_t 为当天流域蒸发量；R_t 为当天流域产流量。

本流域有关参数选取如下：

流域最大含水量 $W_m = 100\text{mm}$，$b = 0.3$；蒸发量计算采用一层模型计算 $E_t = E_m W_t / W_m$；E_m 采用月固定值法，6 月采用 6mm、7 月采用 5mm、8 月采用 4mm。

第三步：径流深计算。在初始土湿为 W 条件下，降雨量 PE 的产流量可由下列计算式求得。在全流域蓄满前为

$$R = PE + W - WM(1 - a/WMM)^{b+1} + WM[1 - (PE + a)/WMM]^{b+1}$$

上式简化为

$$R = PE + W - WM + WM[1 - (PE + a)/WMM]^{b+1}$$

式中：R 为产流量；W 为土壤含水量；PE 为扣除雨期蒸发后的降雨量；WM 为流域平均蓄水容量；a 为流域平均的初始土壤含水量的最大值；WMM 为包气带蓄水容量最大值；b 为常数。

第四步：汇流计算表。根据《大庆地区防洪工程资料汇编》提供的成果，概化单位线见表 11.1。根据单位洪峰流量为 $Q_{mp} = 15.54 W_P / T_涨$，考虑流域与双阳河流域相近，根据双阳河双阳站峰量关系平衡 $Q_{mp} = 5.3$。

表 11.1　　　　　　　　　　　　汇 流 概 化 单 位 线

T_i/d	K_i	10mm 单位线
1	0.015	0.8
2	0.040	2.1
3	0.071	3.8
4	0.110	5.8
5	0.153	8.1
6	0.215	11.4
7	0.290	15.4
8	0.385	20.4
9	0.488	25.9
10	0.770	40.8
11	1.000	53.0
12	0.926	49.1
13	0.779	41.3

续表

T_i/d	K_i	10mm 单位线
14	0.625	33.1
15	0.491	26.0
16	0.386	20.5
17	0.296	15.7
18	0.226	12.0
19	0.175	9.3
20	0.141	7.5
21	0.118	6.3
22	0.101	5.4
23	0.086	4.6
24	0.073	3.9
25	0.062	3.3
26	0.051	2.7
27	0.042	2.2
28	0.034	1.8
29	0.026	1.4
30	0.018	1.0

最后计算出从 7 月 1 日开始产流过程，见图 11.1。

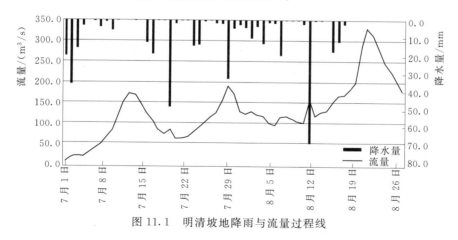

图 11.1　明清坡地降雨与流量过程线

c. 结论

最大洪水发生在 8 月 22 日，最大流量为 332.7m³/s。形成该次洪峰最大降水发生在 8 月 12 日，流域平均雨量为 68.7mm，单站最大降水量为双兴站，雨量为 93.0mm。

11.2.3　风险评价

风险评价主要是根据洪水风险估算的结果，评价洪水风险的大小。风险评价可以从技术、经济、社会、政治、环境、生态等多角度进行，而且不同的价值观持有着不同的评价。

从洪水本身的特性来讲，根据洪水的洪峰流量、洪量及洪峰水位等特征量对洪水进行等级划分，是评价洪水本身风险大小的一种方法，如选用洪峰水位和警戒水位两个特征量，提出了划分洪水大小的幂函数洪水等级公式。另外，洪水风险图是了解区域内遭受洪水灾害的危险性大小的一种直观科学的地图。它是依据流速、淹没水深和淹没历时等参数，将滩地、分蓄洪区或受洪水影响范围划分为危险区、重灾区、轻灾区、安全区等区域（李原园等，2013）。绘制洪水风险图是风险评价的主要内容。依据不同的用途，洪水风险图可以划分为基本风险图、专题风险图和综合风险图（李娜，2003）。基本风险图是将洪水基本要素（如淹没范围、水深、历时、流速等）在行政区划图上表示。专题风险图是依据不同的风险决策者制作的不同用途的风险图。如保险公司用的保险专用风险图；防洪决策者使用的专门风险图；军事部门针对重点保护对象的洪水风险图；防洪避难使用的风险图等。综合风险图是服务于防洪决策各项工作的包括多层次信息的风险图。一般是利用GIS 技术制作，包含洪水基本要素、灾害损失信息、防洪工程信息等的综合风险图。

从经济角度来讲，风险评价主要包括评价洪灾期望损失（或多年平均洪灾损失）的大小，洪灾期望损失占国内生产总值的比重，防洪工程设施的防洪效益等内容。以防洪工程的防洪效益为例，防洪工程建设是否经济可行，可以归结为在洪灾风险损失和实施防洪工程建设的费用之间找到平衡点（姚文武等，2009）。一方面可以估计大洪水造成的损失，另一方面，可以计算实施防洪管理所需的费用（图 11.2）。总费用等于投资加上损失现值。当总费用曲线取最小值时，就可以说该防洪工程在经济上是最优的。防洪工程经济效益最大。

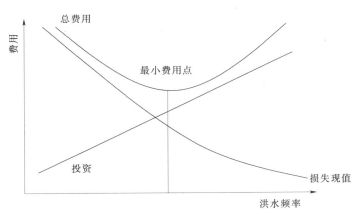

图 11.2　最优化的防洪标准

从社会政治角度来讲，洪水是否造成社会动荡，是否造成大量人口的迁移及死伤，受洪水影响的人口多少、受灾人口比例，洪水对人们健康的影响，洪水对社会发展及民众心理的影响程度等都是评价洪水风险大小的内容。

从生态环境角度来讲，防洪工程设施的建设是否破坏生态环境，洪水对自然环境、生态系统的影响，洪灾对社会的可持续发展的影响等也是评价洪水风险大小的内容。

从目前的实际情况来看，由于社会经济的发展和防洪技术的进步，洪水灾害造成的人员死伤越来越少，所以洪水风险评价主要是从技术（洪水本身的特性）和经济两方面进行评价的居多。另外，从社会发展及人们对生活质量要求的提高方面来看，在评价过程中，对洪水风险的环境、生态等因素的考虑应该越来越多。

综合以上内容，评价洪水灾害风险的指标包括以下内容（李娜，2003）：

（1）技术方面：洪水等级、洪水区划。

（2）经济方面：洪水灾害经济损失、洪水灾害期望损失、洪水灾害损失率、洪水灾害期望损失占国民生产总值（GDP）的比例、人均损失、地均损失。

（3）社会环境生态方面：因灾死亡人口、受灾人口率、环境破坏度、社会稳定度、生物多样性。

11.3 社会经济发展与防洪安全保障需求分析

11.3.1 人口发展情况

全市 2012 年年末总人口 281.55 万人，市区人口 164.98 万人，占全市人口的 58.60%，4 县人口 116.57 人，占全市人口的 41.40%。在全市人口中，农业人口 138.09 万人，占全市人口的 49%，非农业人口 143.46 万人，占全市人口的 51%。全市出生率 6.02‰，人口自然增长率为 3.37‰。1990—2011 年大庆市，人口呈增长趋势（大庆市统计局，2012），见图 11.3。

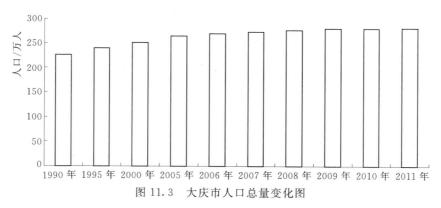

图 11.3 大庆市人口总量变化图

11.3.2 社会经济概况

自 1959 年发现大庆油田以来，社会经济的各方面迅猛发展。特别 1984 年以来，经济发展综合实力增强，企业发展规模不断壮大，产业结构由单一型逐渐向多元型转变。到 1998 年年底，大庆市已经发展成全国最大的石油、石油化工生产基地。全市人口 281.55 万人，工业企业已发展成为 1000 余家。

大庆市经过近 40 年的开发建设，已发展成为以石油、石油化工为支柱产业，其他产业谐调发展的产业格局。出于石油资源的有限性，逐步转向石油产品加工和高科技产业。

1997 年，全市实现国内生产总值 587.4 亿元，比 1996 年增长 8.0%。其中第一产业 32.1 亿元，第二产业 482.7 亿元，第三产业 63.6 亿元，三者在国内生产总值中的比例为 5.5 : 83.5 : 11。人均国内生产总值 24038.6 元。2012 年，全市实现国内生产总值 3741.5 亿元，比 1997 年增长近 5 倍，其中第一产业 134.1 亿元，第二产业 3070.0 亿元，第三产业 537.4 亿元，三者在国内生产总值中的比例为 3.6 : 82 : 14.4。大庆市 20 年来国内生产总值增长趋势及第一、第二、第三产业所占比重情况见图 11.4（大庆市统计局，1998）。

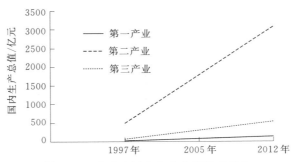

图 11.4 大庆市国内生产总值增长趋势

大庆油田从 1960 年投入开发建设，已经发展成为以生产原油和天然气为主，多元经济全面发展的特大型工业企业，1997 年原油产量 5600.9 万 t，生产天然气 23.4 亿 m^3，从 1976 年原油生产达到 5000 万 t 以来，已连续稳产 22 年；石化企业加工原油 1037.4 万 t，实现销售收入 159.3 亿元电力工业全年发电量 67.6 万 kW·h，完成供电量 85.0 万 kW·h，比上年增长 5.3%（大庆市统计局，2010）。

1997 年农林牧渔总产值 569 亿元，比 1996 年增长 3.7%。全市实有耕地面积 46.90 万 hm^2，农作物种植面积 46.217 万 hm^2，其中水稻 5.14 万 hm^2，小麦 1.46 万 hm^2，玉米 20.59 万 hm^2，大豆 2.97 万 hm^2，瓜菜 3.41 万 hm^2。全市农业生产在遭受较为严重的自然灾害，并且由于种植结构的调整粮食播种面积也较 1996 年同期有所下降的情况下，仍获得了好收成，粮食总产量达 201 万 t；林业总产值 4431 万元，比 1996 年增长 0.8%，造林面积达 1.5 万 hm^2；畜牧业全年实现产值 20.0 亿元，比 1996 年增长 7.5%，水产品产量 5.5 万 t，其中养殖产量 3.8 万 t，增长 25.9%，养殖收获面积达 9.1 万 hm^2。拥有农业机械总动力 67.5 万 kW（大庆市统计局，2012）。

大庆市是以石油、石油化工为主体产业的新兴工业城市。1960 年石油大会战开始，经过 54 年的开发建设，大庆已拥有 281.55 万人口，1000 余家工业企业，发展成为中国最大的石油、石油化工生产基地。

松辽盆地自然资源丰富，其中石油储量占全国之首，同时伴有丰富的天然气资源。经过 30 多年开发，累计原油产量达 12.4 亿 t。此外，有丰富的耕地、草原、水面、林地、芦苇自然资源，积极发展替代产业，发展农牧渔业生产，大庆正在逐步由石油、石油化工单一生产向独具特色的综合生产体系方向发展，由单一资源型城市向多元化综合型城市转变。石油化工发展带动了其他工业的发展，现已初步形成了塑料、化工、纺织、食品以及建材等石油替代产业体系。区域内基础和生活服务设施也日趋完善，科技、教育、通信、卫生、文化、体育以及水利事业稳步发展。进入 21 世纪以来，大庆市建成以水为核心的防洪功能齐全的"百湖之城"。

11.4　洪水风险的影响分析

从经济角度来讲，流域风险评价主要包括评价洪灾期望损失（或多年平均洪灾损失）的大小，洪灾期望损失占国内生产总值的比例，防洪工程设施的防洪效益等内容。以（大庆地区）洪水风险的影响评价人类活动对防洪安全的影响有有利和不利两个方面，自古人类治河、治水与洪水作斗争的许多措施，都属于防灾获利的一面，但是，在广泛的人类生产生活中，也带有一些不利的因素，如在发展中缺乏防范意识，人为加剧洪灾风险等。

11.4.1　大庆地区人类活动对防洪安全的影响

11.4.1.1　防洪工程的兴建对防洪安全的影响

大庆地区经过近 50 年的治理，初步形成了水库蓄洪、筑堤疏河行洪、开挖排洪水道的防洪工程体系。为社会稳定和经济建设的顺利发展提供相当程度的安全保障，避免了大量人口因灾死亡，取得了显著的社会效益和经济效益。

大庆地区洪水主要来自嫩江、松花江洪水和双阳河、明青坡水和当地雨洪。其中北部的双阳河洪水，东部的明青坡水对大庆市防洪安全威胁最大。目前大庆地区防洪工程有了一定基础，在流经大庆市长达 384km 的嫩江、松花江河道上修建了 208.86km 长的松嫩堤防，堤防防洪标准 20 年一遇；双阳河上修建了以防洪为主的双阳河水库和 71.4km 的西支南侧堤防。开挖了安肇新河长 108km，最大泄量为 140m³/s，两岸堤防防洪标准为 20 年一遇至 50 年一遇。安肇新河上修建了王花泡、北二十里泡、中内泡、库里泡 4 座大中型滞洪区，总库容约为 7.0 亿 m³。为抵御明青坡水，开挖了 45.9km 长的截流沟。这些工程使市区和主力油田及石化工业厂区防洪标准达到了 100 年一遇。在大庆地区的几次大洪水中，防洪工程担负了重大的防洪保安任务。建设防洪体系的同时，大庆地区防洪工程体系的建设对防洪减灾发挥了巨大的作用。随着社会经济的发展，人们对防洪工程体系的依赖性增大，因此保证防洪工程体系的可靠性就更加重要。

11.4.1.2　人类生产、生活活动对防洪安全的影响

人们在发展生产的同时，对防洪安全问题考虑不足，就会人为加剧洪水灾害的风险。例如流域中公路、铁路的建设，有些未征求水行政主管部门的意见，跨河、桥梁过洪能力考虑不足，不仅自身安全无保障，而且威胁地方上的防洪安全。这些促进经济发展的生命线十分重要，而且今后随着生产的发展，新的工程仍会不断修建，但是应该吸取历史教训，留足洪水出路，避免人为增加水灾损失（程晓陶等，2004）。

据调查资料，大庆市在开垦初期黑土层 60～70cm，但由于不合理的人类活动的影响，现在下降到 20～30cm，2004 年水土流失面积 8279km²，其中沙化面积 5742km²，盐渍化面积 2537km²，占土地总面积的 39%（韩德庆，2006）；2013 年 3 月自修订后的《中华人民共和国水土保持法》实施两年以来，大庆市先后营造水土保持林 2.6 万 hm²，复草 1.5

万 hm²，新增水土流失综合治理面积 1525hm²，累计治理面积达到 18.2 万 hm²，治理程度达到 38%，水土资源得到有效保护和利用。

　　总之，在人类大规模改造自然、积极兴建防洪工程设施的过程中，人与自然的矛盾也在逐步加深，虽然提高了部分地区的防洪能力，扩大了保护面积，但是同时也改变了自然环境和江河湖泊天然调蓄洪水的能力，增加了洪水的威胁程度，转移或加重了洪水灾害。虽然水土保持、产汇流规律改变，防洪工程建设对流域防洪带来有利的一面，但就当代的技术经济条件要完全消除洪水灾害是不可能的，洪水灾害将在相当长的历史时期中，依然是制约社会经济发展的一个重要因素。从长远发展和全局利益考虑，既要适当控制洪水改造自然，又必须适应洪水与自然协调共处，约束人类的各种过度开发、破坏生态环境的盲目行为，采取全面综合措施，将洪水灾害减少到人类社会经济可持续发展的允许程度（程晓陶等，2004）。

11.4.2　大庆地区水灾影响

　　（1）洪涝灾害类型及成因。大庆地区洪水类型按来源可分为嫩江、松花江洪水、明水和青冈两县坡地洪水、双阳河、乌裕尔河洪水等外部洪水，和当地雨洪两大部分。该地区地处北温带季风气候区，降水的时空分布不均匀，年内降水多集中在 7—8 月，占全年的 50% 以上，且多以暴雨的形式出现；降水的年际变化也较大，最大和最小年降水量相差近 3 倍，且有连续数年多水或少水的交替现象；受自然地理因素影响，区内没有天然河道。这些气候和地理特点使大庆地区内外洪水频繁发生，内忧外患，防汛形势十分严峻。

　　（2）典型年洪水灾害损失情况。大庆地区历史上洪水灾害频繁。新中国成立前以 1932 年和 1945 年洪水为最大，特别是 1932 年洪水淹没面积达 7000km²。1945 年洪水淹没该地区耕地 3.33 万 hm²，村屯 200 余个，该年洪水标准相当于 50 年一遇。1950 年后大洪水主要发生在 1962 年、1986—1988 年、1998 年。1962 年淹没耕地 2667hm²，草原 5.53 万 hm²。1986 年有 100 多眼油井受淹停产。1986—1988 年连续 3 年大水，造成直接经济损失达 6 亿元。1998 年大洪水淹没面积达 3417.31km²，淹没油井 2196 眼，关井 433 眼，减产原油 15 万 t，淹没输油管道 7 条，滨洲铁路有 6km 受到威胁，700m 路肩漫水，直接经济损失 80 多亿元（大庆市统计局，1998），该年洪水标准相当于 100 年一遇以上。

　　（3）洪灾经济损失变化趋势分析。影响洪灾损失增长的因素。洪水所造成的灾害损失是随时间而变化的，这主要取决于两个方面的原因：由于社会经济的发展，受灾区域人口资产密度提高；社会网状结构的增强使得灾害影响的范围扩大；伴随经济实力的提高，用于防灾、抗灾、救灾的投入增加，承灾体防御洪水灾害的能力得以增强，使灾害的损失率相对降低。一般而言，防灾能力的提高，往往滞后于经济的发展，因此洪灾的绝对经济损失总是呈增长的趋势，其增长的速度取决于经济增长速度和承灾体抗洪能力的增长速度。在经济加速发展的初期，洪灾损失增长较快。发展到一定水平后，随着生产效益和管理水平的提高，人们对水患意识的增强，防洪减灾投入的增加，防洪减灾设施的兴建和防洪措施的完善，防洪能力的提高，将能抑制住洪灾损失急剧增长的趋势。

　　（4）洪灾经济损失组成变化。区域洪灾经济损失之所以越来越大与国民经济各部门的比例变化有很大关系。洪灾带来的经济损失组成已经逐渐由农业占主导发展为工业、油田及其他损失占主导。同时，随着社会经济的快速发展，人口、资源与环境的矛盾的紧张，灾害的负面影响对生态环境的影响十分突出。

（5）洪灾对流域防洪及水生态环境影响。大庆地区洪涝灾害频发，在没有建设防洪工程之前，防洪能力十分低下。通过防洪工程的逐年建设和标准的不断提高，在不发生大洪水的年份，油田和城乡居民的财产基本得到保证，但防洪体系和管理还是存在很多问题。如蓄洪区工程。以王花泡、库里泡为主的蓄洪区工程是大庆闭流区防洪的重要工程措施，通过蓄放水的时间性调节，有效地控制洪水的泛滥，缓解旱季用水配给，发挥了巨大的社会经济效益。与此同时，工程的生态环境影响也逐渐开始显露并受到关注。如蓄洪区在调度运用时必须考虑下游河道的生态基流，以及下游河道因缺水萎缩，地下水源补充量减少的问题。研究表明，河道长期低流量状态改变了河道的物理空间，河道萎缩的同时造成一些生物栖息地的退化或消失。河道生态及浅水层的生态系统都会受到影响。因此，防洪工程措施的设计、建立与运行要考虑其可能的生态环境影响后果，协调地寻求兼顾的折中方案（李原园等，2013）。

大庆地区洪水引起生态环境的相应变化，既有危害成灾的不良后果，也对生态环境有有利的调节作用：

（1）水污染是水环境问题的典型表现，流域水质恶化已经严重影响人民生活和工农业用水。河湖水量的减少使水体自净能力严重不足。洪水的发生季节性地增加了入河湖流量，增强了水体的自净能力，对改善、缓解严重的水污染问题有利。

（2）洪水提供下游河道的生态冲泄流量。对于安肇新河上下游有多个滞洪区控制的排洪河道而言，河道的生态冲击泄流量，即生态基流水平之上的流量变化及幅度，维护着特定生物种群的正常生态循环。如生长在河床软石上的藻类，如果得不到一定周期的适当流量的冲泄，将会枯萎死亡。所以中、小尺度洪水的发生可非常有效地提供下游河道的生态冲泄（左广巍，2004）。

（3）在上游蓄洪区的控制下，下游河道可能处于长期低流量状态。除降低水中溶解氧水平、削弱水体自净能力以外，还使该区域的地下水位因补充水源的减少而降低。洪水的发生及其泛滥可作为季节性的补充水源，抬高地下水位（李静，2008）。

（4）湿地生态是流域生态的重要组成部分，是连接水生环境与陆生环境的纽带。湿地重建与维护已经成为水生态环境保护的主要内容。对大庆龙凤湿地而言，1998年、2005年、2013年的洪水后，浅滩、洪泛区接受来水，维护其干湿循环，确保湿地生态功能的发挥，对维护水体的生态活力，沟通河道水环境与河外陆地环境，保护生物多样性有重要意义。同时湿地区域的合理开发利用也会带来一定的经济效益。

11.5   洪水风险演变归因分析

11.5.1   人口增长与自然资源矛盾

经济社会发展与洪涝灾害发生之间存在着密切的关系。在生产力水平较低的时期，社会财富积累水平低，洪涝灾害造成的财产损失总量较小，但由于社会对灾害的承受力低，灾后的恢复能力也很弱，一次大洪水灾害往往造成大量的灾民，洪涝灾害对社会和经济带来的冲击影响深重。随着生产力水平的提高，财富积累加快，社会承受损失能力虽然得到了增强，但由于人口与财富向洪水高风险区大量集中和伴随着不自觉地对自然资源的大量消耗和对环境的破坏，导致人与洪水关系日趋复杂，使得灾害的风险程度增大，一旦受灾会造成更大损失。

大庆地区随着经济快速增长对社会发展空间的需求不断扩大，尤其在开发油田过程中，人类活动逐渐进入洪水的高风险区，原有滞蓄洪水的泡沼或草原被过度侵占，导致人与洪水的矛盾日趋尖锐，洪水风险显著加大，水灾发生频次和经济损失绝对量总体呈上升趋势。

随着社会生产力水平的提高以及人类对防洪减灾体系建设规模的加大，防洪标准有较大提高，在防洪有了初步保障的基础上，未来主要江河发生大面积毁灭性灾害的概率有所减少，但是随着人口增加，耕地面积进一步扩大，如不总结经验适应自然规律，片面强调修高堤防和压缩洪水宣泄通道和调蓄场所以及过度开发利用水资源等活动，将导致在同样洪水条件下的洪水威胁程度不断加大，出现堤防越修越高，堤线越来越长，洪水位越来越高的现象，一旦堤防决口，损失将更加严重。

11.5.2　人类不当经济活动助推洪水灾害发生

随着城市化进程的加速，城市人口对周边土地资源的不断开发，如石油企业的发展、工业园区的建设和各类基础设施的快速增长，需要防洪保护的范围和内容也不断扩大和更新。导致人类水事活动强度的增加，江河洪水及其灾害的形成机制和规律也在逐渐发生变化，主要表现在以下几个方面：

（1）水土流失加剧，江河湖泊淤积严重。由于气候、地形地貌、地质、土壤等自然条件的影响，加之城市中心不断向外围扩展，开发建设用地逐年增加，导致水土流失严重，洪水含沙量增大。同时削弱了对径流的涵养能力，致使径流速度加快，洪水相对集中，大量的泥沙使江河湖泊淤积日趋严重，降低了天然河湖调蓄和宣泄洪水的能力，加之蓄滞洪区内鱼池、耕地增多，使得洪涝灾害发生的危险性增加。

（2）不合理围垦河湖滩地，河湖天然蓄洪作用和泄洪能力衰减。虽然近些年大庆地区更加注重了湿地的保护，但城市发展加速了湖泊和湿地等调蓄洪水场所的调洪能力下降。此外，土地开发与城市化发展也使洪水的形成环境及其运动规律发生了变化，不透水面积增加，原有的洼地、池塘不断被填平，对洪水涝水的调蓄能力不断减弱，加剧了外洪内涝压力和灾害。

（3）行洪滩地人为设障抬高了河道洪水位。随着沿河城市、集镇、石油企业不断扩大和增加，滥占行洪滩地和在行洪河道中修建的阻水建筑物日益增多，严重阻碍河道排泄洪水，抬高了河道水位，加剧了灾害风险。

（4）洪水归槽加重了下游防洪压力。部分地区为了提高自身的防洪标准，不顾流域或区域整体利益，竞相加修和加高局部堤防及加大内涝外排能力，使部分天然洪泛场所调蓄能力下降，加大加快了洪水归槽，导致外河水位不断升高，使流域整体防洪能力下降，洪水风险加大或转移。

综上所述，大庆地区面临的自然洪水风险问题的挑战仍然巨大，人类活动不断加剧与洪水需要有足够的宣泄空间和时间的矛盾仍然复杂。所以，大庆地区洪水及其灾害风险的防治和管理仍然是未来防洪规划、防汛减灾以及洪水资源化利用主要解决的问题。

11.6　洪水区划及洪灾网格即时评估法

11.6.1　洪水区划

11.6.1.1　洪水区划的思路及实践意义

洪水区划是洪水风险分级的基础工作。在不同洪水频率下的淹没范围内，在目前情况下是原设计的资料，包括财产损失率曲线等。由于大庆防洪工程运行二十余年，工程保护范围内的人口、经济等各个指标发生了变化，因此，在对洪水区划的过程中，需要对财产损失率进行必要的调整。

洪水危险区划的基本方法是根据洪水规模、频次和破坏损失程度，将评价区分为安全区、一般危险区、严重危险区、极严重危险区等不同等级。洪水危险区划的基本目的是综合反映洪水灾害程度，为制定洪水灾害减灾规划、部署与实施防治工程提供依据。洪水危险区划的主要依据是：洪水形成条件、历史洪水情况、地区防洪能力与社会经济条件。

大庆防洪工程保护范围内的洪水区划，是洪水风险分级的基础工作。在不同洪水频率下的淹没范围内，在目前情况下是原设计的资料，包括财产损失率曲线等。由于大庆防洪工程运行二十余年，工程保护范围内的人口、经济等各个指标发生了变化，因此，在对洪水区划的过程中，需要对财产损失率进行必要的调整。

目前的区划方法，大多根据多种层面的隶属度进行聚类分析，根据聚类结果的对比分析，其分析结果的级别值越低，危险程度越高。到目前为止，还没有见到很成熟的模型。该研究根据大庆水文局在原设计以及历史洪水状况、灾害损失等信息的基础上，按照不同洪水频率下的淹没范围，确定高、中、低三个等级，并定义为不同的损失程度区划。按照大庆防洪管理处提出的要求，圈定出不同等级的范围图，核查不同方位内的村屯、人口、资产等。上述区划工作对每年的防汛指导工作意义重大。

11.6.1.2　历史洪水（无防洪工程情况下）风险区域

根据历史洪水，这三个区域的淹没损失特征值见图 11.5 和图 11.6（黑龙江省水利设计院，1988），结合当前区域内社会经济发展指标，调查统计和分析，确定区域内洪水淹没的特征值，以掌握不同区域内不同频率下洪水淹没的资产和产值情况，大致估算可能淹没损失。

11.6.1.3　现状防洪工程条件下超标准洪水风险区域

根据大庆地区重点防洪保护区目前的防洪能力，及其在不同洪水情况下的损失情况，防御标准为 100 年一遇洪水。按照上述洪灾风险分级标准对各防洪保护区进行现状情况下

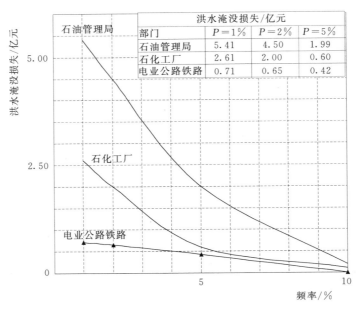

洪水淹没损失/亿元			
部门	P=1%	P=2%	P=5%
石油管理局	5.41	4.50	1.99
石化工厂	2.61	2.00	0.60
电业公路铁路	0.71	0.65	0.42

图 11.5　大庆地区主要行业洪水淹没损失频率曲线

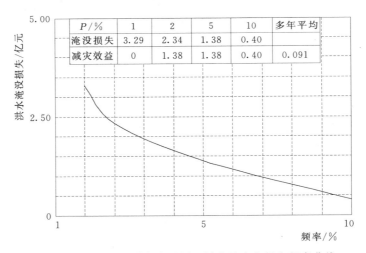

P/%	1	2	5	10	多年平均
淹没损失	3.29	2.34	1.38	0.40	
减灾效益	0	1.38	1.38	0.40	0.091

图 11.6　大庆地区洪水淹没居民财产及农业损失频率曲线

的分区风险评价。结果表明，现状防洪工程和经济条件下，发生 100 年一遇洪水以上洪水，大庆地区 110.91km² 重点防洪保护区存在较大的洪灾风险，可确定为极高度风险区；若发生 200 年以上洪水，392.43km² 重点防洪保护区存在较大的洪灾风险，可确定为极高度风险区（大庆市人民政府，2000）。1998 年发生超 100 年一遇洪水，实际受淹面积 3417.31km²、耕地 343 万亩、草原 513 万亩、村屯 433 个、涉及人口 66.71 万人、油井 1504 眼、公路 174.54km、电力线路 2140km、通信线路 59.3km。这些受灾指标对超 100 年一遇洪水风险预警具有重要参考意义。

11.6.2 洪灾网格即时评估法

11.6.2.1 基本思路

目前，美国、日本等发达国家的洪水风险管理逐步走向精细化和模式化，主要是把洪水管理的经验与理论结合，即运用类似反恐检测、治安管理和网络检测等的网格化管理，其优点是准确、动态、适时、灵活等，洪灾风险运用这种网格化管理更为实用。具体方法是把易受洪水淹没的区域，编织成网格，其中网格内的人口、经济指标、耕地、产值等数据的统计并编造成册，一旦变化随时增减，由于每个网格面积不大，统计起来工作量少，便于管理；网格内的信息可动态变化并能长期使用，且便于掌握变化的规律。统计工作可由社区、街道、村或防汛管理部门组织进行，只要完成一个基准年的工作，以后工作量很少。

11.6.2.2 步骤

（1）绘制不同频率下洪水淹没或影响范围，在 1∶10000 地图上还原洪水区域，需要明确范围内涉及的村屯、厂矿、耕地等基础资料。

（2）绘制灾害网格。根据大庆地区地形特征，采用 26 行（$A \sim Z$）、17 列（$1 \sim 17$）划分网格，按照淹没范围图的比例，确定每个网格面积 9.5km×9.5km＝90.25km² （网格图略）。

（3）调查淹没范围内不同类型的资产价值；按种植业、草原、房产（含农户、农村公共用房）、农户财产、水利设施、交通道路、供电通信、乡镇企业等划分。

（4）确定财产损失率；按上述资产类型，理论计算与实际调查相结合，确定财产损失率。

（5）计算洪水损失。

11.6.2.3 理论应用与方法

科学地评估洪水灾害所造成的损失，是评估大庆地区防洪效益、制定防洪规划和防洪减灾决策的重要依据。因此，该研究采用洪灾网格即时评估方法，将理论与实践结合，进而客观、合理、快速、具有可操作性地进行洪灾损失及其风险评估。

a. 洪灾损失估算模型

场次洪灾总经济损失 D_p

$$D_p = (1+k)D_d + C_p$$

式中：D_d 为一次洪灾造成的总直接经济损失；C_p 为抗洪、抢险、救灾等费用（即第一部分间接损失）；k 为反映第二与第三部分间接损失的洪灾间接损失系数。

根据各承灾体洪灾损失率分项计算的模型。财产损失分农业、林业、牧副渔损失、建筑物及其内部财产的损失等多种类型。按照这些财产类型，包括洪水淹没程度。如水深、历时等，再分部门、分区、分级计算，并进行累加。计算公式为

$$D_d = \sum_{i=1}^{n} \sum_{j=1}^{m} \sum_{k=1}^{l} W_{ijk} \eta_{ijk}$$

式中：W_{ijk} 和 η_{ijk} 为第 k 级淹没程度范围内，第 j 类经济分区第 i 类财产值的相应的损失率；n 为财产类型数；m 为按经济发展水平分区的分区数；l 为洪水淹没程度的分级数。

b. 分类洪灾损失估算模型

以下以农业、建筑物、工业停产等介绍模型估算方法。

（1）农业洪水灾害损失的估算。无论是种植业，还是畜牧业、林果业、水产业，都要占用一定范围土地，因此它们的产值（净收益）及洪灾损失可以用与面积有关的数值表示。总的受灾面积可按着网格面积累加。若有与面积无关的项则单项考虑。

农作物洪灾淹没损失的大小与作物种类、品种、生育期、淹没水深、淹没历时、水温高低以及水体的浑浊程度的因素有关。作物品种不同，其耐涝耐淹的能力会有很大差异。水稻在不同生育阶段，允许最大积水深度为 $10\sim25\text{cm}$，允许积水时间 $2\sim7\text{d}$。而大豆、玉米等旱作物则分别为 $5\sim12\text{cm}$、$1\sim2\text{d}$。当作物受淹历时或淹没深度超过限值时，作物生长受阻，产量减少；严重时作物死亡、颗粒无收。

农作物洪灾淹没损失估算公式如下：

$$R_\text{农} = \sum_{i=1}^{n}\sum_{j=1}^{m}\eta_{ij}W_{ij} + R_\text{存}$$

式中：$R_\text{农}$ 为洪灾农作物经济损失，元；η_{ij} 为第 j 级淹没水深下第 i 类农作物洪灾损失率，％；W_{ij} 为第 j 级淹没水深下第 i 类农作物正常年产值，元；n 为农作物种类数；m 为淹没水深等级数；$R_\text{存}$ 为被洪水冲走的农作物或因受淹霉变等而造成的损失。

（2）建筑物损失的估算。房屋损失率的计算方法可按房屋损失率 L_f 等指标考察。

$$L_f = \frac{S_1 - S_0 + F}{S_1}$$

式中：S_1 为房屋的灾前值；S_0 为房屋的灾后值；F 为额外费用，可作为直接损失，但通常的是作为间接损失考虑。

其中：
$$S_0 = aS_1$$

式中：a 与房屋的破坏程度有关，其值依调查情况按破坏等级确定，如房屋全破坏时，a 值为 0，当房屋没有遭受任何破坏时，a 值为 1。调查中，房屋的破坏程度可按 5 级分类，见表 11.2。

表 11.2　　　　　　　　　房屋破坏程度与 a 值关系

房屋破坏程度	全部倒塌（A 级）	大部分倒塌（B 级）	小部分倒塌（C 级）	未倒但很危险（D 级）	没问题（E 级）
a	0	0.25	0.5	0.75	1

额外费用包括灾后修建临时住房费用，灾后清理淤泥费用等，如果将其纳入直接损失费用中计算，当房屋完全倒塌，则房屋的损失率大于 100％。

（3）油田停产损失估算。由于洪灾影响，设备计划外停产造成产品减产的损失 IPD 为

$$IPD = \sum_{i=1}^{p_3}\sum_{j=1}^{p_2}\sum_{k=1}^{p_1}V_{ijk}E_{ij}T_{ij}$$

式中：V_{ijk} 为 i 企业 j 设备生产的第 k 类产品的价格，元；E_{ij} 为由于洪灾造成 i 企业计划外停产的 j 设备的生产能力，h；T_{ij} 为 i 企业 j 设备停产时间，h；p_1 为 i 企业 j 设备生产 k 类产品数量；p_2 为有 j 设备的数量；p_3 为研究区内企业总数量。

c. 洪灾网格即时评估法算例

（1）损失率确定。洪水长时间淹没农田或冲毁农田，使当年农作物大量减产，甚至绝产，洪水携带大量泥沙压毁作物，堆积田间，使农田土质恶化，造成灾后农作物多年减产、减收等，还有洪灾期生产费用的减少和洪灾后农业恢复期的投入等。农作物损失率综合考虑这些因素，并通过将农作物的产量按当年市场价换算成直接经济指标进行计算，定义的计算式如下：

$$Y_i = \frac{W_{0i} - W_{1i} - F_{1i} + F_{2i} - W_{2i}}{W_{0i}}$$

式中：Y_i 为 i 类农作物损失率；W_{0i} 为 i 类农作物正常年产值；W_{1i} 为 i 类农作物遭遇洪灾后当年产值；F_{1i} 为 i 类农作物受洪灾后减少投入的生产费用；F_{2i} 为 i 类农作物受洪灾后补种增加的费用；W_{2i} 为 i 补种作物的年产值。

根据调查每个品种的农作物，在不同淹没水深下的损失率，见表 11.3。

表 11.3　　　　黑龙江省松嫩平原主汛期农作物受淹 72h 损失率调查统计　　　　　　　　%

农作物品种 ＼ 水深/m	0.25	0.40	0.50	0.60	0.80	1.00
大豆	10	25	40	60	80	85
玉米	5	10	30	40	45	60
小麦	5	20	30	45	65	75
水稻	0	5	20	35	40	50
（农作物）平均	5	15	30	45	57.5	67.5

注　本表依据大庆、肇源、兰西、安达、海伦等地调研有多年灾害统计经验的村长、会计和农民得出。

（2）确定洪水淹没区域及选定网格。如 1998 年大庆地区超 100 年一遇洪水，网格 N9 内红岗区的资产产值（根据《淹没区资产调查汇编》）见表 11.4（表中数值为虚拟数据）。

表 11.4　　　　　　　　　1998 年大洪水红岗区社会经济情况

受灾地区	乡镇数	村民委员会	户数/万户			人口/万人		
			小计	城镇户	乡村户	小计	城镇人口	乡村人口
N9	1	15	4.45	3.73	0.72	14.13	11.25	2.88
	家庭财产/亿元		土地面积/km²			社会经济状况/亿元		
			小计	耕地	草原	小计	工农业总产值	固定资产
	29		93.45	7.29	28.65	6.04	5.07	0.97

注　工农业总产值为 5.07 亿元，其中，农业产值约 2.78 亿元占 48%，可确定工业及固定资产产值约为 3.26 亿元（工业与固定资产之和）；农业产值也可通过耕种面积、当年产量、粮食价格求得。根据松辽委对 1998 年洪水进行的典型调查资料，工程设施损失率为 10%，农户财产损失率为 15%，企事业单位财产为 20%（水利部松辽水利委员会，2002）。草原损失率（洪水浸泡 72h）大约为 8%。

1998 年大洪水红岗区大部分农作物平均水深为 0.5m，由表 11.3，农作物综合损失率为 30%，则：

　　农作物损失：$2.78 \times 30\% = 0.834$（亿元）。

　　农户家庭财产损失为：29 亿元 $\times 15\% = 4.35$（亿元）。

　　企事业单位（工业产值及固定资产）损失：$3.26 \times 20\% = 0.652$（亿元）。

　　草原损失：$28.65 \times 1500 \times 100$ 元/亩 $\times 8\% = 0.034$（亿元）。

　　根据计算结果，可通过网格信息求得各项损失之和为 5.87 亿元。

　　d. 洪灾网格即时评估法优点

　　可操作性强、适合基层人员使用、简单、方便、快捷；避免简单问题复杂化。

　　有待完善的方面有：建立网格内资产、损失率等信息数据库，具有即时更新的功能。

12　洪水资源化管理及其有效利用途径

12.1　洪水资源化的背景和理论基础

我国水资源短缺，人均水资源占有量只有 2200m³，是世界人均占有量的 1/4，按人均水资源量算，列世界各国的第 121 位，是世界上最为贫水的国家之一。而极不均衡的水资源时空分布，使水资源短缺态势更为严峻：南方相对丰富，北方极度匮乏。随着人口的增加和经济高速发展，我国特别是北方地区水资源利用量与污水排放量不断增加，更加剧了水资源短缺的矛盾，导致大范围的纯资源性严重缺水，农业干旱、城市水荒、人畜饮水困难频繁发生，对粮食安全，经济发展和人口健康构成巨大威胁；出现湿地大面积消失，生态单一化，浅层地下水濒临枯竭，地面沉陷，土地荒漠化等生态环境极度恶化的严峻局面。干旱缺水已成为社会可持续发展的主要制约因素和瓶颈问题。

为应对日趋严重的干旱缺水、水环境污染、水生态恶化、水土流失等问题，水利部以"人与自然和谐"的理念为出发点，提出了由"控制洪水"转向"管理洪水"，由"单一抗旱"转向"全面抗旱"，提高水资源利用效率，严格排污权管理，建设节水防污型社会；采取综合措施，依靠自然的自我修复能力来治理水土流失的治水新思路。我国有 2/3 的地表径流属于洪水，如将其中的一部分洪水转化为可利用的水资源，则能在很大程度上缓解我国水多、水少、水脏等水安全问题。水利部将洪水资源化列为 2003 年重点调研课题。

洪水本身是一种自然现象，是否造成灾害除了洪水的自然属性外，在很大程度上还决定于人类活动的强度与方式。也就是说，并不是所有的洪水都会造成灾害，当洪水的量级还未超过一定的临界值时，通过一系列措施，就可以转化为可利用的资源。因此，人类治水活动的成败，关键是如何顺应自然，遵循规律；因势利导，因地制宜，趋利避害，化害为利，既满足发展的需求，又保障可持续的发展。

12.1.1　洪水资源化的概念及内涵

12.1.1.1　洪水资源化的概念

在对"洪水资源化"概念的界定上，目前还未达成明确的共识。从功能分析角度，曹永强（2004）认为洪水资源化是指在一定的区域经济发展状况及水文特征条件下，以水资源利用的可持续发展为前提，以现有水利工程为基础，通过现代化的水文气象预报和科学管理调度等手段，在保证水库及下游河道安全的条件下，在生态环境允许的情况下，利用水库、湖泊、蓄滞洪区、地下水回补工程等工程措施调蓄洪水，减少洪水入海量，以提高洪水资源的利用率。王忠静和郭书英（2003）以及赵飞等（2006）则认为，洪水资源化，是指在不成灾的情况下，尽量利用山区水保工程、水库、拦河闸坝、自然洼地、人工湖泊、地下水库等蓄水工程拦蓄洪水，以及延长洪水在河道、蓄滞洪区等的滞留时间，恢复河流及湖泊、洼地的水面景观，改善人类居住环境，最大可能补充地下水。向立云和魏智敏（2005）则从包括经济角度方面指出，洪水资源化指综合系统地运用工程措施和政策、规范、经济、管理、技术、调度等非工程措施，将常规排泄入海或泛滥的洪水在安全、经济可行和社会公平的前提下部分转化储存为可资利用的内陆水（叶正伟，2007）。国家防汛抗旱总指挥部办公室课题调研组专家认为"洪水资源化就是按照新时期治水思路和理论，全过程、全方位、多角度地转变入海为安的思想，统筹防洪与兴利，综合运用系统论、风险管理、信息技术等现代理论方法、科技手段和利用工程措施，实施有效洪水管理，对洪水进行合理配置，进而努力增加水资源的有效供给"。

12.1.1.2　洪水资源化的内涵

洪水资源化的内容是广泛的，从洪水资源化的对象、可能风险、经济利益和生态效应四个层次来看，其内涵如下：

（1）洪水资源化的对象，是那些在现有工程常规运用和规范调度情况下排泄入海或泛滥的洪（涝）水，包括工程防洪标准内和超标准的河道洪水，防洪工程常规调度所不能蓄留的洪水，以及河道泛滥洪水和内涝水等，是对洪水常规运动或存在状态的改变。

（2）由于洪水具有利害两重性，在洪水资源化过程中，往往会伴随着利益和风险的再分配。因此，在洪水资源化进程中，应注重对洪水的自然、社会、经济、生态、环境特性的分析，开展利益和风险的评价，使利益受损者获得相应的补偿，开发并充分利用先进的预测、预报技术、洪水调度技术，制定科学的洪水资源化预案。

（3）从经济利益上来看，洪水资源化必须遵循安全、经济可行和社会公平的原则。洪水资源化的目的是获取整体上更大的利益，必须避免盲目强调洪水利益而忽视工程、生命、经济和社会风险的行为。对在洪水资源化过程中利益受损者以充分的补偿，避免引发社会问题。权衡利弊，确保利益大于成本（包括投入和损失）是洪水资源化的基本前提。

（4）在生态效应方面，洪水资源不仅是可供生产、生活所用的水资源，而且是生态环境资源，应避免将洪水资源化按传统的思维片面地理解为仅是缓解生产、生活缺水的手段，应将其作为流域可持续发展的重要途径之一。发挥其恢复地下水位、修复湿地和维持河道基流的生态环境功能，推进人与自然和谐模式的形成。

12.1.2　国内外推行"洪水资源化"的进展

12.1.2.1　国外研究进展

国外对洪水资源化利用的工作十分重视。在澳大利亚，由于气候干燥，河流稀少且变化不稳，地下水超采也比较严重，地下水回灌的研究及应用受到了重视。昆士兰地区人工回灌工程运行良好，效益也相当显著；摩洛哥为保证首都地区的供水要求，利用注水井将哈姆河洪水注入地下以回灌地下水，已获得成功。美国也大量建造渗滤田，用于补充地下水或在暴雨洪水时起汇集和调节雨水的作用。日本在 20 世纪 60—90 年代就建立起了较高标准的防洪工程体系，但近来认识到此举既不安全也不经济，防洪观念转变为以一定防洪标准下的"风险选择"策略，即采取了雨洪就地消化的洪水资源化措施。随着国内外洪水资源化利用的广泛应用，其技术及理论也将日趋成熟（李继清等，2005）。

12.1.2.2　国内研究与应用进展

洪水资源利用的重要性已经引起国内广泛的关注。近年来国内在洪水资源化方面已经有了很多实践，主要有：①充分利用汛期洪水进行流域水量的配置；如海河水利委员会委托中国水利水电科学研究院进行流域内洪水资源化的理论研究，并已列入水利部"948"计划（中国水利水电科学研究院和海河水利委员会，2005）。②利用汛期发生洪水的时机从干流引水。③跨流域配置洪水资源。④加强管理调度，调蓄洪水，丰水枯用。江西省赣州市福寿沟在这方面做了一些实践，福寿沟综合集成了城市污水排放、雨水疏导、河湖调剂、池沼串联、空气湿度调节等功能为一体，甚至形成了池塘养鱼、淤泥作为有机肥料用来种菜的生态环保循环链。

12.2　洪水资源化的途径

12.2.1　洪水资源化的国内先进经验

洪水资源化，是洪水管理的重要内容之一，应考虑的问题包括了"资源化"的目的与实现的手段。洪水资源化，不是最大限度地满足局部地区的部分人群的利益，而应当是服务于整体的、有利于长远的可持续发展的要求。如果仅是满足局部地区对水资源的需求，则可能使其他地区陷入更为难以克服的困境；如果仅是最大限度地满足人类发展的需求，则难以避免导致生态环境的破坏。因此，水库拦洪虽然是实现洪水资源化的重要手段，但是，洪水资源化不能简单理解为让水库拦蓄更多的水，因为这样的思路仍然仅以满足部分人的需求为导向，有可能继续加剧区域间的矛盾与生态环境的危机，为反对建水库的人提供更充分的论据。

从追求人与自然和谐的目标出发，洪水资源化的另一有效途径是作好滩区、行蓄洪区，以及农田的文章。比如对蓄滞洪区合理进行分区管理，如果一般中小洪水也引洪蓄水，部分修复与洪水相适应的生态环境，则将有利于维持蓄滞洪区的分滞洪功能，减轻分洪损失与国家补偿负担，并形成蓄滞洪区自身适宜的发展模式。海河流域"96·8"洪水过程中，部分蓄滞洪区与农田受淹后地下水得到明显回补，农业反而丰收的事实，证明关键不在于如何确保不淹，而在于如何有效控制受淹的范围、水深与淹没历时，减少淹没损失与不利的影响，同时促使地下水得到较多的回补，产生滞水、冲淤、冲污、洗碱、淋盐和改善生态环境的综合效益。2003 年黄河秋汛洪水调度的成功，不仅在于干流 8 大水库增蓄水量 173 亿 m^3，而且在于通过"四库联调""清浑对接"，成功输送 1.207 亿 t 泥沙入海（中国水利水电科学研究院和水利部海河水利委员会，2005），部分恢复了河道的过流能力，充分发挥了洪水的资源化作用。

显然，洪水资源化的实现，要与洪水的风险管理结合起来，做到风险分担，利益共享。所谓"风险分担"，是相对于"确保安全"而言的。无论是将洪水全部拦蓄起来，确保"供水安全"，还是处处严防死守，确保"防洪安全"，都不利于洪水资源化的实现。水少时，该放的水要放下来；水多时，该淹的地要淹得起。对由此而难以避免的损失，可通过"风险分担"的模式使其降低到可承受的限度之内。所谓"利益共享"，是相对于"不顾他人或生态系统的需水"而言的。尤其在今天,水资源短缺、水环境恶化日趋严重,洪水资源化利用,是缓解这一矛盾的必不可少的途径。但任何局部区域或部门在治水中如果一味追求自身利益最大化,都可能危及他人或以牺牲生态环境为代价。只有通过洪水的风险管理,按照风险分担、利益共享的原则统筹江河流域上下游、左右岸、干支流、城乡间基于洪水风险的利害关系,洪水的资源化才能达到保障可持续发展、协调人与自然关系的目的。

洪水资源的转化形式有两种:蓄于地表和补于地下。基于此,归纳起来,洪水资源化途径主要包括:①在保证安全的前提下,适当调整已达标水库的汛限水位,或多蓄洪水,或放水于下游河道;②利用洪水前峰,清洗污染河道,改善水环境;③完善和建设洪水利用工程体系,有控制地引洪水于田间(包括蓄滞洪区)、湿地或回补地下水,或蓄洪于湿地和蓄滞洪区;④利用超标准洪水发生时蓄滞洪区滞洪的机遇,有意识地延长洪水在适合于下渗回补地下水蓄滞洪区内的滞留时间,回补地下水;⑤建设或完善流域间、水系间水流沟通系统,综合利用水库、河网、渠系、湿地和蓄滞洪区,调洪互济,蓄洪或回补地下水;⑥建设和完善城市雨洪利用体系,兼收防洪、治涝和雨洪资源化等多项功效。通过工程和非工程措施两种途径,洪水资源化能实现洪水时间、空间上的重新分配,从而使水害向水利倾斜,最终取得较满意的收益(向立云和魏智敏,2005)。

12. 2. 1. 1　洪水资源化的工程途径

随着社会经济的发展,尤其伴随工业化、城市化的进程,人类社会的用水量与用水保证率需求都显著提高。如何加大调蓄洪水的能力,以丰补枯,就成了各地追求的目标,人们开始意识到"洪水也是资源"。在这种朴素认识与利益需求的支配下,各种工程措施就可能成为区域之间争夺"洪水资源"的手段。

工程途径指通过水利工程和水保工程,将尽可能多的洪水拦蓄起来,延长洪水在陆地的时间,使之赢得更多机会被人们利用或补充地下水(曹永强,2004)。洪水资源化的工程途径主要是通过解决洪水的"蓄""滞"问题来提高洪水资源的可开发性。目前在实践中常采用的途径有以下几种(孙香莉等,2007):

(1)利用各种蓄水工程存蓄洪水:对现有的存在安全隐患的工程进行除险加固,充分扩大和挖掘蓄水工程的蓄水能力。

(2)对河道进行综合治理,用洪水传送河道和水库中的泥沙。利用洪水将水库和河道中的泥沙输送入海或输送至农田,是减少下游河道淤积、确保河床不抬高的重要措施。将洪水用作输沙用水时,应综合考虑调水调沙与洪水输沙的运用,把调水调沙库容和一定的防洪库容结合起来,以最优的流量和方式输送泥沙,提高输沙率并节约输沙用水。因此,根据平衡输沙原理,利用水库的调节库容水量进行冲刷和携带河道和水库底的淤泥,对水沙进行控制和调节,使不适应的水沙过程尽可能协调,以便于输送泥沙减轻下游河道淤积,甚至达到冲刷或不淤的效果,是实现下游河床不抬高目标的科学举措。

(3)利用地下水回灌工程,引洪回灌补充地下水。

(4)建设城市雨洪工程、集雨工程建设,提高城市防洪能力。

(5)利用调水工程,进行跨地区、跨流域调水。

(6)改善农村雨洪资源化建设,从水量和水质两方面解决困扰农民的饮水问题。

12. 2. 1. 2　洪水资源化的非工程途径

　　非工程途径是指在现有工程的基础上，通过科学规划和合理调度，最大限度地拦蓄洪水资源，延长其在陆地的时间，及时满足经济社会和生态环境的需水要求，补充回灌地下水。实现洪水资源化在非工程途径上，要应用先进科学技术，提高预报精度，延长预见期。在调度上，完善调度方案和运作规程，加强调度的科学性。洪水资源化的非工程措施包含了水利工程调度与管理的大多数措施，主要的措施如下：

　　(1) 水库合理调整汛限水位，实现分期洪水调度。挖掘流域内洪水资源潜力，充分利用现有的水利工程，实现库群水资源的联合优化调度，在汛期洪水量多的时候进行优化调配，强化实时调度，以水库接力方式进行梯级补水调度，是实现洪水资源化的又一重要途径。建设或完善流域间、水系间水流沟通系统，综合利用水库、河网、渠系、湿地和蓄滞洪区，调洪互济、蓄洪或回补地下水。科学调度内水，积极引入外水，加强现有水资源管理，努力开辟新的水源，制订跨流域的应急水资源调度方案，是实现洪水资源优化配置的又一良好途径。

　　(2) 利用洪水预报，实现水库实时预报调度。

　　(3) 利用蓄滞洪区主动分洪，恢复湿地。利用洪水输送水库和河道中的泥沙和污染物，将洪水作为调沙用水和驱污用水。在洪水发生时，还可以利用洪水冲刷河道污染物。由于洪水的冲刷与稀释自净作用，受洪水影响的水系，水质普遍会得到明显改善，洪水的环境效益显著。其有效地保护了湿地，改善了生态环境。用于恢复湖泊、湿地。由此可知，为了达到人与自然的和谐相处，利用洪水资源有效地改善生态环境，引用汛期的洪水对流域湿地等进行生态应急补水，是遏制生态环境恶化、恢复和重建生态的重要手段。将汛期洪水用于补源和灌溉，如可以弥补湿地水源不足和地下水源不足等；同时还可以引洪水灌溉。洪水资源的另一有效利用途径就是对蓄滞洪区进行合理的分区管理，对于中小洪水可分洪蓄水，达到部分修复与洪水相适应的生态环境、维持蓄滞洪区的分滞洪功能、补充地下水源的目的。

　　洪水资源化的工程和非工程措施是相辅相成的，在实际工作中常联合运用。这样，洪水资源的可开发性大大提高。这样，洪水资源的可开发性大大提高（张艳敏等，2006）。

12. 2. 2　大庆地区洪水资源化的基础条件

12. 2. 2. 1　水文水资源条件

　　大庆地区多年降水量 380～470mm，年际变化大，年内分配不均。大庆市境内无江无河。西南部边缘有嫩江和松花江流过，北部有乌裕尔河、双阳河入境。在干旱条件下，受风力的吹蚀作用而形成的积水洼地及古河流改道而形成的泡沼湖泊星罗棋布，全市大小泡湖泊 208 个，正常蓄水面积 1757km²。虽然大庆地区江、河越境而过，湖、泡众多，但低于分配不均，腹地闭流缺水，地表水体分布表现为明显的闭流区特征。

　　大庆市可利用水资源总量为 32.70 亿 m³，其中地表水资源量为 22.70 亿 m³，地下水资源量为 10.00 亿 m³，基准年（2009 年）总的供水量为 19.90 亿 m³，其中地表水供水量 14.50 亿 m³，地下水供水量 5.40 亿 m³。

　　正常年份基本满足了城市用水需求，但一遇枯水年份，供水就非常紧张（大庆市水利规划设计院，2006）。

大庆地区洪涝灾害频发，1986—1998年的洪水就使大庆油田及周围区（县）直接经济损失达9亿元，1998年洪水更使松嫩低平原地区损失达72亿元。而大庆地区的水资源又极为短缺，由于地表水极度缺乏，导致地下水大量开采，使地下水储量日益枯竭。目前大庆市由于长期超采地下水，已形成面积为 $5500km^2$ 的下降大漏斗，最大深度已超过30m。2004—2007年，由于连续干旱致使湿地面积锐减。区域内的湖泊1/3枯竭，连环湖渔场是黑龙江省最大的养鱼场，曾出现水位低于死水位70cm。大庆市周围170个自然泡沼均被污染或枯竭，区域内的乌裕尔河、双阳河经常断流。扎龙湿地不得不靠中部引嫩工程补水而维持核心水面。多年来，由于水资源极度短缺、过度垦荒、放牧、破坏水系，加之连年干旱，草场生态遭到严重破坏，草场退化、碱化、沙化现场严重。

总而言之，大庆地区的水环境特点是非涝即旱。既要解决洪水的问题，又要面临水少的困难，因此提出洪水资源化的想法，试探讨能否把一部分洪水利用起来（常礼等，2010）。

12.2.2.2 水资源利用余缺状况

（1）存在一定的库容空间。大庆地区防洪工程在设计初期，主要的设计思想是如何滞蓄外来洪水，为此上游王花泡滞洪区的蓄水能力是以盛蓄双阳河南支、明青坡水和区间来水而设计的。其中，以 $P=1\%$ 洪水为例，需盛蓄双阳河控制分洪来水约0.93亿 m^3。大庆防洪二期工程兴建了双阳河水库，封闭了双阳河南支，这样就使得王花泡蓄洪区有了一定的富余库容（刘群义等，2004）。

（2）有相对稳定的来水。大庆地区是明青坡地来水的自然承泄地，这部分来水设计总量 $P=1\%$ 约为3.13亿 m^3，从历史来看是一部分稳定的来水，而且多为自然降雨地表汇水，水质相对较好，来水可以通过明青截流沟进入王花泡滞洪区调蓄利用。近年来，随着大庆地区石油化工和城市化的发展，工业和城市生活废水的排放日益增多，同时，也加强了污水的无害化处理，这部分排水已经成为了相对稳定的水源，如大庆市东城区污水处理厂每天就有近4.5万 m^3 处理过的污水排放到北二十泡滞洪区。

（3）有广阔的社会需求。就大庆地区本身降水量来讲，是一个干旱缺雨的地域，年均降雨量在460mm以下，且没有地表自然河流，长期受干旱的困扰。如通过合理蓄水兴利，将会对本地区的工业、农牧业生产、芦苇业生产、湿地景观保持、水生物的生长、小气候的改善都会产生现实和长远的积极影响。

（4）有较好的水质条件。大庆地区防洪工程上游的滞洪水库如王花泡、青肯泡等，主要承接上游明青坡地、东湖水库泄水和区间自然降雨来水，水质相对较好。通过多年对王花泡滞洪区枯、丰水期的水质监测研究发现，丰水期水质好于枯水期；2003年又好于历年水质。丰水期水质为Ⅱ～Ⅲ类，枯水期水质为Ⅲ～Ⅳ类，丰水期水质可以作为灌溉之用。

（5）有完善的水情预报系统。大庆地区防洪工程管理处已建成的防洪工程自动化调度系统，是通过明青坡地水文自动测报系统、滞洪区水文监测系统、水情工情信息传输系统、调度中心监控系统和决策支持应用软件系统的建设来实现的。从根本上改变了原有的工程管理和调度工作方式，实现了信息自动采集、传输、处理和及时进行洪水预报预警调度，为实现滞洪区适当蓄水提供了必要的软件平台和安全保证。

（6）有设计标准高的水利工程；大庆地区防洪工程是 20 世纪 90 年代初期扩建的，主要滞洪区均按高标准设计，如王花泡、北二十里泡滞洪区按 100 年一遇洪水设计，中内泡、库里泡滞洪区均按 50 年一遇洪水设计、100 年一遇洪水校核，主要河段均按 50 年一遇标准筑堤，有较高的安全保证（刘群义等，2004）。

12.2.3　滞洪区洪水资源化利用的有效途径分析

洪水资源化利用的有效途径是指把资源化的洪水合理地配置到各用水户中，包括农业用水、工业用水、生态环境用水和发展多种经营用水。

12.2.3.1　农田灌溉用水

我国农业用水总量约占总供水量的 63%（国家统计局，2013），可以说农业是用水大户，农业用水主要是指农田灌溉用水。为了保证农业的可持续发展，我们采取了一系列的措施来保障农业用水的充足供应，这些措施可以总结为开源节流。开源是指开发新型水资源，用污水等再生水灌溉农田；节流是指提倡节约用水，大力推广节水灌溉。但是，农田灌溉的开源节流也暴露出了一些问题，资源化洪水为解决这些问题提供了有效路径。

（1）农田灌溉用水存在的问题。调查中发现，大庆防洪工程排水河道沿途的肇州、肇源等地，又利用排水河道洪水灌溉的积极性，但由于工程、水质、管理等条件的制约而难以利用。目前在大庆地区农田灌溉的开源节流措施存在的问题主要有：①若利用城市再生水进行农田灌溉，我们需对水质进行处理。经验表明：在大庆地区仅仅依靠国家制定的标准值是不够的，因为这里是重要石油生产基地，再生水各区域化学成分的不同，对水质的处理更多地应该结合地方的特点制定具体的农田灌溉水质标准，这又大大增加了农业灌溉的成本，使得再生水灌溉农田的可操作性降低。也就说用再生水作为农田用水的补充受到了限制，我们必须去开发新的水源作为补给。②大力推广滴灌等节水措施在节水的同时也导致了地下大面积漏斗区的出现。节流措施存在一定的局限性，有限的水资源带来的效益是一定的，不能对某一特定值的水资源进行无限制的重复利用。我们提倡节水既要讲求经济效益，又必须从可持续发展的角度出发兼顾生态效益。也就是说，靠"节流"节来的水资源在利用的过程中，必须更加注重水源的涵养，否则节流来的水资源可以灌溉的农田面积相对就会减少。③若能充分利用各大滞洪区截留的洪水灌溉，只要加强管理和部分工程的改进，完全可以实现。

（2）资源化洪水灌溉农田的可行性。用资源化洪水灌溉农田可以有效地解决农田灌溉用水存在的问题。把洪水资源化利用来灌溉农田是可行的方法之一，①洪水资源化利用来灌溉农田成本较低。洪水主要来自于大气降水，进行农田灌溉时无需进行严格的水质处理，与再生水相比大大降低了灌溉成本。已有的大量水利和防洪设施为引洪水灌溉农田提供了工程保障，无需再进行工程的兴建即可进行灌溉。在农业用水商品化的大背景下，洪水资源目前的水价较低，是农业灌溉用水的好选择。②洪水资源化利用来灌溉农田能更好地满足农业季节性需水的特征。我国的降水多集中于夏季，但春季农业种植所需水量极大，农业用水季节性短缺现象严重。安肇新河和肇兰新河两岸对农业用水的需求还是积极的。滞洪区中蓄积的洪水为枯水期的灌溉和冬小麦等作物的种植提供充足的水源。③洪水资源化利用来灌溉农田是改良土壤的一项有益措施。特别是大庆地区，用洪水灌溉农田有利于粮食增产，洪水所携带的泥沙可以使土壤变得更加肥沃，同时可以防止或减弱土壤的盐碱化以增加粮食产量。但是，在用洪水进行农田灌溉时，必须做好前期的调查工作，在实施过程中禁止大水漫灌以防形成更严重的土壤盐碱化。

12.2.3.2　工业用水

目前，我国工业用水总量约占总供水量的 23%（国家统计局，2013）2013 年万元工业增加值用水量为 67m³，比 2012 年万元工业增加值用水量（当年价）减少了 14m³，但是与发达国家相比仍然存在一定的差距，随着工业化水平的进一步提高，工业用水也将存在一定程度的短缺，特别是对工业化水平较高的资源型城市（如大庆市）来说，水资源问题十分突出。

从工业用水水源的变化趋势分析，传统石油工业用水多来自地表水或地下水，但是随着对生态环境用水的关注，工业用水将更多地采用新型水源，例如污水再利用及资源化的洪水等。洪水资源化用于工业生产有以下优势：①将王花泡、库里泡等滞洪区资源化的洪水运用到石油生产和石化工业中可以相对节约地表水及地下水量，使传统水资源更多地用于农业生产等用水领域。②工业用水对水质要求不高，洪水可以不经处理直接被运用到工业生产中，投入产出比较高；但应注意对洪水经过工业生产后排放的污水进行监测，必要时应采用特殊的污水处理措施，避免造成更大的环境污染。③近几年滞洪区及其排水河道工程不断加固，标准不断得到提高。为稳定的供水提供了可能性，无论是丰水期还是枯水期，都可以通过洪水资源化利用，为工业生产提供稳定的水源保障而使得工业生产的持续进行。

由于产业结构调整、水价的不断上涨以及日益严格的环境保护政策等因素的影响，工业用水面临的最大问题不是水资源的短缺而是水资源利用的低效率，张陈俊等（2014）的研究表明：工业用水增加到一定峰值后会出现转折点，跨过该点之后会停止增长甚至会出现下降的趋势。因此对工业用水来说，提高用水效率更有意义，未来工业用水的发展方向将是尽可能地降低单位产值的水消耗。所以，一方面我们要对洪水进行资源化利用来运用到工业中，另一方面又不会优先考虑工业需水，因为与农业、生态相比，相同产值的工业用水量会逐渐减少。

12.2.3.3　生态环境用水

水资源作为构成生态环境的最基本要素，其优质与否直接决定了生态环境质量的高低。水资源开发利用得当，生态环境系统的功能就能得到很好的发挥；否则就会导致水资源的污染进而出现各种生态环境问题。多年无节制的开发使我国的水资源遭到了严重的破坏，水污染现象严重，各种生态环境问题也随之出现，如土壤沙化、盐碱化，地下漏斗的出现及湿地的枯竭等。2013 年我国生态用水总量仅占总供水量的 1.7%，但多种生态环境问题的解决都得靠水，在我国供水严重紧缺的局势下，洪水资源化利用为生态环境提供了大量的可资利用的水源。

　a.　解决地下漏斗问题

我国地表水资源南多北少，这种气候特征导致北方很多地区把地下水作为主要的甚至是唯一的供水水源。地下水分布广泛、水质良好且便于利用，各地区多年来无节制地集中开采，导致大面积地下漏斗的出现。地下漏斗是指某地区因地下水过度开采，导致地下水饱和水面以采水点为中心，四周向中心呈梯度下降的现象。这不仅导致地下水资源枯竭，水资源短缺现象更加严重，同时还引发了诸如地面沉降和土壤沙化等一系列的生态环境问题。

解决地下水漏斗的关键在于填补漏斗，确切地说是引入新的水源填补漏斗，即进行地下水回灌。许多专家学者对回灌水的来源进行了研究，清泉（2008）认为可以用南水北调的长江水来填补河北省的地下漏斗；程功（2014）认为可以直接引地表的降水入地下，形成地下水库来进行地下水回灌。本节在前人研究的基础上进行了进一步探索，试图用资源化利用的洪水资源来进行地下水回灌。

洪水资源化利用来进行地下水回灌跟传统方法相比，有明显的优势。①水源充足。由于降雨的季节性特征，北方地区夏季地表水资源充足而冬季相对短缺，那么用地表降水来进行地下水回灌只是在夏季比较可行。洪水资源化利用很好地弥补了这一缺陷，即使在冬季也有大量的水资源可以进行回灌。大量防洪工程（水库等）的兴建在汛期拦蓄了大量的洪水资源，这部分水资源往往是在下个汛期来临之前为腾出库容而白白排走。如果在水库和地下水漏斗之间建立一个通道，那么这部分洪水资源可以直接回灌到地下漏斗区，既避免盲目排水造成的淹没损失又很好地解决了地下水回灌的水源问题。②成本较低。清泉（2008）提出的引长江水来进行地下水回灌相比，就地取水会节约很多成本，并且也可以很好地克服季节性缺水的问题。

b. 治理土壤盐碱化及土地沙化

（1）治理土壤盐碱化。土壤盐碱化是指土壤底层或地下水的盐分随毛管水上升到地表，水分蒸发后，使盐分积累在表层土壤中的过程。马善国（2014）的研究表明，枯水期地下水埋深小而蒸发量大，土壤盐碱化状况相对较重；而丰水期地下水埋深大而蒸发量小，土壤盐碱化状况相对较轻。所以，针对大庆地区应加大地下水埋深是治理土壤盐碱化的有效方法，并且关键是在枯水期增加土壤盐碱化地区的地下水补给。用洪水来进行地下水位补给是行之有效的方法，串联滞洪区等排洪工程的兴建，使得大量的洪水在丰水期蓄积，只要在滞洪区与土壤盐碱化地区建立排水通道，就可以引洪水入盐碱地提高地下水位，从而缓解土壤盐碱化状况。

（2）治理土地沙化。土地沙化是指"陆地生物潜力的自然衰退和人为破坏而最终导致的沙漠形成过程。它是在不利的气候变动和过度开发条件下出现的生态系统的普遍退化现象"。马海英（2010）对这个定义进行分析会发现，土地沙化的形成过程中人类的不合理的经济活动起了很重要的作用，从这个角度讲，沙漠化是可以治理的，虽然过程比较缓慢。但针对大庆地区土地沙化防治的多年的实践经验，还是给我们提供了一些经验和方法，即重建和恢复植被是主要的措施之一。

利用重建和恢复植被措施治理土地沙化时，我们往往局限于种植"绿洲植物"或建立免灌溉植被系统，因为沙漠化地区不具备正常的灌溉条件。水资源的严重短缺导致土地沙化现象，而治理土地沙化又需要用水来灌溉植被，这种循环导致了沙漠化治理的困难。资源化洪水为解决这个难题提供了一个途径，洪水资源化利用拦蓄的大量洪水可以引入到土地沙化区域进行植被的灌溉，并能更好地恢复并发挥植被防风固沙的作用。

c. 用资源化洪水补给湿地

湿地可以靠天然水分的循环调节局部小气候，汛期时充当蓄滞洪区的角色，干旱季节则通过地下水转化等方式维持小地区生态系统的平衡。对于季节性积水的湿地系统来说，干旱季节水分的流失为汛期的大量洪水腾出了有效的蓄滞空间，对调节洪水的季节径流以及防止洪水灾害的发生有积极意义。

大部分湿地是天然湿地，如果没有人为活动的破坏是不需要对湿地进行补给的。我们之所以要进行湿地的恢复和重建，就是试图用人工的方法来对已破坏的生态进行修复，把人工湿地的建造方法来运用到天然湿地中。虽然是人工补给，但还是要尽量采用生态的手段，因此用洪水资源补给湿地成为我们的最优选择。实现湿地生态系统修复要尽可能采用生态水权，用自然中的水去补给湿地，取之于自然用之于自然，既节约成本又不破坏生态环境。

12.2.3.4　发展多种经营用水

目前，大庆地区农业结构尚不合理，种植业比例过大，因此在保证粮食供求基本平衡的前提下应积极发展多种经营，适当提高林业、牧业、渔业和副业在农业中的比例。就洪水资源化利用而言，可以通过发展鱼类养殖、芦苇种植等产业以达到农业多种经营的目的。①渔业是保障当地副食品安全的重要产业，各种鱼类能够为人类提供丰富的蛋白质，是人类不可或缺的食物种类；②渔业品种多，经济效益高的品种容易成为优势产业，成为促进农民增收的新产业；③渔业属于劳动密集型产业，能带动大量就业，有利于农村产业结构的优化升级。湿地养殖是渔业发展的重要组成部分，因此用资源化洪水补给湿地的同时可以促进渔业的发展。但目前的形势是：各大滞洪区鱼池遍布并得不到合理控制，发展无序，在影响滞洪区调蓄洪水的同时，也影响下一步洪水资源化利用。

芦苇是一种重要的植物，具有很高的经济价值和生态价值，资源化洪水对苇业的补给作用更多是通过对湿地的补给发挥出来。如北二十里泡湿地是芦苇生长的主要环境，芦苇的存在不仅不会挤占湿地用水，反而有助于湿地生态系统的更新。芦苇是造纸和制药的重要原料，在工业、医药和纺织业等领域发挥着重要的作用；芦苇能够吸收利用和富集水体中的污染物起到污水净化的作用；能加强和维持湿地中的水力传输，为微生物提供栖息地。

12.3　大庆地区推行洪水资源化的管理内容

从大庆防洪工程实际出发，选择有风险的洪水资源管理模式。只有适度承受一定的风险，才有利于促使人与自然间的关系向良性互动转变（程晓陶，2004）。洪水资源化利用存在的风险主要有：水库应急泄洪风险、水库调度风险与垮坝风险、动用蓄滞洪区的风险、工程寿命风险、工程结构风险、灌区设施风险、生态风险等。针对以上风险，基于已有研究成果与实践，归纳出如下事前与事后降低风险损失的风险管理对策：

（1）加强防洪调度和工程管理。洪水的发生具有可预见性与可调控性。通过历史洪水的调查与分析，人们可掌握洪水现象的各种统计特性与变化规律；利用现代化的计算机仿真模拟手段，可以预测在流域孕灾环境与防洪工程能力变化条件下，不同量级洪水可能形成的淹没范围、水深、流速、淹没持续时间等，评估洪涝灾害的损失；利用现代化的监测手段和计算方法，人们可以对即将发生的洪涝进行实时预报；根据洪水的预测、预报结果，可以科学地制定防洪工程规划与调度方案，约束洪水的泛滥范围，控制洪峰流量和水位，降低淹没的水深以及缩短淹没的历时等，从而达到降低风险损失的目的。

（2）提高工程质量和改进施工技术，减小工程结构风险。事前要严格水库管理、提高工程质量、加强大坝监测、消除病险水库是防止垮坝风险的重要手段。

（3）事前加强信息化建设。信息的及时、精确获知是降低风险损失的重要手段。

（4）建立蓄滞洪区的洪水保险机制和风险补偿机制。由于洪水资源化工作，增加了蓄滞洪区的受灾风险，因此应该对蓄滞洪区进行风险补偿，其补偿机制应和洪水保险机制共同建立，补偿资金应由洪水资源的收益补贴。

（5）加强信息化建设，及时获知水情、雨情、工情等信息。事前各级防汛部门应根据当地的自然地理、水文资料、社会经济发展情况进行洪水风险研究，建立全面可靠的洪水风险图。风险图中除标明各频率洪水淹没范围、重要设施、物资分布外，还需标明抢险避难的步骤、路线、方法等内容，以便更科学化、规范化地指导防洪抢险、救灾工作。

（6）风险事件发生后利用必要的工程措施。如土坝可动用校核洪水位与防渗体高程间的富余库容、或设置兴利水位，包括上下游各个泡子形成梯级水库调度群，临时加子埝或加子堤或炸副坝加大泄流等，防止溃坝事件发生。

（7）研究制定水利工程风险调度的政策措施，促进洪水资源的充分利用（曹永强，2004）。

12.4　滞洪区的洪水资源化

挖掘洪水资源潜力，充分利用现有的水利工程，实现库群水资源的联合优化调度，在汛期洪水量多的时候进行优化调配，强化实时调度，以水库接力方式进行梯级补水调度，是实现洪水资源化的又一重要途径。建设或完善流域间、水系间水流沟通系统，综合利用水库、河网、渠系、湿地和蓄滞洪区，调洪互济，蓄洪或回补地下水。

滞洪洪水通过在时空上重新分配水量，达到防洪错峰、蓄水兴利的目的。通过水库蓄水将汛期洪水转化为非汛期供水是洪水资源化的主要途径之一。水库洪水资源化调度是指综合利用现代科学技术提供的一切有用的水文气象预报信息，在满足原设计防洪安全要求的前提下充分利用洪水资源、维护生态安全的实时预报调度。

大庆滞洪区洪水资源化总体技术路线是通过对大庆地区防洪工程变化的条件、洪水资源特征、水利工程功能和运行特征的分析评估和深入研究，摸清可利用的洪水资源潜力，并提出大庆滞洪区洪水资源利用模式及合理配置方案；通过利用王花泡等滞洪区汛期分期控制水位，调控洪水资源以改进和完善合理调整兴利水位的分析方法，提出基于预报调度的汛期防洪蓄水实时调度方案，并对滞洪区蓄水效益和防洪风险进行评价；探讨以王花泡为典型案例，在不同洪水情况下利用洪水湿地补水的合理调度方案，解决基于洪水风险管理思想的平原区洪水利用的关键技术，即建立大庆滞洪区洪水资源化利用模式和风险管理体系，包括：

（1）确定滞洪区洪水资源的可利用潜力。通过对水利工程功能的评估及运行方式研究，提出洪水资源安全利用的理论、计算方法以及配置模式；通过对区域分区洪水资源特性的分析，评价洪水资源量及其可利用潜力。

（2）解决滞洪区洪水资源安全利用的调控手段。充分发挥滞洪区的蓄水作用和利用滞洪区蓄洪实现如下目标和手段：湿地补水、生态环境用水、工农业用水调度和供给、回补地下水等，这是实现洪水资源安全利用的主要调控手段。掌握和利用大庆地区暴雨洪水典型的季节特性和分期规律，合理确定滞洪区起调水位（汛限水位）、防洪水位、兴利水位、防洪库容等，逐步抬高水库汛限水位，通过防洪与兴利库容的结合程度，同时在分析各种可利用的预测预报信息的基础上，进一步研究合理的防洪蓄水实时调度方式，实现安全有效的汛期蓄水，利用蓄滞洪区适时适地蓄洪，可以充分利用区内丰水期可调用的洪水进行上述目标和手段，以实现洪水资源安全利用。

（3）大庆滞洪区洪水资源化利用的风险及效益评价。由于洪水资源利用的主要调控手段是滞洪区联合调度，形成上下游梯级调度的水库群，实现洪水资源化目标的同时，也可能会产生或增加洪灾的风险。因此，从洪水资源安全利用的角度出发，需要对兼顾滞洪区防洪蓄水效益和滞洪区引洪资源化利用的防洪风险及其可能产生的后果进行综合评价，揭示调度方案过程中可能遇到的风险问题，为有效控制风险和妥善处理风险可能产生的后果提供科学依据。同时为了增强蓄滞洪区洪水资源安全利用的风险管理手段，需要建立滞洪区风险调度管理系统，来保障在充分利用洪水资源的同时尽量减少由此可能带来的洪灾，以期获得最佳的洪水资源安全利用效益。

12.4.1　主要方式

常规的水库调度是按规划设计的调度方式和规则，更多的考虑防洪安全，缺少洪水资源化和维护生态安全的内涵，容易造成洪水资源的浪费。目前大庆防洪的库泡已具备实施洪水预报和实时调度的条件，为利用短期水文预报、气象预报信息，实施洪水资源化调度，为充分发挥防洪、兴利效益提供了条件。洪水资源化调度中有 4 种方式：预报调度、常规调度、补源调度和生态蓄水调度，既考虑了防洪安全，又兼顾了洪水资源利用和生态环境安全，能产生更大的防洪和生态效益，同时其环境效益亦很明显（陈娜等，2009）。

12.4.2　关键技术

对滞洪区而言，实现洪水资源化就是要防洪与兴利并举，既要保安全又要多蓄水。要求针对不同的时期和不同的来水情况制定不同的调度原则，要有放、有调、有蓄，做到汛期洪水的综合利用。要调整滞洪区调度方案，考虑通过水文预报调度和优化调度算法来确定水库的特征水位。在水库实时调度阶段，综合利用现代科学技术提供的一切有用信息，根据实时的水雨情信息和洪水预报、降雨预报信息，采用不同的防洪调度方式和规则。

12. 4. 2. 1 洪水预报

洪水的发生过程具有可预见性与可调控性。通过历史洪水的调查与分析，可以掌握洪水现象的各种统计特征与变化规律，利用现代化的监测手段和计算方法，可以对即将发生的洪水进行实时预报，根据洪水预测、预报结果，科学地制定防洪工程规划与调度方案。目前大庆地区降雨信息测报系统完善。

为了监测明青坡地来水情况，及时掌握该地区雨水情，2000 年建成了明青坡地水文自动测报系统。系统由 1 处中心站、两处中继站和 21 处遥测雨量站组成。1 处中心站为调度中心，设在大庆地区防洪工程管理处计算机房，负责接收该系统所有测站数据，并存入数据库，以备使用。两处中继站为育林中继站和明青交叉工程中继站，育林中继站设在明水县育林乡政府院内，负责接收并转发双兴、东兴、明水县、丰产、崇德、明水林场、富新和育林等 8 个遥测雨量站数据。明青交叉工程中继站设在管理处安达所明青管理站内，负责接收并转发老虎岗、建设、中和、祯祥、连丰、北兴、黑鱼泡、太平庄、六村、青冈站、明水站、初海屯、交叉工程等 13 个雨量遥测站和育林中继站转发的雨量站数据。21 处遥测雨量站分布在依安、明水、青冈、安达等四个市（县）内。系统能准确及时监测大庆地区主要洪水来源的明青坡地雨情，解决了明青坡地远离大庆、地域偏僻、常规水文观测无法监测雨情的老大难问题；及时收集流域内雨情信息，为王花泡滞洪区来水的洪水预报提供了可靠的雨情资料，使该滞洪区的洪水预报调度工作有了保障；系统采用雨情自动收集、自动传输、有雨即报的方案，实现了水情信息自动化，做到无人值守、有人监护；系统采用遥测平台设施，保证了遥测设置安全防盗、防雷电等破坏。

明青坡地部分雨量站 2008—2013 年年降雨量统计见表 12.1。

表 12.1　　　　明青坡地部分雨量站 2008—2013 年年降雨量统计表　　　单位：mm

雨量站	年降雨量					
	2008 年	2009 年	2010 年	2011 年	2012 年	2013 年
双兴	241	380	271	257	550	653
东兴	260	409	274	323	488	713
崇德	201	530	290	348	354	517
明水林场	235	533	292	385	389	609
育林	249	426	287	365	476	631
交叉工程	258	345	289	362	364	569
太平庄	263	296	233	374	363	457
建设	241	365	221	364	596	609
明水站	249	395	273	387	443	556
六村	248	357	264	300	431	771
北兴	222	402	298	319	445	663

大庆地区防洪工程流域范围内雨量站情况如下：

（1）安达市气象局：老虎岗、先源、任民、中本、太平庄、青肯泡、安达镇、卧里屯、万宝山、升平、昌德、火石山、吉星岗、羊草。

（2）明水县气象局：崇德、通达、明水镇、双兴、东兴、通泉、育林、友爱、永久。

（3）青冈县气象局：北兴、祯祥、迎春、连丰、中和、新村、青冈镇、建设、芦河、劳动。

（4）肇东市气象局：安民、太平、先进、宣化、宋站、海城、尚家、昌五、向阳、肇东镇、民主。

（5）肇州县：兴城、新福、永乐。

（6）安肇新河、肇兰新河雨量站：安达、明青站、王花泡、西付三（红旗）、北二十里泡。

（7）大同：中内泡、老江身泡、后杨营子。

（8）肇源：库里泡、革新、古恰。

（9）肇东：青肯泡、污水库、姜家、四方山、呼兰站。

雨量站共计63个，其中管理处自建自管站36个，其余雨量站数据由安达市气象局提供。

12.4.2.2 汛限水位设计与运用

鉴于洪水资源化的涵义，洪水资源化则是通过湖泊、水库、塘坝、蓄滞洪区等措施的科学调节来实现的。其中，大庆地区可通过对六个串联蓄滞洪区的起调水位的合理调度，能够实现水资源的资源化利用。结合天气预报的现代技术手段，实时分析雨情和水情确定洪水调度方案。以及未来一定时段内雨情、水情变化趋势的预测及水库实时状态，突破当前采用固定时间、固定汛限水位的调度理念，建立基于新理念的汛限水位动态调控方法（高波等，2005）。也就是说，通过科学论证，允许水库实时防洪调度时的汛限水位围绕设计汛限水位进行动态浮动。在既定调度规程制约下，洪水来临之前，通过加大生态环境供水、市政用水、盐碱地恢复等方式预泄腾库迎洪，充分利用洪水过程的间歇时间，将库水位蓄至汛限水位以上；在下次洪水到来之前，又利用供水、冲淤泄洪，将库水位消落至汛限水位；待后汛期的雨季结束前夕又抢蓄尾段洪水，将水库蓄至正常水位，以增加枯水期养殖、工农业等兴利的水资源量。由此可见，在适度承担风险的情况下，实施水库汛限水位动态控制能最大限度重复的利用防洪库容，提高水库的蓄水概率，进而实现防洪保安与洪水资源化并举的目标。

抬高汛限水位，可增加水库蓄水量，提高兴利效益，但会减少防洪库容，带来额外的洪灾损失。可见，拟定合理的水库汛限水位对风险和效益的大小起着重要的作用。然而，水库汛限水位的确定及其浮动空间的界定，一方面涉及水文、工程与下游地区保护对象及蓄水兴利等诸多因素，使风险和效益难以协调；另一方面汛限水位是水库特征水位之一，既是水库汛期允许蓄水兴利的上限水位，也是汛期水库防洪调度时的起调水位，它控制了水库防洪库容与兴利库容的大小，进而直接决定了风险和效益的大小。因此，在一次洪水实时调度过程中，汛限水位的合理确定及其浮动空间的界定，不但关系到水库本身及其下游地区防洪风险率的大小，也直接影响到额外淹没损失的大小；而且还直接影响到水库在主汛期，后汛期蓄水量的多少（李景保等，2007）。换句话讲，如果在汛期将汛限水位尽量抬高，兴利库容增大，水库蓄水量增加，但缩小了防洪库容，增大了防洪风险；如果在汛期水库大量弃水，使汛限水位尽量降低，虽然水库增大了防洪库容，保证了防洪安全，却浪费了大量的洪水资源。这显然，与基于洪水资源化的水库汛限水位调整的理念是不相适应的。由此可以认为，基于洪水资源化的水库汛限水位调整的理念是只有兼顾经济效益和风险事实，综合运用现代科技手段和信息，尽可能抬高汛限水位，最大限度地增加蓄水兴利，但又不要使风险损失增大过多，以真正体现出基于洪水资源化的水库汛限水位调整理念的科学意义和重大效益价值。由于水库实时洪水调度是一个复杂系统，这一新理念涉及 3 个关键性问题：①如何运用现代科技手段，预知可用于调整汛限水位的所有信息；②编制可操作的、决策者能参与的、界面友好的汛限水位动态控制系统软件，编制"汛限水位动态控制"实施规程（邱瑞田等，2004）；③如何识别风险，规避和处理风险，如何根据汛限水位调整所涉及的影响因素，构建水库多蓄水量产生的风险，效益评价指标体系及其估算方法，以及如何确定水库在汛期阶段中适宜的汛限水位控制值等都是基于洪水资源化的水库汛限水位调整方案中值得认真探讨的科学问题。

　　针对大庆地区，双阳河水库传统的水位控制及调度方式，不考虑降雨或洪水预报，只利用了洪水的统计信息，以水位为判据，严格按照设计的汛限水位控制，即"静态控制法"。实时洪水调度中，不管面临实际与预报的水情如何，只要库水位超过讯限水位就要弃水，致使一些年份发生"汛期弃水，汛后不能蓄至兴利水位"的局面，洪水资源浪费很大。如 1998 年大水年汛期弃水量 9.4 亿 m^3，汛后水量仅蓄到 3.8 亿 m^3，比正常库容少蓄 2.4 亿 m^3。通常情况下大庆地区丰水年后，有可能连续进入枯水年，严重影响大庆地区的用水安全。因此，利用气象部门的预报，研究汛限水位动态控制方法，充分利用洪水资源提高双阳河水库供水能力，缓解大庆市供水紧张局面是十分必要的，既具有理论意义，又具有重大的经济和社会价值。

　　研究双阳河水库汛限水位动态控制方案，是以产流预报的累计净雨量作为判断指标的防洪预报调度方式（高波等，2005），在汛限水位动态控制范围内，根据实时降雨、洪水预报信息、水库面临时刻水情，水库的泄洪能力及约束条件，当预报无雨时，在有效预见期内，水库有多大泄洪能力，就将汛限水位上浮多少，增加洪水拦蓄量，以防汛后无水可蓄，且留一定余地；当预报有雨或有较大降雨时，在有效预见期内的退水过程有多大的余富水量便将讯限水位下调多少，保证洪水安全，亦留一定的余地，可以提前下泄，均匀泄流，兼顾防止由于预报失误而影响后期蓄水效益，也就是预蓄预泄。

12.5　大庆地区洪水资源化潜力研究

12.5.1　滞洪区洪水资源化适宜性分类

　　利用大庆地区的蓄滞洪区实施洪水资源化的对象是中小洪水以及蓄洪区汛前弃水。目前的方法有：①使得进入滞洪区的洪水回补地下水；②湿地补水；③恢复生态环境和沙漠化补水；④利用青肯泡污水净化处理，用于周边农业灌溉；⑤供油田生产用水使用。各个滞洪区洪水利用类别见表 12.2。

表 12.2　　　　　　　　　　　　**各个滞洪区洪水利用类别**

类别	蓄洪区名称
回补地下水	王花泡
湿地补水	王花泡
恢复生态环境和沙漠化补水	中内泡、七才泡
农业补水	老江身泡
油田生产补水	
蓄洪型	库里泡
发展多种经营型	库里泡

12.5.2　大庆地区洪水特征

大庆地区降雨的时间分布不均匀，呈现出雨季涝，其余时间干旱的特点，并且时而发生大及特大洪水，形成洪水主要与降水特点和大庆地区的地形有关。洪水过后又可能形成第二年春天播种时期的干旱。因此，大庆地区非常适合实施洪水资源化，通过有效的调度，把洪水化成可利用的资源。

12.5.3　大庆地区可供资源化的洪水潜力

12.5.3.1　大庆地区洪水资源化对象

利用大庆地区滞洪区实施洪水资源化，既可在一定程度上缓解大庆地区水资源短缺问题，又有利于大庆地区生态环境改善。然而，洪水资源化必须在防洪安全得到保障的前提下进行，基于这一考虑，首先必须确定洪水资源化对象。

大庆地区的洪水在量级上相差甚大，且洪水发生不确定性，处于防洪安全的考虑，按照防洪调度原则规定，许多水库每年都要施行汛前水库弃水，以腾出足够的防洪库容。基于这些考虑，确定大庆地区滞洪区实施洪水资源化的对象主要是中小洪水和汛前水库弃水，当然，对于必须启用蓄滞洪区分洪的大洪水，通过完善调度方式，例如，洪水过后不立即将蓄水完全排空，而是排到经过论证、实现设定的目标，滞留部分分洪洪水在蓄滞洪区内，或回补地下水，也可部分地主动转化为可利用的水资源。

12.5.3.2　大庆地区可供资源化的洪水潜力

尽管大庆地区水资源严重短缺，但一般年份仍有相当数量未经利用的洪水被排泄掉。根据大庆地区 1993—2012 年泄洪量资料统计分析表明，多年平均泄洪量为 5.13 亿 m^3。但这只是就平均状况而言，并不代表可供引用的洪水潜力，因为对于大河特大洪水，如类似于 1998 年洪水，一些蓄洪区将按调度原则正常蓄水，会自然回补地下水或补充蓄滞型蓄滞洪区的水量，但所利用的只占洪水总量的很少部分，大部分还不得不尽量下排，无法转换为水资源。而对于中小洪水，从理论上讲，可能全部或大部分引入蓄滞洪区，充分转化为水资源，但考虑到河道形态和河道生态需要洪水维持，其利用潜力应是扣除河道基本用水后的部分。因此，有必要对大庆地区的洪水资料进行全面的分析。

由表 12.3 的数据可见，大庆地区降雨量及泄洪量具有以下特点：

（1）泄洪量年际变化大。由于受气候和人类活动的双重影响，大庆地区的泄洪量年际变化幅度很大。资料（表 12.3）显示，在 1993—2012 的 20 年里，泄洪量最大为 18.59 亿 m³（1998 年），最小仅为 0.99 亿 m³（2008 年），最大与最小相差接近 20 倍。这说明，在大和特大洪水年份，大庆地区洪水泄量主要受气象要素控制。

表 12.3　　　　　　　　　　1993—2012 年大庆地区历年降雨量及排泄量

年份	降雨量/mm								泄量/万 m³							
	王花泡	北二十里泡	中内泡	老江身泡	库里泡	污水库	青肯泡	合计	王花泡	北二十里泡	中内泡	老江身泡	库里泡	污水库	青肯泡	合计
1993	458	428	480	441	456	746	492	3501	1056	5486	12737	0	19507	3504	1380	43670
1994	302	281	327	278	342	349	394	2273	10322	9437	24945	0	17332		3673	71312
1995	188	95	253	109	274	305	315	1539	0	2533	12135	0	26165	4331	0	45164
1996	91	27	99	77	145	106	182	727	0	6947	9024	0	23545	1275	1717	41508
1997	390	365	247	157	303	378	407	2247	0	8856	12659	567	25320	2222	1075	50699
1998	603	460	401	525	336	549	625	3499	23532	31985	37105	693	74530	4857	13177	185879
1999	257	309	287	271	244	282	261	1911	5264	11109	8948	35	30448	4765	942	61511
2000	179	160	177	175	130	262	270	1353	0	2431	7174	0	10574	2054	1477	23710
2001	281	242	115	45	76	165	202	1126	0	217	4354	0	6767	1358	423	13119
2002	342	409	315	367	344	345	317	2439	0	3000	6844	0	6451	966	0	17261
2003	429	400	369	281	283	533	448	2743	1382	5252	10261	0	19432	1422	0	37749
2004	315	361	281	252	213	315	276	2013	316	2015	3435	0	3664	1427	0	10857
2005	611	478	377	342	432	558	527	3325	515	6632	16122	216	20770	1226	1359	46840
2006	439	247	285	234	222	375	406	2208	11782	10372	14589	0	20446	907	2100	60196
2007	268	234	231	170	211	295	221	1630	812	4501	3695	0	1195	0	956	11159
2008	289	311	327	228	189	385	298	2027	0	3460	2868	0	3149	428	0	9905
2009	322	316	330	210	341	435	400	2354	0	3669	7536	0	5991	1991	1670	20857
2010	282	359	317	184	178	280	271	1871	2732	5885	10467	0	11566	660	0	31310
2011	231	305	420	406	252	378	290	2282	0	41786	68973	0	86213	8062	0	205034
2012	485	363	541	310	324	466	435	2924	0	4165	12746	0	11343	7250	2420	37924

注　资料来源于《大庆地区防洪管理处防汛资料汇编》（黑龙江省大庆地区防洪管理处，2014）。

（2）泄量主要集中在汛期并由洪水组成。大庆地区的泄量主要集中于汛期，主要由洪水组成。根据 1993—2012 年泄量变化情况充分说明了这一特征。

1993—2012 的 20 年里，泄量总计为 84 亿 m³，其中汛期泄量为 62.2 亿 m³，占总量的 74%。

（3）具有挖掘可供引用洪水的潜力。由大庆地区 1993—2012 年间的泄洪量（图

12.1）可知，除大洪水年份（如 1998 年），其余年份的泄洪量基本稳定，除去大洪水年的平均泄洪量为 3.4 亿 m³，2000 年之后，泄洪量相对之前呈下降趋势，说明水资源开发利用程度在提高。

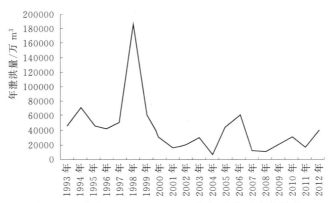

图 12.1   大庆地区 1993－2012 年间泄洪量变化趋势

泄洪量主要由汛期洪水组成可使引洪回补地下水行为对流域环境影响较小，因为这对河流的基流影响不大。

引洪入滞洪区回补地下水应在保障防洪安全的基础之上进行，也就是说，在大和特大洪水年份，蓄滞洪区主要功能为调蓄洪水。在 1993—2012 这 20 年中，除 1998 年发生特大洪水，其余年份或是中小洪水年份，或是正常年份，或属于干旱年份。在大庆地区利用蓄滞洪区实施引洪回补地下水，洪水资源对象主要是中小洪水，而具体应是汛期排泄的洪水，以此评估可供引用洪水潜力。通过分析汛期泄量资料发现，在 1993—2012 的 20 年里，除去 1998 年特大洪水，平均年排泄量为 3.4 亿 m³，大庆地区中小洪水年份，可供引用的洪水潜力还是比较大的。

12.6   洪水资源化利用风险分析

12.6.1   洪水资源化利用风险

大庆地区洪水资源化，必须采取一定工程措施和非工程措施，在获得洪水资源有效利用的同时，必定带来一定程度的风险。

（1）自然条件的不确定性为人类在水库调度决策中的行为带来了较大的难度，滞洪区蓄水超过目前的起调水位或新设置的兴利水位，会减少汛期调洪库容，一旦发生需要滞洪区调蓄的大洪水，可能会影响防洪功能的发挥。

（2）利用洪水进行地下水补充或回灌，可能造成一些地面附着物如农作物或建筑物的临时影响。

（3）洪水带来的泥沙及其他污染物，可能会对洪水利用地区的环境产生一定的负面影响等。

（4）影响利益相关者的利益再分配。洪水资源化利用可能对原库区养鱼或围垦种地的农民带来（高水位原因）负面的影响，而对从资源化的洪水利用且无偿使用的受益的人们以及滞洪区管理单位来说，是不公平的。因此水权明晰也是解决好这个问题的关键。

12.6.2 洪水资源化风险管理对策

针对上述洪水资源化中存在的风险，其管理对策主要有（吴湘婷等，2002）：

（1）加强防洪调度，提高水库调度技术，防范水库应急泄洪风险、垮坝风险和动用蓄滞洪区的风险。洪水的发生过程具有可预见性与可调控性。通过历史洪水的调查与分析，人们可以掌握洪水现象的各种统计特征与变化规律；利用现代化的计算机仿真模拟手段，可以预测在流域孕灾环境与防洪工程能力变化的条件下，不同量级洪水可能形成的淹没范围、水深、流速以及淹没持续时间等，评估洪涝灾害的损失；利用现代化的监测手段和计算方法，人们可以对即将发生的洪涝进行实时预报；根据洪水的预测、预报结果，可以科学地制定防洪工程规划与调度方案，约束洪水的泛滥范围、控制洪峰流量与水位，降低淹没的水深以及缩短淹没的历时等，从而达到减轻洪涝危害性的目的。

（2）加强调水调沙调度，实现水沙污的统一调度。洪水是很好的冲沙、冲污的资源，因此必须在做好水、沙、污预报工作的基础上，实行水、沙、污统一调度。防止污水上滩后污染物留在滩上，防止因洪水调度导致淤积加重。

（3）提高工程质量和加强工程管理，消除病险水库。严格水库管理、提高工程质量、加强大坝监测、消除病险水库是防止垮坝风险的重要手段。

（4）加强信息化建设，及时获知水情信息。信息化是现代水利的重要标志。信息的及时、精确获知是弱化洪水风险的重要手段。目前正在建设的水利信息化工程，如数字黄河等，将极大地弱化洪水资源化的风险。

（5）建立蓄滞洪区的洪水保险机制和风险补偿机制。由于洪水资源化工作，增加了蓄滞洪区的受灾风险，因此应该对蓄滞洪区进行风险补偿，其补偿机制应和洪水保险机制共同建立，补偿资金的来源应是洪水资源的收益。

12.7 洪水资源化面临的主要问题

（1）防洪风险。调整水库调度方式转化洪水资源将面临各个蓄滞洪区的堤坝安全问题，引标准以下洪水入蓄滞洪区蓄洪转化洪水资源，将占用部分蓄滞洪区库容，若随后发生超标准洪水可能会影响蓄滞洪区防洪能力的发挥。和水库的情况类似，在蓄滞洪区有排水设施的情况下，只要前期蓄洪量适度，现有防洪系统的综合调控能力和洪水预报水平，可以基本保证在超标准洪水来临之前泄掉已蓄的水量。

（2）经济损失。无论是利用田间、蓄滞洪区还是湿地引洪回补地下水或蓄留洪水资源，对于已开发的地区，都可能造成作物和其他经济损失。国家颁布的《蓄滞洪区运用补偿暂行办法》是对超过河道泄洪能力在防御洪水方案中明确规定需启用蓄滞洪区的洪水而言的，而对蓄滞洪区启用标准以下的洪水和引入田间、湿地的洪水，在将其转化为水资源获取资源效益过程中造成的相关损失，是否需要补偿，如何补偿，目前尚无明确说法。即使对按防御超标准洪水方案正常启用的蓄滞洪区，从洪水资源化的角度考虑，也可以在洪水过后不像以往那样立即排水入河道，而是长时间滞留已蓄洪水在蓄滞洪区内，或回补地下水或作为地表水资源储备，但这种做法通常会与当地群众尽快恢复生产的愿望相冲突。

（3）环境问题。在长期干涸不过水的河道中，平时生产和生活所排放的污染物积累，偶发的洪水会沿程洗携输送这些污染物，即使有计划地放过高污染的洪水前锋，引洪水过程中的中间或靠后部分入田间、蓄滞洪区或湿地，也难免同时引入了一定量的污染物，可能会对引洪区的生态环境造成负面影响。

洪水资源化会减少入松花江水量，可能影响到下游生态环境，如果将资源化后的洪水全部或大部用于生产和生活，则对河道生态的影响会更大。因此，资源化后的洪水如何在生产、生活和生态用途间合理配置，是洪水资源化工作中面临的主要挑战之一，也是各方面对洪水资源化效果存疑的焦点所在。

（4）工程问题。现有水利工程体系多是以防洪或供水为目标建设的，并未考虑到洪水资源化的需求，虽然这些工程为可控制地适度利用洪水资源提供了主要的基础条件，但为高效地洪水资源化所用尚不尽完备，例如水系间的沟通难以满足调洪互济的要求，蓄滞洪区、湿地或田间引洪设施不具备，回补地下水的配套工程缺少，应急排洪设施能力不足或缺乏等，在很大程度上制约了洪水资源化效率。

（5）政策问题。任何政府行为必须以政策为先导和基础，对我国而言，甚至在世界范围内，洪水资源化基本上是一项全新的事业。针对大庆地区洪水资源化的政策、法规、规范、标准、规划等尚处于空白状态。没有水利工程的洪水资源化调度规程规范，相应的洪水资源化调度便无章可循，不可能顺利开展；洪水资源化的补偿机制不建立，则难以利用蓄滞洪区、湿地或田间引洪回补地下水或蓄留洪水资源，如若强行利用，则可能引发社会问题；缺乏流域间和流域内综合的洪水资源化规划，则可能出现各行其是，相互矛盾冲突，利用率低，利用模式和用途不合理的局面。

（6）利益分配问题。无论是将洪水资源回补为地下水还是转化为地表水的形式蓄存，遭受损失和影响的地区或利益相关者本身所用的只是转化了的洪水资源的一部分，如果周边地区或其他地区无偿享用其余部分洪水资源的利益，对于在洪水资源化过程中受损者而言是不公平的（向立云和魏智敏，2005）。

13　洪水优化调度与兴利管理

近几十年来，一些国家通过对洪水灾害的分析，反思防治洪水的策略和措施，逐步形成了一种新的治水文化，即洪水管理。我国也确定了水利方针，全面规划，统筹兼顾，标本兼治，综合治理。坚持兴利除害结合，开源节流并重，防洪与抗旱并举。水利部也据此提出了新的治水思路。工程水利向资源水利转变，传统水利向现代水利转变，向可持续发展水利转变，以水资源可持续利用支撑国民经济可持续发展。同时，对水库防洪调度和安全度汛提出了新的要求，在水库洪水调度中，水库安全至关重要。在确保水库安全的情况下，应正确把握水库安全度汛与水资源合理利用的关系，正确处理防洪与兴利的关系，正确处理风险与效益的关系。

从防御洪水向管理洪水转变，就是要增强系统观念和风险意识。从试图完全消除洪水灾害"入海为安"转变为适度承受风险。在水库洪水调度过程中，坚持用科学的发展观，适度承担洪水风险，制定合理可行的防洪标准和防御洪水方案与调度洪水方案，综合运用各种措施，确保标准内防洪安全，遇超标准洪水使损失减少到最低限度（文康，2004）。与此同时，尽最大可能变水害为水利，充分利用洪水资源，实现水资源可持续利用，促进国民经济可持续发展。

对于大庆地区，在汛期为确保防洪安全，不敢蓄水，要严格控制水库库水位不超过设计汛限水位，留出较大的防洪库容准备调蓄可能会发生的设计洪水和校核洪水。汛期过后河道来水量很少，水库在汛限水位以上的库容又比较大，这就造成汛期过后库水位常常达不到正常蓄水位，影响了水库的兴利，影响了第二年春天的灌溉用水。水库调度中防洪与兴利的尖锐矛盾，在降水时空分布不均的气候背景下显得格外突出。因此应优化洪水的调度，将洪水调度与兴利管理相结合。

13.1　蓄滞洪区的洪水调度

近几十年来，一些国家通过对洪水灾害的分析，反思防治洪水的策略和措施，逐步形成了一种新的治水文化，即洪水管理。我国也确定了水利方针，全面规划，统筹兼顾，标本兼治，综合治理。坚持兴利除害结合，开源节流并重，防洪与抗旱并举。水利部也据此提出了新的治水思路。"工程水利向资源水利转变，传统水利向现代水利转变，向可持续发展水利转变，以水资源可持续利用支撑国民经济可持续发展。"同时，对水库防洪调度和安全度汛提出了新的要求，在水库洪水调度中，水库安全至关重要。在确保水库安全的情况下，应正确把握水库安全度汛与水资源合理利用的关系，正确处理防洪与兴利的关系，正确处理风险与效益的关系。

13.1.1　蓄滞洪区洪水调度的内涵

蓄滞洪区洪水预报调度，是一个非常复杂的过程，是对大庆地区降雨形成、产流、汇流、洪水入库泡、蓄水与泄水全过程进行动态控制，它包括预报、预泄与预蓄、区间补偿、排洪渠道、泡沼、水库及不同水系联合调度，目标是排洪与错峰、滞留洪水等集水利、水文、气象等多学科联合调度技术；还要充分考虑各个串联的库泡的流域特性、洪水特性、蓄水与泄水特点和雨水情自动测报、洪水调度方案联机制作、降雨预报等现代技术，是一种理论科学与实践科学融合的过程。它技术手段多样，越是遇到历时长的大洪水过程、越是水库综合功能多，越能体现预报调度的作用。因为大洪水过程的预见期长，能同时使用预报预泄、区间补偿和联合调度等多种技术手段；多功能水库防洪泄水与抗旱蓄水自成矛盾，腾空时怕蓄不上，蓄水时怕不能及时腾空，唯有预报调度能做到泄水与蓄水均有度。而对于大庆地区的多个库泡联合调度，在国内尚不多见，其调度特点也与其他水库有着很大的差别。随着洪水资源化实践活动的开展，我们对蓄滞洪区调度的认识和内涵也不断丰富和完善。

13.1.2　蓄滞洪区洪水调度的特点

大庆防洪工程属于蓄滞洪区以串联泡沼加河道排泄洪水为特征，蓄滞洪区洪水调度有四大特点：即实时性、系统性、有限确定性和有限可预见性。实时性体现在天气形势、入库流量与洪量、库水位、水库调蓄能力与泄量、下游河道安全泄量等都随时间变化，调度决策也必须紧跟水情的变化。系统性是指影响洪水调度的因素多、涉及面广，在原来的闭流区内建立的人工水库、河道、泡沼的水文气象特点、下游河道和泡沼堤防的抗洪能力与分蓄洪区滞洪能力、起调水位、防洪腾空库容与蓄丰济枯等，都直接影响水调决策。

有限确定性是指排洪系统内水文气象特点具有长期确定性（长期统计规律）和短期的不确定性，较大洪水过程与连续降雨的天气形势具有良好的相关性。有限可预见性具体指洪水预报和降雨预报，一方面任何入库洪水都经历降雨、产流和汇流全过程，利用现代降雨遥测技术和洪水预报模型已能提前一段时间（称作洪水预见期，约等于产汇流时间）滚动预报入库洪水，预报精度已达 90% 以上，能完全满足洪水调度要求，洪水预见期的长短完全取决于流域的形状与当次降雨的区域，流域越窄长或越是发生全流域洪水，其预见期越长；另一方面致洪暴雨，尤其是产生接近水利工程防洪标准洪水的暴雨一定具有大范围、长历时和高强度的特点，其暴雨天气形势不难提前 24h、48h，甚至 5d 预测到，在其提供的较长预报时段内，可以对水库的运行水位进行较大范围的调整，以适应调度当次预报降雨洪水的需要（曹希尧和王俊扬，2009）。

13.1.3　洪水预报调度的条件

水情的有限确定性和有限可预见性构成了预报调度的必要条件，大庆地区的预报水平还是相对很高的，自动测报系统基本建立完善。一方面可以根据长系列水文统计规律制定水库年、季、月控制水位计划，以避免水库过空或过满；另一方面在洪水预见期和降雨预见期内可以根据测报的洪水或降雨及时调整水库运行水位，使之能及时腾库防洪或蓄水兴利，使之更加符合当时天气的变化。滚动水情自动测报、降雨天气预测和水库的实时调度是开展预报调度的三大技术措施，前两项能确保洪水与降雨的预见期及预报精度。后一项能根据预报结果迅速作出调度决策，使预见期得到最充分的利用。

13.1.4　洪水预报调度具体技术

13.1.4.1　预泄与超蓄

所谓预泄与超蓄，就是根据洪水预报及水库的泄洪能力，在洪水尚未入库之前进行预泄，腾出一部分库容用于调蓄即将入库的洪水；超蓄就是水库的水位可以高于防洪限制水位，当接到洪水预报之后，迅速予以泄放，赶在洪水到来之前，将库水位降到防洪限制水位。这样既不影响防洪，又可提高水库的兴利效益（曹希尧和王俊扬，2009）。

汛末能否及时拦蓄洪水余量，使库水位达到正常蓄水位，是关系到供水期的发电和抗旱供水能否得到保证的大问题。因此，抓住蓄水的时机，争取汛末蓄满水库是非常重要的。

13.1.4.2　补偿调度

当水库距下游防护地区较远。两者之间的区间洪水又不可忽略且有精确预报时，为了满足防护地区的防洪要求，水库应当充分发挥防洪库容的作用和充分利用下游堤防的泄洪能力，进行防洪补偿调节。所谓防洪补偿调节是指水库在防洪期间，其下泄量只能按照补偿区间洪水不足防洪区安全流量的部分来放水。这是因为人们无法对区间洪水进行控制，区间洪水必须安全通过防洪区，而水库只得减少放水，使得水库的下泄量与区间洪水组合后要满足防洪要求。

13.1.4.3　错峰调度

在补偿调度中，当区间洪水汇流时间太短、水库无法根据预报的区间洪水过程逐时段调整出库流量时，为使水库的下泄流量与区间洪水的叠加不超过下游防洪控制点的安全泄量，仅根据区间预报可能出现的洪峰来调整水库的泄量。以错开洪峰。这实际上是一种经验性的补偿调度。

13.1.4.4　库群联合防洪调度

当由上游水库群共同负担下游某地防洪任务时，一般需考虑补偿调节。但由于洪水的地区组成分布、水库特性、河道情况各异，防洪调度方式是比较复杂的。

13.2　大庆地区串联滞洪区兴利调度研究

13.2.1　滞洪区来水变化

1998年大洪水之后，各滞洪区平均每年的蓄水量还不到设计库容的40%。而从1999—2006年的可调库容累计为40亿 m³，而累计下泄水量约为12亿 m³。与以往王花泡等滞洪区水量调度看，1998年大水滞洪区下泄水量过多，而后几年蓄水不足，调蓄能力没有充分发挥。表13.1中数据说明，来水占设计库容最多的一年为2003年，而最少的一年为2000年。

表 13.1　　　　　　　　1999—2006 年各主要滞洪区来水库容占设计库容比例

滞洪区	1999 年		2000 年		2001 年		2002 年		2003 年		2004 年		2005 年		2006 年	
	库容/万 m³	占设计库容比例/%	库容/万 m³	占设计库容比例/%	库容/万 m³	占设计库容比例/%	库容/万 m³	占设计库容比例/%	库容/万 m³	占设计库容比例/%	库容/万 m³	占设计库容比例/%	库容/万 m³	占设计库容比例/%	库容/万 m³	占设计库容比例/%
王花泡	4832	17	426.16	2					9008	33	5660	20	7054	26	8730	32
北二十里泡	3945	43	1450.7	16	3088	33	5765	62	5628	60	2323	25	3869	42	3891	42
中内泡	2011	36	983	18	1493	27	2256	41	2660	48	1768	29	1604	29	2098	38
老江身泡	1078	37	695.36	24	503.0	17							767	27	1005	35
库里泡	8567	40	5796.3	27	4415	21	6017	28	7144	34	5275	25	6417	30	8228	39

注　资料来源于《大庆地区滞洪区工程现状分析报告》（大庆开发区广维勘察测绘有限责任公司，2014），并经整理分析。

1998 年大水后，随着防洪工程的消险加固，工程标准的提高，为洪水资源化提供了基础条件；特别是大庆防洪二期工程封闭了双阳河的南支流，相对增加了 0.9 亿 m³ 的库容，为洪水资源化利用提供了空间。

13.2.2　基于分期汛限水位动态控制方法研究

汛限水位动态控制法摒弃了原确定的单一汛限水位值，它是依据流域的天气预报信息、降雨径流预报信息，结合水库面临时刻的实际运用情况，将汛限水位控制在一个范围内，在满足水库蓄、泄能力和防洪兴利要求的前提下，确定水库实时调度策略并实现洪水资源化的方法。其核心是确定一个合理的汛限水位浮动范围，称之为汛限水位动态控制域。汛限水位动态控制法发展至今，并在一些水库应用卓有成效。但是目前的理论研究和实际应用，基本都是着眼于汛期单一控制域的方法，单一的动态控制域应用于整个汛期，不但使得其应用效果受到一定程度的限制，在一定程度上还增加了应用的风险。因此，在结合大庆地区洪水规律及洪水资源化问题的研究中，提出了分期汛限水位动态控制域的理论方法（刘招，2008）。

对于洪水资源化问题而言，不仅仅需要对每场洪水的特性进行研究，更需要注重年内洪水次数、分布以及洪水之间间隔时间等一系列规律的分析。水库在设计时，没有考虑洪水年际和年内场次间隔的统计特性和规律，如果能抓住这些规律，则其必将是洪水资源化的重要依据。汛期分期就是根据洪水特性及年内分配所作的时间划分，将其与汛限水位动态控制结合进行洪水资源化具有重要意义。

大庆地区水库在汛期不同阶段，采用不同的静态汛限水位，充分利用水资源，发挥水库的效益，多蓄水多发电，在降低防洪风险的同时带来巨大的经济效益。目前，分期静态汛限水位的方法和实践均已日臻成熟，水库分期运用愈显重要。采用分期运行方式进行水库调度，不仅在汛期充分利用了水资源，而且便于水库汛后蓄至正常高水位，充分发挥水库效益。

分期合理汛限水位动态控制的核心技术是分期汛限水位的确定，包括汛期分期、分期洪水、分期汛限水位、分期汛限水位动态控制。一旦分期汛限水位动态控制域得以确定，则在汛期的不同时期内，水库汛限水位采用不同的控制域，在相邻两个分期之间，库水位应该落在两个控制域的公共部分之内，以便于过渡。在洪水实时调度时，水库可结合预报信息在动态控制域内超蓄或者预泄，一旦预报失误，则加大下泄或者拦蓄洪尾进行回充。当最高水位低于汛限水位动态控制范围的下限，需等待下次洪水蓄水。若最高水位能够进入汛限水位动态控制范围内或高于汛限水位动态控制范围的上限，则需要等待最高水位出现，且开始下降后再根据未来预报信息进行分析，控制蓄水水位，使其既有利于防洪安全又有利于洪水资源利用。由此可见水库在洪峰阶段的调度，仍以防洪安全为首要任务。在洪峰过后，下次洪水到来前，且库水位进入动态控制域内时，才进行超蓄或者预泄，实现洪水资源化。一般情况下，当预报有中雨以上量级的降雨时，应在有效预见期内将库水位降低至汛限水位动态控制范围的下限；当预报无雨或小雨，可在有效预见期内将库水位蓄至动态控制范围的上限。分期汛限水位动态控制实质上是既考虑了洪水年内变化规律的统计特性，又考虑了水雨情预报信息的水库洪水资源化调度方法。其最大程度的信息利用必然使得水库防洪调度策略更加合理，因此必会带来更大的洪水资源化效益（刘招，2008）。

13.2.3   王花泡、库里泡滞洪区分期汛限水位及其控制应用

13.2.3.1   王花泡滞洪区

一般情况下，设计洪水都是以年最大洪水选样进行分析计算的，而不考虑它们在年内发生的具体时间或日期。但是如果洪水的大小和过程线形状在年内不同时期有明显差异，那么从工程防洪运用的角度看，需要推求年内不同时期的设计洪水，为合理确定汛限水位、进行科学的防洪调度、缓解防洪与兴利的矛盾提供依据。

a. 洪水分期

洪水分期的划分原则，既要考虑工程设计中不同季节对防洪安全和分期蓄水的要求，又要使分期基本符合暴雨和洪水的季节性变化及成因特点。如何确定汛期分期使计算分期设计洪水的基础，要合理划定分期，就应对设计流域洪水季节性变化规律进行深入的分析。由于汛期变化规律有确定性、过渡性和随机性的特征，因此这里采用分形理论进行分期。分形理论揭示了非线性系统中确定性与随机性的统一，我们知道水文过程也是确定性与随机性的统一，分形理论可以有效地划分汛期的分期，其计算简单，理论成熟，应用广泛。

（1）分期原理。大量研究资料表明，水文过程具有非线性和随机性，径流过程则表现出非线性的分形特性。而水文过程则表现为年或季节性甚至日的周期性变化，比如日、月、旬径流过程存在明显的以年为周期的变化，突出原因是气候因素是以年为周期的季节性变化。年内汛期洪水总趋势与洪水过程间具有自相似性，表现为受一次降水过程的影响，一场洪水过程都是起涨到达顶峰、最后消退。由此可见，洪峰散点序列年内分布等水文现象，在每年中一定时期内具有自相似机制，也就是说其点据系列具有确定性与相似性、非线性与随机性，故我们可用分形理论来研究洪水分期。洪峰量级在连续时段内相近的原则下，显而易见，把满足这种原则的隐藏在洪峰散点序列背后的客观规律性洪水的年内时段作为一个洪水分期。因此一般以汛期入库最大流量作为研究的系列样本，即通过对洪峰时间系列分形维数的研究，认为其在不同时期分形维数不同，通过分析计算分形维数

来确定各分期的起止 R 期。因此，对洪峰散点序列而言，根据 $\ln\varepsilon$ 与 $\ln N(\varepsilon)$ 的关系曲线是否为直线或斜率是否一致，即维数是否具有标度不变性来判断 ε 度量的形状是否为同一分形。

（2）分形理论进行洪水分期的具体步骤。根据上述容量维数的定义，按照 R.F. 斯曼利等的算法，就可以推算径流、洪峰点据关于时间系列的容量维数。在实际应用中，采用历年汛期逐日最大平均流量序列（指历年汛期逐日平均流量的最大值），对其进行容量维数的计算，如果其中的某些时段序列的合维数相同或相近，则取其中最长的时间段作为一个分期。考虑本次分形分析研究的最小时段为 1d（即以 1d 为步长），研究对象为汛期（6 月 15 日至 9 月 10 日）洪水分期，若选用 1975—2000 年王花泡水库汛期日最大流量作为研究系列样本，则系列长度为 93，系列散布图见图 13.1。

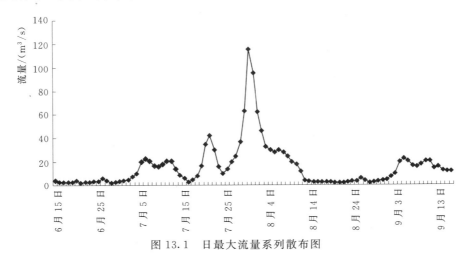

图 13.1　日最大流量系列散布图

具体步骤如下（刘招，2008）：

1）取样本点据系列（X_1，X_2，$\cdots$，X_n）。

2）按样本发生时间的先后顺序将样本点据点绘在以时间为横坐标、样本值为纵坐标的坐标系中，这就是通常所说的样本散布图；从图中根据流量大小找出比较明显的分隔点，初步将汛期划分为若干个分期，作为分形分期的初步分期。

3）根据样本点据的跨度确定总时段长 T。

4）选取能反映某一洪水分期的样本固定值 Y_Q（可取 T 时段内的样本平均值）。

5）取某一时段长 ε 作为时间尺度，量度样本值 X_i 超过固定值 Y_Q 的时段数 $N(\varepsilon)$；当 $\varepsilon \geqslant 2d$ 时，统计分期时段 T 内逐日最大平均流量过程线图中的时间尺度 ε 内所有样本值的均值 $\overline{Q}$ 超过切割水平 Q 的时段数 $N(\varepsilon)$。

6）根据总时段长 T 和时间尺度 ε 计算相对的时间尺度 $N_T = N/\varepsilon$。

7）计算相对量度值 $N_N(\varepsilon) = N(\varepsilon)/N_T$。

8）计算 $\ln N_N(\varepsilon)$ 及 $\ln\varepsilon$，并将点据（$\ln\varepsilon$，$\ln N_N(\varepsilon)$）点绘在 $\ln\varepsilon - \ln N_N(\varepsilon)$ 相关图上，获得一个点。

9）取变换的（不同的）时间尺度 ε，重复 5）~8）步，获得一系列点。

10）在一系列点中，确定所存在的直线段，并求直线的斜率 b，即可计算出总时段长为 T 的样本分形的容量维数 $De=2-b$。

11）重复上述 1）～10）步，得到不同总时段长为 T 的样本分形的容量维数 De，如 De 在某一时段 T 左右为基本相等，则这个 T 时段即为分形法确定的一个洪水分期。

（3）具体实例。绘制如图 13.1 的日最大流量系列散点图。

首先计算以 6 月 15—30 日，即 $T=16\text{d}$，同时取 $Y_Q=3.2$，见表 13.2。

表 13.2　　　　　　　　　　当 $T=16\text{d}$、$Q=3.2$ 时各统计参数

ε	$\ln\varepsilon$	$N(\varepsilon)$	N_T	$N_N(\varepsilon)$	$\ln N_N(\varepsilon)$
1	0	4	16	0.25	−1.386290
2	0.693147	5	8	0.63	−0.470000
3	1.098612	4	5	0.75	−0.28768
4	1.386294	4	4	1.00	0
5	1.609438	5	3	1.56	0.446287
6	1.791759	4	3	1.50	0.405465
7	1.945910	5	2	2.19	0.782759
8	2.079442	5	2	2.50	0.916291

点绘 $\ln\varepsilon - \ln N_N(\varepsilon)$ 相关图，见图 13.2。

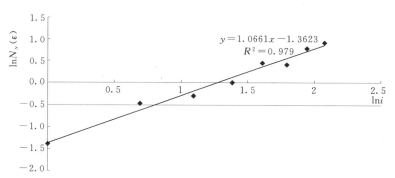

图 13.2　$\ln\varepsilon - \ln N_N(\varepsilon)$ 相关图

由图 13.2 可见 $b=1.0661$，$De=0.9339$。

分别取 T 为 20d、30d，计算相应的统计参数，前汛期统计参数计算见表 13.3。

表 13.3　　　　　　　　　　前汛期统计参数计算表

$T=16\text{d}$	$T=20\text{d}$	$T=30\text{d}$	$T=40\text{d}$	$T=50\text{d}$
$b_1=1.0661$	$b_2=1.0748$	$b_3=0.9841$		
$De_1=0.9339$	$De_2=0.9252$	$De_3=1.0159$		

由表 13.3 可知，当 $T=50\text{d}$ 时，De 值与前面相差较大，因此选择前汛期时间为 $T=40\text{d}$，即 6 月 15 日至 7 月 25 日。

用同样的方法分别计算主汛期为 7 月 25 日至 8 月 25 日。

b. 分期设计洪水

分期设计洪水具体的确定过程是根据分期洪水的时间界限，在各分期内按年最大洪峰值选样，然后分别对各分期洪水进行频率计算，求出各分期不同设计标准的洪峰流量与洪水总量，并按各分期洪水的特点，按照一定的原则：①选择峰高量大的洪水；②选择具有代表性的，如发生季节、地区组成等；③选择对工程不利的洪水，必然主峰靠后，峰型比较集中）选出典型洪水过程线，再按洪峰、洪量同频率（同频率放大法）控制的原则，求出不同设计标准的分期设计洪水过程线。这里根据给定资料中数据计算分期设计洪水。

前汛期：6 月 15 日至 7 月 25 日。

主汛期：7 月 25 日至 8 月 25 日。

c. 调洪演算

王花泡水库特性曲线见图 13.3。

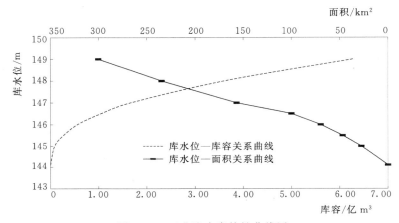

图 13.3　王花泡水库特性曲线图

利用上述基本资料进行调洪演算，确定分期汛限水位。

水库汛期防洪限制水位的设置，本质上是为了协调水库运行管理中兴利与防洪之间的矛盾关系。该水位的设定，一般是规定各水库在每年汛期来临时期某固定的时间，要把库水位控制在某一固定水位以下。这样，当汛期洪水来临之时，才有足够的库容调蓄洪水，为下游防洪做好准备。可以说汛期防洪限制水位的设定对保障人民的生命财产安全起到了很大的作用。

但是，另一方面，水库在承担调洪任务的同时，也承担着供水兴利的任务，这就要求防洪限制水位的设置不能太低，以保证一定的供水能力。

汛限水位研究方法按设计理念分有静态控制法和动态控制法，静态控制法包括固定汛限水位法和分期汛限水位法。固定汛限水位法即整个汛期只使用一个汛限水位；分期控制就是把汛期划分为几个时段，在每个时段执行不同的汛限水位动态控制。而实时动态控制就是综合利用现代科学技术提供的遥测、预报与统计等信息，在汛限水位允许的上下限范围内，根据实时的天气预报、降雨信息来确定准确的汛限水位值。

王花泡滞洪区土坝由主坝、东副坝和七段西副坝组成。主坝从代家围子起到马家店止，全长 6964m，最大坝高 4.19m，东副坝从王老九屯东起到代家围子，全长 5504m，最大坝高 3.52m，西副坝系利用自然岗包之间洼地围堵而成，共七段，设计全长 15554m，实际完成 11528m，其中以西副坝 3 号坝最大，设计全长 8402m，实际完成 5920m，最大坝高 3.95m。主副坝顶高程均为 149.6m。泄洪坎顶高程为 145m。

进行调洪演算先要确定采用的调洪原则，本调洪要求 100 年一遇洪水时，坝前最高洪水位不得超过 148m。

洪水调洪演算半图解法如下：

水量平衡方程式：
$$\overline{Q} + \left(\frac{V_1}{\Delta t} - \frac{q_1}{2}\right) = \left(\frac{V_2}{\Delta t} + \frac{q_2}{2}\right)$$

式中：$\frac{V_1}{\Delta t}$、$\frac{q_1}{2}$、$\frac{V_1}{\Delta t} - \frac{q_1}{2}$、$\frac{V_2}{\Delta t} + \frac{q_2}{2}$ 均可与水库水位建立函数关系。根据选定的计算时段 Δt、已知的水库水位容积关系曲线，以及根据水力学公式算出的水位下泄流量关系曲线，事先计算绘制曲线组：$\frac{V}{\Delta t} - \frac{q}{2} = f_1(Z)$、$\frac{V}{\Delta t} + \frac{q}{2} = f_2(Z)$ 和 $q = f_3(Z)$。其中 $q = f_3(Z)$ 为水位下泄关系曲线，其余两条为辅助曲线，这为双辅助曲线法。

根据已有资料，可计算辅助曲线见表 13.4 和图 13.4。

表 13.4 曲线 $V/\Delta t - q/2 = f_1(Z)$、$V/\Delta t + q/2 = f_2(Z)$ 计算

库水位 Z/m	库容 V/万 m³	水库库面 面积 F	下泄流量 q /(m³/s)	V/Δt	q/2	V/Δt+q/2	V/Δt-q/2
144.1	0		0	0	0	0	0
145.0	8.3	27.5	0	96.065	0	96.064815	96.064815
145.5	26.7	47.0	8.48	309.028	4.24	313.267778	304.787778
146.0	55.7	69.7	24.00	644.676	12.00	656.675926	632.675926
146.5	105	100.0	44.16	1215.278	22.08	1237.357778	1193.197778
147.0	166.1	156.9	67.84	1922.454	33.92	1956.373704	1888.533704
148.0	360.5	234.6	124.64	4172.454	62.32	4234.773704	4110.133704
149.0	627.3	300.3	192.00	7260.417	96.00	7356.416667	7164.416667

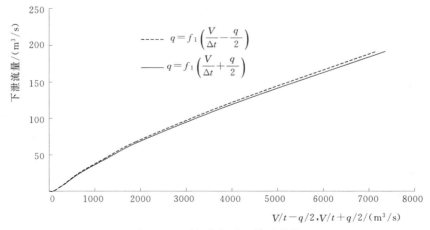

图 13.4 图解分析法双辅助曲线

（1）根据已知的入库洪水流量过程线（即为设计洪水过程线，如 $P=1\%$、$P=2\%$ 等的设计洪水，该洪水在此处应为按前述方法分期得到的分期设计洪水过程线）、水库水位容积关系曲线、汛期防洪限制水位（这里为假定，应先假设几个汛限水位，通过防洪原则计算确定相应的汛限水位）、计算时段等，确定调洪计算的起始时段，并划分各计算时段。算出各时段的平均入库流量 $\overline{Q}$，以及第一时段初始的 Z_1、q_1、V_1 各值。

（2）在辅助曲线图上量取第一时段的 Z_1，得 a 点。作水平线 ac 与曲线 $\dfrac{V}{\Delta t}-\dfrac{q}{2}=f_1(Z)$ 相交于 b 点，并使 $bc=\overline{Q}$。

（3）从 c 点做垂线交曲线 $\dfrac{V}{\Delta t}+\dfrac{q}{2}=f_2(Z)$ 于 d 点，过 d 点作水平线 de 交水位坐标轴于 e 点，e 点即为 Z_2，查曲线 $q=f_3(Z)$ 得 q_2。

前汛期入库洪水调洪演算结果见表 13.5。分别假定一组起调水位，按照一定的调洪原则，调节 100 年一遇设计洪水，试算得到一个起调水位（表 13.6）。假设起调水位为 147m。

表 13.5　　　　　　　　　　前汛期入库洪水调洪演算结果

时段/d	Q/(m³/s)	$(Q_1+Q_2)/2$/(m³/s)	$V/\Delta t-q/2$/(m³/s)	$V/\Delta t+q/2$/(m³/s)	水库水位 Z/m	下泄流量 q/(m³/s)	V/万 m³	备注
0	8		1888.53		147.00	67.84	166.1	
1	11	9.5				9.50		
2	17	14				14.00		
3	38	27.5				27.50		在第三时段以前，来水量均小于下泄量 67.84m³/s，水库不蓄水，不需进行调洪
4	78	58	1888.53		147.00	58.00		
5	95	86.5	1907.00	1975.03	147.01	68.00	167.7	
6	90	92.5	1999.42	1999.50	147.05	75.00	169.51	
7	70	80	1994.84	2079.42	147.10	84.5	176	
8	55	62.5	1971.24	2057.33	147.07	86.00	174.03	
9	32	43.5	1926.50	2014.74	147.06	88.00	170.25	
10	20	26		1952.50	147.00	62.00	166.01	
11	13	16.5			147.00	16.50		

表 13.6　　　　　　　　　主汛期水库洪水调节计算表（$P=1\%$）

日期	流量 Q/(m³/s)	下泄流量/(m³/s)	库容/万 m³	水位/m
7 月 25 日	10.2	0	882	145.20
7 月 26 日	43.6	0	970	145.24
7 月 27 日	100.0	0	1347	145.43
7 月 28 日	153.0	0	2211	145.63
7 月 29 日	109.0	12.1	3533	145.85
7 月 30 日	52.3	24.9	4422	146.00

日期	流量 Q/(m³/s)	下泄流量/(m³/s)	库容/万 m³	水位/m
7 月 31 日	26.2	25.9	4762	146.04
8 月 1 日	41.4	26.6	48.69	146.05
8 月 2 日	91.6	28.6	51.05	146.08
8 月 3 日	183.0	33.1	57.63	146.15
8 月 4 日	327.0	41.6	71.80	146.30
8 月 5 日	390.0	52.6	97.75	146.56
8 月 6 日	375.0	63.4	128.26	146.80
8 月 7 日	338.0	72.1	156.60	147.01
8 月 8 日	286.0	78.5	181.02	147.14
8 月 9 日	242.0	83.6	200.43	147.24
8 月 10	203.0	87.5	215.61	147.32
8 月 11	166.0	89.6	227.11	147.37
8 月 12	133.0	90.0	235.23	147.42
8 月 13	105.0	90.0	240.47	147.44
8 月 14	79.4	90.0	243.29	147.46
8 月 15	58.4	90.0	243.89	147.46
8 月 16	48.3	90.0	242.67	147.45
8 月 17	54.7	90.0	240.58	147.44
8 月 18	85.3	90.0	239.02	147.44
8 月 19 日	127.0	90.0	240.10	147.44
8 月 20 日	163.0	90.0	244.77	147.47
8 月 21 日	177.0	90.0	252.53	147.51
8 月 22 日	162.0	90.0	261.49	147.55
8 月 23 日	131.0	90.0	269.13	147.59
8 月 24 日	90.4	90.0	274.08	147.62
8 月 25 日	57.0	80.0	276.36	147.63
8 月 26 日	32.7	70.0	276.58	147.63
8 月 27 日	17.3	70.0	274.66	147.62
8 月 28 日	8.5	70.0	271.38	147.60
8 月 29 日	4.0	70.0	267.29	147.58
8 月 30 日	2.7	70.0	262.79	147.56
8 月 31 日	1.2	70.0	258.14	147.53

主汛期洪水调节计算，采用资料中数据。

结论：根据大庆地区防洪原则，结合本演算结果，确定前汛期汛限水位为 147m，主汛期为 145.2m。

通过表 13.8 主汛期水库洪水调节计算表可以看出，前汛期入库洪水较小，汛限水位可适当提高以保证用水量，待到主汛期来临时在调度汛限水位，蓄滞洪水保证防洪安全。

根据资料得到的双辅助曲线相差较小，这是因为库容相对较大而下泄流量较小导致，应复核资料后计算。

本实例是以设计频率为 $P=1\%$ 的分期设计洪水为例进行的调洪演算，其他频率洪水类同。结合洪水预报进行水库汛限水位的调度和运用，可提高水资源的综合利用。

13.2.3.2 库里泡滞洪区

大庆地区王花泡、北二十里泡、中内泡、七才泡和库里泡等五座滞洪区，其中关键为王花泡和库里泡两个滞洪区。王花泡为上游双阳河洪水和明青坡水总控制，库里泡为下游出口的总控制，其下泄水量泄入松花江。王花泡滞洪区按照 100 年一遇洪水设计，库里泡滞洪区按照 50 年一遇洪水设计，100 年一遇洪水校核。为了充分利用水资源，同时也为了保证库里泡以下耕地、草原和肇源县等免受洪水灾害，对库里泡滞洪区的调洪演算采用分期设计洪水进行调洪，以确定分期汛限水位。

因库里泡和王花泡同属于大庆地区防洪工程体系并相互串联，其洪水特性相似，因此采用和王花泡水库洪水相同的分期进行调洪演算。具体分期：前汛期为 6 月 15 日至 7 月 25 日，主汛期为 7 月 25 日至 8 月 25 日。

本部分调洪演算方法同王花泡水库，具体过程亦相同。

库里泡滞洪区特性曲线见表 13.7 及图 13.5。

表 13.7　　　　　　　　　　　库里泡滞洪区特性曲线表

水位 H/m	127	128	129	130	131	132	133	134
库容 $V/$万 m^3	0	170	2050	8030	18510	32290	48980	69800
面积 F/km^2	0	5.1	37.4	85.4	125.5	150.4	184	233.4

库里泡新闸 2 孔，每孔宽 5m，净宽 10m，底坎高程 128m，最大下泄量 70m³/s。由于库里泡下泄水量流入松花江，其下泄流量受松花江水位回水顶托影响，计算得到库里泡滞洪区下泄曲线表见表 13.8。

表 13.8　　　　　　　　　　　库里泡滞洪区下泄曲线表

库里泡水位/m	流量/(m³/s)				
	$Z_松=125$	$Z_松=127$	$Z_松=128$	$Z_松=129$	$Z_松=130$
128.0	0	0	0	0	0
128.5	4	4	4	0	0
129.0	17	17	17	0	0
129.5	40	40	40	36	0
130.0	68	68	68	61	0
130.5	99.5	99.5	99.5	92.5	63
131.0	130	130	130	123	103
131.3	147	147	147	142	126
131.6	163.5	163.5	163.5	154	140
132.0	185	185	185	184	174

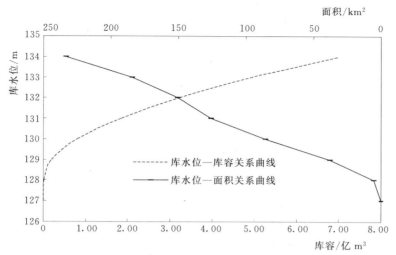

图 13.5　库里泡滞洪区水库特性曲线

利用上述基本资料进行调洪演算，确定分期汛限水位。其辅助曲线见图 13.6。以 $P=1\%$ 设计洪水为例，库里泡滞洪区主汛期调洪演算结果见表 13.9。

表 13.9　　　　　库里泡滞洪区主汛期调洪演算结果（$P=1\%$）

序号	设计洪水/(m³/s)	下泄水量/(m³/s)	库容/万 m³	水位/m
0	0	0	2049	129.00
1	2.7	0	2072	129.00
2	15.1	0	2203	129.03
3	37.3	0	2526	129.10
4	50.2	0	2959	129.19
5	60.8	15.7	3350	129.27
6	70.0	31.3	3684	129.33
7	83.7	30.6	4142	129.43
8	93.7	30.7	4687	129.53
9	108.5	32.4	5344	129.62
10	136.4	31.2	6253	129.75
11	149.0	25.4	7321	129.90
12	149.7	21.9	8425	130.04
13	154.7	31.4	9491	130.15
14	175.7	47.1	10602	130.26
15	212.7	60.5	11917	130.39
16	257.9	74.0	13507	130.55
17	319.1	87.0	15512	130.73
18	343.0	100.6	17607	130.92

续表

序号	设计洪水/(m³/s)	下泄水量/(m³/s)	库容/万 m³	水位/m
19	344.5	113.5	19603	131.09
20	318.1	123.7	21282	131.24
21	293.8	131.8	22682	131.35
22	264.2	137.5	23776	131.42
23	240.1	139.9	24642	131.48
24	221.9	140.0	25349	131.52
25	207.1	140.0	25929	131.56
26	193.9	140.0	26394	131.59
27	182.8	140.0	26764	131.62
28	162.3	140.0	26957	131.63
29	148.3	140.0	27029	131.64
30	137.6	140.0	27008	131.64
31	128.2	140.0	26906	131.63
32	120.7	140.0	26739	131.62

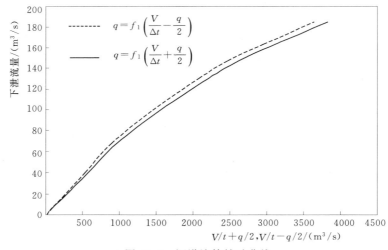

图 13.6 调洪演算辅助曲线

根据上述调洪计算结果，主汛期汛限水位为 129m，前汛期为 129.5m。

13.2.3.3 小结

上述演算以 5 个滞洪区中的王花泡和库里泡为例进行了分形计算，结果是：

（1）王花泡资源化利用水位前汛期为 147.0m，库容为 15660 万 m³；主汛期水位为 145.2m，库容为 882 万 m³。

（2）库里泡资源化利用水位前汛期为 129.5m，库容为 4396 万 m³；主汛期水位为 129.0m，库容为 2085 万 m³。

根据历史洪水及其汛期调度运用计划分析，分两期洪水调度能够保证防洪安全的。

13.2.4　防洪调度方案

防洪调度方案主要包括以下内容：

（1）分析水库工况和历年雨情、水情及运用情况，确定调度运用原则和各级控制水位。

（2）计算、绘制防洪调度图表，制定正常和非正常洪水调度方案及超标准洪水对策。

（3）制定防洪抢险、预报预警、群众转移方案和实施办法。

（4）明确防洪调度的制度和责任。

13.3　水库的洪水调度管理

13.3.1　水库的洪水调度管理应注意的问题

（1）突破水库控制运用指标问题。水库控制运用指标（计划）是各级防汛指挥部门为保证水库大坝安全和发挥其兴利除害的作用，根据水库大坝的设计洪水等设计指标，结合工程安全状况和社会经济发展要求等实际情况制定的。其主要内容包括汛期限制水位、正常蓄水位及发生不同标准洪水相应的泄流过程，经上级主管部门批准后，水库的汛期调度即按此进行。水库是根据一定标准的设计洪水及下游防护对象的要求建立起来的。为了保证大坝安全，选定的设计洪水一般为较高标准，但实际上水库上游不可能每年发生这样的洪水，这种差异给水库的防洪调度带来了可操作空间，即是水库风险调度的理论基础。因此，根据对天气预测，如果水库上游后期不会发生设计状况的暴雨洪水甚至无降雨或降雨不大，水库调度可以不按照汛期正常的控制运用计划进行，实行风险调度，超过汛限指标进行。即减少下泄量，甚至关闸滞洪，抬高库水位，实现多拦蓄洪水资源目的。

（2）超过库区淹没线问题。淹没线是水库正常调度蓄水的最高水位，是通过水库调洪演算确定的。水库在正常运用期间，按调度计划必须严格控制在淹没线以下运行。进行洪水风险调度，就极有可能发生水库超过淹没线运行，将会引发土地和房屋的赔偿问题。

（3）水库滞洪承受能力和下游错峰问题。进行水库风险调度，水库要超汛限运行，势必造成调洪库容减少。由于洪水产生的因素不确定性，洪水的峰、量很难把握和控制，一旦发生较大洪水，为了控制库水位不超过淹没线，势必加大泄量，削峰能力降低，给下游河道防洪增加压力。

（4）工程隐患影响度汛安全问题。近几年，大庆市的大中型水库相继得到了维修加固，防洪标准有了一定程度的提高。但还有相当一些工程年久失修，标准偏低，抗灾能力较差，如进行风险调度，将会对工程安全度汛带来严重影响。

13.3.2　滞洪区风险调度管理

由于滞洪区工程存在诸多质量问题，滞洪区在正常调度中都是存在风险的，如进行风险调度工程超标准运行，这种风险就更大了。另外，工程可能会发生在正常情况下不会出现的质量、运行状态等方面的问题，产生新的危险，一旦发生越过预测的暴雨洪水或调度不当，轻则对工程造成严重损害，重则因泄流较大，对下游河道的防洪安全产生严重威胁，而溃坝失事，将造成毁灭性的灾害，因此进行风险调度，必须确保安全，并做好以下几方面工作：

（1）对实行适度承担风险调度水库严格选取，风险调度保护的目标必须合理。应对实行风险调度的滞洪区进行防洪效益分析和风险分析，选择能拦蓄较多洪水，错峰效果显著的，且工程质量无大的隐患，实际防御洪水标准以不低于部分工程除险加固近期非常运用洪水标准为宜，尽量选择水库失事对下游造成损失较小的水库。对实行风险调度的滞洪区进行严格的审查报批。风险调度的目标必须合理，如重要城镇、主要铁路干线、重要企业或对国民经济发展有重大影响的工矿企业等。而不宜在小洪水时为减轻下游防洪压力或在大洪水时，为保护应该淹没的地区而使用，如行蓄洪区、滩区、生产圩区等，对这些目标只能在实时调度中当条件允许时作适当考虑。

（2）对实行风险调度的水库应进行严格汛前工程质量检查。通过汛前工程质量大检查，准确掌握工程安全运行状况。应着重检查闸门启闭是否灵活，坝体裂缝是否存在，其宽度、长度、深度如何；泄洪设备是否正常；通电、通信设备是否完好；其他涉及工程安全的因素都要进行全面检查。对工程安全隐患采取必要可行的措施，确保安全，为适度承担风险、调度洪水打下良好的基础。

（3）强化工程管理水平，努力提高管理人员业务素质。水库工程管理包括检查观测、养护维修和水库调度，管理水平的高低直接关系到水库工程能否安全运行。因此要建立健全各种对大坝本身、泄水建筑物、输水建筑物及其附属设施的安全检查、观测制度，落实运行安全措施，确保水库在高水位状态下运行各关键岗位，技术人员坚守岗位，勤于了解掌握雨情、水情，坚持对工程进行巡查等，做到对水库高水位状态下运行全过程的实时监控；制定防洪调度规程及其制度，对调度方案选择、调度权限等进行详细的规定，使工程管理工作走向正规化和规范化。为做好水库的管理和安全调度工作，应有一支工种齐全、技术业务素质较高的人员队伍。

（4）对实行风险调度的滞洪区应给予适当的投入。对工程的质量隐患应及时加以除险；配足配齐各种管理、安全运行监测设备，尽量达到自动化或半自动化，能及时发现工程出现的质量问题和监视工程的运行状态；应建立先进的"水库防洪预报自动化系统"，实现防洪调度自动化。对于已建成的水雨情自动测报系统，水位自动控制系统要加强维护管理，确保系统正常运行。在建设过程中，各水库、各系统应实现资源共享。

（5）落实防洪责任制。进一步建立以行政首长责任制为核心的安全责任制，按照《中华人民共和国防洪法》、国务院关于《特大安全事故行政责任追究的规定》和国家防汛抗旱总指挥部关于《各级地方人民政府行政首长防汛职责》的要求，各级政府一把手对管辖地区的水库安全负总责，有利于增强各级干部和群众的水患意识；有利于强化检查督促；有利于协调解决水库防洪方面的物资、人力准备；有利于督促水库正确执行上级防汛部门的调度命令；有利于一旦发生险情组织抢险和群众安全转移，减少灾害损失。

总之，在水库洪水调度过程中适度承担风险，必须确保工程安全运行、科学调度，加强管理，依法防洪，合理蓄水，正确处理风险与效益的关系，充分发挥水库的综合效益，以水资源的可持续利用促进社会经济可持续发展。

14 大庆滞洪区管理的综合措施探讨

洪水风险管理的措施，需要根据管理对象的具体特点来确定。洪水风险的分类有助于风险管理的深入研究（程晓陶，2004），包括：①积极的风险与消极的风险；②短期的风险与长期的风险；③可承受的风险与不可承受的风险；④固有的风险与附加的风险；⑤内部风险与外部风险；⑥可控制的风险与不可控制的风险；⑦可回避的风险与不可回避的风险，等等。对于不同地区与不同类型的洪水，洪水风险的分类与比较，将有利于我们因地制宜探讨适宜的减灾措施。

洪水风险管理的目标是减少洪水发生的可能性及其可能带来的影响。经验表明，最有效的途径是制定洪水风险管理计划和综合管控措施，具体包括：①预防。通过避免当前和未来在易发洪水地区建设房屋和工业设施，通过让未来的发展适合洪涝风险，通过促进土地合理利用，采取农业和林业措施，来预防洪水带来的危害。②保护。采取措施，包括工程和非工程措施，减少某一具体地区洪水发生的可能和发生后可能带来的影响，如制止滞洪区内盲目开垦和圈建鱼池。③防范意识提高。告知人们面对洪水风险，以及在一场洪水发生时，该如何去做。④紧急应对。制定洪水发生时紧急应对计划。⑤恢复及经验总结。尽快恢复到正常状态，缓解洪水对受影响人群的社会经济影响。总结每次抵御洪水的经验，为进一步防洪做好准备。

这些管理措施的主要作用在于：①有利于实现人与自然的和睦相处，保证滞洪区及河道工程保护区内的社会可持续发展（刘昌明和梅亚东，2000）。在大庆地区制定洪水灾害风险管理措施，要根据其特点综合考虑环境、生态等方面的因素。在评价风险处理方案和风险管理决策时，也要从各个行业及其侧重点对石油、石化、生态等方面综合考虑。还要注重工程措施和非工程措施的有机结合。只有这样，才能真正实现人与洪水互害变为互利。②适当的洪水管理，有利于减轻洪水灾害损失和洪水资源的有效利用，同时增加高风险区的安全保障程度。③促进防洪减灾事业的科学化。实行洪水灾害风险管理，依赖于防洪减灾科学技术水平的提高，涉及水文学、水力学、管理决策技术、经济学、保险学等学科（程晓陶，2004）。因此，实行洪水灾害风险管理，就有利于这些学科的交叉合作，有利于防洪管理处培养综合性的防洪减灾从业人员，促进防洪减灾事业的进一步科学化。

根据大庆具体情况，下列措施需要在未来洪水管理中重点考虑。

14.1 加强防洪工程范围内的土地利用规划

土地利用是在特定的社会生产方式下，人类依据土地的自然与社会属性，对土地进行有目的的开发、利用、整治和保护的活动。大庆地区及滞洪区周边的土地利用包括生产性利用和非生产性利用两类。土地的生产性利用是指把土地作为主要的生产资料或劳动对象，以生产生物产品、矿物产品或其他产品为主要目的的利用，如种植农作物、栽培果树、植树造林、放牧牲畜和养殖水产等。在这些类型中，养殖水产占主要部分，大量养鱼池逐渐侵占滞洪区水面；土地的非生产利用，主要利用土地的空间和承载力，把土地作为活动场所和建筑基地，如建设住宅、工业园区、道路、旅游点等（董祚继，2002）。这部分用地在各个泡沼周边不是主要部分。

14.1.1　土地利用原则、要求及其调整

（1）根据洪水风险程度，划分严禁开发利用区、限制开发利用区与允许部分开发利用区。没有工程防护的地区，洪水风险用洪水自然频率表示，有工程防护的地区可用防洪标准表示。针对大庆地区而言，平原泡沼连片，三部分来水明显，区域内厂矿众多。一般可用 5 年一遇洪水位以下的地区作为严禁开发利用区，5 年一遇至 20 年一遇洪水位以下地区作为限制开发利用区，50 年一遇洪水位以上地区作为允许开发利用区。

（2）对于尚未开发利用的区域，要制定周边群众从事经济活动的范围和原则。对于已占用的严禁开发区，耕地要实行"双退"，即将居民外迁，退耕还河（湖）（李原园等，2010），建筑设施要尽量拆迁，实在不能拆迁的要采取措施以清除建筑物对洪水的影响。对于大庆安肇新河、肇兰新河沿岸，都存在着这种居民活动侵占河道管辖区的现象。

（3）对于在限制开发区内的生产活动，要执行各地的限制规定，如不许建设重要基础设施，不许建设大型阻水建筑物、民宅。对于有必要、也有条件的允许开发利用的地区，要按照防洪工程保护区的有关要求，进行安全建设，标准一般不得低于防御 50 年一遇洪水的要求。对于滞洪区堤坝临水一侧的河滩地一般不进行产业活动，农业发展要以发展耐淹的农业与林业为主。

（4）原规划基础上的适度调整。经历 1998 年大水以后，通过对临时筑坝、决口以及抗洪抢险的经历看，大庆人民也逐渐认识到，人类改造自然的能力是有限的，洪水作为不可抗拒的自然因素，其发生较大标准的可能性始终存在，完全的消除洪水灾害是不可能的。因此，减少水灾损失的最有效方法就是对防洪保护区内的土地利用加以限制、合理规划和使用，这是尊重客观规律并在人力所能及的范围内减少洪水灾害损失的有效途径。但是，土地利用从景观尺度上（如大庆地区生态环境定位在百湖之城，河湖景色蔚为壮观），反映了人类对自然生态系统的影响方式及程度；土地利用的变化反映了油城人民在油田开发过程中对自然生态条件变化的综合影响。表现在区域土地利用结构和强度上对洪涝灾害产生了巨大的影响。因此，解决洪水灾害方面必须选择在充分重视生态规律的前提下，谋求保护河湖湿地和生态环境与洪水共生存的策略，才能将灾害损失降到最低，尤其强调的是，随着城市化加快，农村搬迁和工业园区的扩大，原来的土地利用规划必须适时调整，才能实现经济社会协调稳步的可持续发展。土地调整必须坚持以下原则：

1）土地利用调整主要是针对滞洪区、排水河道特殊的水文和地理条件，限制对其进行违背自然规律的开发利用，从而降低区域承灾的风险性和脆弱性，并使周边人类的经济活动远离水灾的高风险地区。

2）土地利用调整在大庆防洪工程运行中的一个长期减灾行为，要引入适当的激励与约束机制，并配合必要的政策和法律手段，协调和处理好企事业、地方基层政府、群众等

利益相关者的矛盾。如建立合理的淹没补偿机制、奖惩机制等。

3）根据大庆地区的具体特点，效益保护区内的土地规划利用坚持有利于与生态补水效益、资源化洪水利用的综合经济效益、生态环境建设的社会效益的有机结合。如在治理河道、滞洪区以及周边群众生产等过程中，必须强调治理与开发相结合。把洪水管理作为工程建设和生态保护、各方利益关系协调的主线，开发建设与当地水环境条件相适应的生产方式与生活方式。如不能只顾眼前经济利益而盲目侵占河湖水面。

4）生物措施与工程措施相结合。大庆地区为盐碱土地居多，为减少洪水冲毁土地和水利工程，要把防洪工程建设与河流及土地的生态恢复结合起来，通过建立河岸保护带、保护缓冲带形成生物措施与工程建设相结合的防护体系，把恢复河流生态功能、净化径流、防洪减灾与有效利用结合起来。

14.1.2 滞洪区内的土地综合管理与规划

大庆防洪工程保护区内，河流与排洪通道、水库等属于天然属性，洪水既是水资源的一种表现形式，也是水资源的一种运动方式，在区域水资源的可持续性利用和上述天然属性的维系上均起到重要的作用。但是，如果不加限制的人为侵占河湖、湿地空间，使排洪作用受制约，必将导致如王花泡、北二十里泡等湿地生态环境质量的退化。目前滞洪区被侵占的情况见表 14.1，据此应对流域洪泛区进行科学规划，根据流域洪水发生频率和强度及历史洪水特性，界定不同频率等级洪水的洪泛空间范围，对不同频率等级洪泛区的土地利用方式进行分区严格管理。

表 14.1   滞洪区被侵占的情况统计表

项目	防洪标准	总库容/亿 m³	设计水位/m	相应库水面积/km²	被挤占面积/km²	占库区面积百分比/%	被挤占库容/亿 m³	占库区总库容百分比/%
王花泡	100 年一遇	2.7685	147.63	207.00	66.72	32.23	1.4912	53.92
北二十里泡	100 年一遇	0.9237	143.11	74.50	34.10	45.77	0.2622	28.39
中内泡	50 年一遇	0.5524	140.89	32.30	15.56	48.17	0.1863	33.73
库里泡	50 年一遇	2.1172	131.23	131.00	22.25	16.99	0.4575	21.61
青肯泡	50 年一遇	1.6100	144.84	132.40	20.26	15.30	0.2936	18.28

注 资料来源于《关于大庆地区防洪工程体系各滞洪区被挤占情况的汇报》（黑龙江省大庆地区防洪工程管理处，2014）。

（1）加强滞洪区湿地自然保护区建设和管理。自然保护区建设是对天然生态环境进行保护的有效途径，在科学划定滞洪区范围的基础上，增设和新建一批湿地自然保护区，同时加大对已有湿地自然保护区的投入力度，加强洪泛区湿地自然保护区建设和管理，以维系和加强洪泛区湿地自然生态环境。如龙凤湿地划为自然保护区后，水草茂盛，生物多样性资源得到恢复，从景观生态学和可持续发展的角度来看，生态环境功能和社会经济资源价值有了很大提高。

（2）控制滞洪区周边人口数量，加强滞洪区湿地生态环境稳定性建设。只有严格控制洪泛区内的人口增长才能缓解人口对资源、环境与社会发展的压力，降低洪水致灾中的人为诱发因素。

（3）建立滞洪区土地信息管理决策支持系统。滞洪区土地利用信息可通过水文监测资料、野外考察及借助现代化信息处理技术如遥感、地理信息系统等予以提取，如水文特征、洪水淹没面积及其变化、水面养鱼池等实现动态分析与监测。在信息管理决策支持系统的支持下，针对不同类型的区内土地、湿地、水面要制定因地制宜的管理方案，以保证管理方案实施的可操作性和可持续性（翟金良等，2003）。

（4）滞洪区的非工程防洪措施的建设与土地利用相结合。非工程防洪措施的目的是减少灾害损失，是工程措施的辅助手段，但不可或缺。土地利用的规划管理是滞洪区管理中重要的非工程措施之一。

14.1.3　滞洪区内被侵占土地管理

防洪区内土地开发利用规划洪水风险评价，包括评价土地利用对洪水风险的影响与洪水风险对土地利用的影响。具有洪水风险的土地利用与洪水风险的相互影响，最受人们关注的是防洪保护区的城镇化、蓄滞洪区的开发利用、山洪泥石流地质灾害频发区的人类活动等。

防洪保护区在防洪标准内是相对安全的，但并非没有洪水风险。事实上，防洪保护区同样存在一定的洪水风险。防洪保护区的洪水风险主要表现为超过防御洪水的风险，以及因防洪工程失事、洪水预报调度和决策失误而产生的洪水灾害风险。此外，还有为了顾全大局而作出局部牺牲而产生的洪水风险（如临时供分蓄洪水的一般保护区的洪水风险）。防洪保护区还必须考虑在工程寿命年限内发生的等于和超过工程设计标准洪水的可能性（概率）。防洪保护区要特别注意对超标准洪水可能引发的破堤淹没作出风险评价。

14.1.4　保护范围内城镇社区土地利用管理

防洪保护区洪水风险大多来自城镇及其生命线工程，包括工矿企业、油田、机场及重要交通干线以及农田。这些保护对象一般受到具有一定防洪标准的工程保护，如果其空间布局和土地利用没有得到很好的规划，会大大增加洪水淹没和侵袭的风险。因此，保护区内城镇社区建设的土地利用管理至关重要。根据大庆地区社会经济发展情况和洪水特征，应注重以下几个方面：

（1）城市与工矿企业拓展建设空间占用河滩地，必须对部分河滩地被占用后抬高行洪水位、加大流量的水情变化作出评价，以此规划土地利用方案。

（2）个别城镇、社区与工矿企业为保护本区域的安全，不按照防汛管理部门的指导或审批，私自加高、加固防洪堤，会影响上下游、左右岸附近的洪水，如抬高下游洪水位并加大下游流量等。这个问题在土地利用规划中要充分考虑。

（3）农田保护区的防洪标准一般较低，这类地区在大水年统计出来的洪灾淹没面积及损失，相当大的比例是涝灾引起的。因此，在目前农田水利建设、低产田改造、旱改水或水改旱等工程中，要充分考虑土地利用的合理性及其带来的洪水风险等。

14.2   大庆防洪保护区域内的洪水保险探索

洪水保险是对洪水灾害引起的经济损失所采取的一种由社会或集体进行经济赔偿的办法。为配合滞洪区管理，限制区域内不合理开发，减少洪灾社会影响，对居住在洪泛区的居民、企业、事业等单位实行的一种保险制度。它属于防洪非工程措施之一。一般有自愿保险和强制保险两种形式，后者更有利于限制洪泛区的不合理开发。凡参加洪水保险者，按规定保险费率定期向保险公司交纳保险费。保险公司将保险金集中起来，建立保险基金。当投保单位或个人的财产遭受洪水淹没损失后，保险机构按保险条例进行赔偿。

我国通过多年的探索，已有试点或正在酝酿之中的洪水保险模式，主要包括通用型保险（主要包括一般企业、家庭财产、农村种植业和养殖业等）、定向性保险（指淮河流域一段河流，漫堤行洪保险试点）、集资型保险（受益区拿出一部分经费，为损失区作为保险费，一般由地方财政负担）、强制性全国洪水保险（酝酿之中）等四种模式（赵鸣骥等，1995）。目前美国是洪水保险业最早也是最发达的国家之一，美国的洪水保险是一种国家与私营保险公司相互补充、承保费用贷款利率相连带的一种模式。这一模式的最大特点是，保证了保险公司的利益不会因为巨大灾害的发生而受到灭顶之灾，同时通过经济手段来约束社区和居民参加洪水保险计划，虽然表面上是自愿的，但其实质却是强制性的，并有法律作为保障（杜国志，2005）。大庆地区是我国北方经济发达地区，最大石油生产基地，目前已具备洪水保险的基础条件。

14.2.1   国外三种保险模式的经验借鉴

（1）经济连带模式。美国是洪水保险经济连带模式的典型，经济连带模式洪水保险的主要特点：①水保险由国家设专职机构专项管理，即大的洪灾一旦发生，受灾区域内赔付对象占投保群体的比例很大，在局部区域发展业务、资本有限的私营保险公司往往难以承受。只有国家才有力量在全国推行强制性洪水保险，在更大的范围里调剂使用保险经费。同时，作为国家财政补贴的非营利性的国家洪水保险计划，也必须是国家专项管理的。②洪水保险是加强洪泛区管理的重要手段，并具有强制性。由于美国将改善洪泛区土地管理和利用、采取防洪减灾措施作为社区参加洪水保险计划的先决条件，再将社区参加全国洪水保险计划作为社区中个人参加洪水保险的先决条件，这就对地方政府形成了双重的压力——不加强洪泛区管理，就失去联邦政府的救灾援助，同时也可能失去选民的支持，从而促使地方政府加强洪泛区管理，使洪水保险计划达到分担联邦政府救灾费用负担和减轻洪灾损失的双重目的（杜国志，2005）。因此，所谓强制性洪水保险，首先是针对地方政府而言的；而对洪泛区中的个人、家庭和企业来说，强制性并不是强迫参加洪水保险，而是义务与权利的约定。③洪水保险有法可依，并经历了逐渐完善的过程。从1956年通过《联邦洪水保险法》开始，联邦洪水保险法规和制度不断在进行调整。1968年国会通过了《全国洪水保险法》，1969年依法制定出《国家洪水保险计划》。1973年12月，美国国会通过《洪水灾害防御法》进一步将洪水保险计划由自愿性改为强制性（程晓陶，1998）。随后管理体制根据实践中出现的问题不断改进完善。④国家洪水保险的对象与额度是严格限定的。美国国家洪水保险对象仅限于居民和小型企业，主要为有墙有顶的建筑及内部财产，但不包括完全在水上的建筑与地下建筑。房产的最高赔付不超过25万美元，室内财产对居民不超过6万元，对小型企业不超过30万元。不保的对象包括：天然气和液体的储蓄罐、动物、鸟、鱼、飞机、码头、田里的庄稼、灌木、土地、牲畜、道路、露天的机器设备、机动车及地下室里的财产等。可见美国的国家洪水保险并不搞大包大揽，仅满足维持洪灾之后社会安定的基本需要。美国水利工程与公共设施均不在国家洪水保险计划范围内，一旦遭洪水毁坏，前者由政府负责修复，后者由有关市政部门负责修复。超出国家洪水保险范围之外的财产如果有更高的保险要求，也可向私营保险公司投保。

（2）灾害共济模式。日本的洪水保险是典型的灾害共济模式（曹永强等，2007）。日本是个多灾的国家，经常遭受洪涝、风雹等自然灾害的袭击，给农业、林业、渔业造成的损失很大。农业灾害共济制度是日本对自然灾害采取的不同于一般商业保险的社会保险制度，是一种包括洪水保险在内的综合性保险，承保方式是强制保险，辅之以自愿保险。承保对象主要为农业。保险经营目标是贯彻国家政策，执行补偿法，不以盈利为目的。

（3）相互保险模式。法国、荷兰等一些农业发达国家，为了减轻包括洪水灾害在内的自然灾害对农业所造成的损失，政府采取鼓励政策实行农作物综合保险制度，组成了各种形式的互助合作组织，采用自愿的承保方式（杜国志，2005）。通过建立中央、地区、基层等相互连带体系，并成立专门互助保险机构，负责包括洪水保险在内的各类农业保险。基层叫互保协会，每个村庄都有这一组织，互保协会由各村选举有声望的人组成互保协会董事会，并成立专门的理赔委员会负责勘探定损和提出赔款建议，由互保协会处理赔款。参加保险的灾民还可以领取受灾后的灾害无息贷款或救济。

14.2.2　国内洪水保险的实践案例

淮河流域是我国行蓄洪区使用最频繁的地区。为了使淮河流域低标准行蓄洪区能及时有效分洪，使区内群众的经济损失得到有效补偿，有利于生活、生产的及时恢复，水利部、财政部、民政部、中国人民保险公司和安徽省人民政府于1986—1988年、1992—1996年分两个阶段在安徽省开展了洪水保险试点工作（程晓陶和万群志，2000）。蓄洪区开展洪水保险的主要经验和教训：

（1）通过试点，对运用保险方式补偿蓄洪损失进行了有效实践，为在全国推行洪水保险制度积累了经验。

（2）在蓄洪区开办保险，使农民的行洪损失得到部分赔偿，对保障蓄洪区的及时有效运用、减少矛盾具有重要意义。

（3）洪水保险业务的开办使农民加深了对保险的理解，增强了风险意识。

（4）对保险认识不足。1988年第一阶段试点结束后，国家水利部、财政部、民政部和保险公司计划继续在安徽省淮河流域扩大试点（中国水利水电科学研究院，1998）。但由于保险操作不规范、没有充分考虑保险公司的利益、保险范围和保险种类偏小、没有长期坚持并不断创新，使得保险没有积累足够的经验和教训。

14.2.3　大庆地区开展洪水保险的基本思路

14.2.3.1　非营利性与政策性兼有的强制保险

洪水保险是针对可能由受洪水威胁的人群、政府和其他参与部门共同分担洪水风险的保险模式。水灾是一发一大片，因此洪水保险只能是政策性、非营利性的保险形式。如果没有国家的鼓励和扶持，群众与地方政府对参加一般商业性洪水保险的积极性不高；而一旦发生大水，保险公司又面临着巨额赔付，因此，对于承办洪水保险，商业保险公司一般没有这个能力单独将洪水保险开展起来（曹永强等，2007）。

根据大庆地区的社会经济发展状况，可以试点开展防洪保险工作。因为，大庆防洪工程有专门的机构管理，油田和企业从历史洪水的教训中认识到大庆防洪的重要性，同时，油田企业及职工经济收入水平较高。作为建立洪水保险的首要步骤，应着手建立政策性洪水保险经营机构，地方行业保险公司应使洪水保险纳入政策性保险业务范围，通过政策性保险机构的专项保险基金和特殊保险方式加以解决，商业保险公司则主要是补充。

在具体的经营模式上，应在明确洪水保险政策性定位基础上，实施商业化运作。为此，应由政府出资建立洪水保险基金，并设立专门的账户，委托一家或几家实力强、经营情况好的保险公司代为管理和经营该项基金，以保证基金的保值增值。受托的保险公司还要承担洪水保单的出售业务。洪水保险基金可采取诸如政府拨款、由受益区政府调拨资金、组织全国各地进行经济援助及出售洪水保单等方式筹集。政府在其中起监管作用，对保险基金的运营范围加以限制以确保保险基金的安全。当发生特大洪水灾害，所筹集洪水保险基金满足不了理赔要求时，再由政府财政按照一定规则拨款给予补贴。

14.2.3.2　为洪水保险制定必需的法律依据

洪水保险作为一个特殊的险种，目前尚缺乏法律的支持。《中华人民共和国防洪法》在提到洪水保险时，也只有"国家鼓励、扶持开展洪水保险"这样一句话，但究竟如何鼓励、扶持，没有具体的条文。因此，国家应在已出台《中华人民共和国防洪法》的基础上，着手研究制定《洪水保险条例》，重点阐明洪水保险为强制性保险、国家对洪水保险给予政策扶持、实行商业化经营等特征；国家将建立中央与省（自治区、直辖市）两级洪水保险基金，由国家委托一家或几家实力强、经营情况好的保险公司代为管理和经营，专门用于洪灾损失的赔付。从而使洪水保险的开发和运用有法可依。在这样的大环境下，地市级防洪保险可根据当地实际情况，制定相应的政策法规。

14.2.3.3　编制洪水风险图

洪水风险图是实施洪水保险计划的基础依据，不仅用于确定参加的对象，而且用于判断风险的大小以确定保险的费率。组织专家深入调查各流域的灾害频率和程度、经济发展水平、居民保险意识等现状，编制流域洪水风险图（曹永强等，2007），建立与大庆目前经济发展水平相适应的经济指标体系，并在此基础上制定各个河流、水系、排水渠道、社区等不同的保险费率。

14.2.3.4　建立健全洪涝灾害风险评价与核灾体制

为了保证洪水保险的公平合理以及科学性，建立健全洪涝灾害风险评价与核灾体制非常重要，这也是洪水保险制度推行的基础。在洪水损失发生后，投保人向保险公司报告灾情，要求理赔；保险人接到通知后应即派员核查灾情。可见，使得投保人和保险人都认可的风险评价体系和核灾体制是至关重要的。

14.3　滞洪区洪水管理的相关政策调整

14.3.1　制定洪水管理政策及其原则

由于洪水管理事业是典型的公共产品，市场机制对此基本上是无能为力和无效率的，因此需通过制定公共政策，由政府进行资源配置，实施防洪事业的建设和正常运转。与其他公共政策一样，做好洪水管理也需要全社会共同努力，因此，制定洪水管理政策包括这些政策的调整也要遵循效率原则和公平原则，否则，难以管理好洪水，利用洪水更是无从谈起。

14.3.1.1　效率原则

大庆防洪工程是为了减轻洪水灾害风险而由中央政府、油田企业、地方政府等多方面集资兴建，这些投入主要来源于社会公共资源，不仅仅是保护自然利益，更重要的是对处于洪水风险威胁的社区居民、周边百姓。而生活在风险区内的居民或农民都期望国家防洪投入多，而使自身的风险程度降到最低；作为担负防洪减灾主要责任的水利管理部门，在争取国家更多的投入基础上，尽力平衡风险区内的各方面的利益，总目标是在全局或整体上减轻洪水风险。然而，争取投入的国家资金对于地方来说是竞争性资源，因此，更多的资源投入可能导致全局经济的发展出现如下情况：①社会在多种目标并存的情况下，可能导致防洪投入不足，加大洪水风险程度，应当使用于防洪的社会资源过多地被用于其他建设领域。其表现是：在洪水低发期，经济增长较快；在洪水高发期，特别是遇大洪水发生时，经济发展将受到较严重的影响。②防洪投入过度，防洪标准很高，防洪建设过多占用其他领域建设的社会资源，加之防洪规划没有及时跟上，也导致建设质量和水平不高，还促使地方总体经济发展速度受到影响。③防洪投入适当，用于防洪与用于其他领域的社会资源分配较为合理，防洪工程的建设与国民经济发展相适应、相协调，虽然伴随着大洪水的发生，经济发展受到一定的影响，但从社会经济发展的总进程看，仍能持续、平稳上升（林染和周文魁，2009）。可见，不同的防洪减灾投入或不同的洪水风险程度对应着不同的国民经济发展模式。以保障国民经济发展为衡量标准，有效率的资源配置应该是第三种情况。

14.3.1.2　公平性原则

在国家未介入防洪建设，各区域自发保护的情况下，区域间存在不同的洪水风险程度是否公平的问题并不突出。一旦防洪成为政府行为，而国家的防洪投入取之于纳税人的时候，便出现了公平性问题，如效益公平、区域公平、纳税公平等。就纳税公平来说，通常纳税额高的地区也是经济相对发达的地区，受保护程度相应也较高，防洪投入也就高；防洪投入中还包括取之于无洪水灾害风险的纳税人的部分，而造成洪水风险区向非洪水风险区的税务转移，这是防洪的外部性之一，也是有些国家推行洪水保险计划的诱因之一（林染和周文魁，2009）。另外，国家为重点和经济发达地区提供较高的安全保障，导致洪水风险向下游转移时，通常要辅之以补偿政策。这就体现了公平性原则。而针对于一个地区而言，这些原则也是防洪政策调整必需遵守的。

14.3.2 洪水管理政策制定的思路与目标

针对大庆地区防洪减灾存在的主要问题和面临的严峻形势，必须以全面、协调、可持续的科学发展观为指导，及时调整防洪减灾战略，由控制洪水向管理洪水转变。其总体思路应该是：

（1）根据大庆地区国民经济可持续发展的要求，尤其是建设社会主义新农村要求，结合地区水文、经济、自然条件与生态环境特点，全面考虑洪灾分布和对经济社会的影响，按区域统一管理理念，结合行政区域管理，进行防洪区和风险区划分，确定防洪范围和重点保护对象。地方政府、企业要配合大庆地区防洪工程管理处做好洪水管理工作。

（2）统筹安排防洪减灾、水资源可持续利用和生态建设与环境保护，确定区域防御目标与任务。

（3）根据区域洪水特点与防洪实际，按照综合治理要求，从控制洪水向管理洪水转变，逐步过渡到利用洪水、经营洪水。在尊重自然规律，给洪水以出路的同时，规范人类自身活动，主动规避洪水风险，充分考虑已建防洪工程效益的发挥，确定减少和规避风险的防洪措施与管理手段，选择合适时机，开展洪水保险工作。

（4）在安全、技术、经济综合比较分析的基础上，确定防洪保护区的防洪标准和治理措施以及兴利调度等。

总体目标是：

（1）建立符合区域水情特点又与经济社会发展相适应的防洪安全体系，坚持以人为本，保障人民生命财产安全第一。

（2）提高调控风险的能力建设，实现滞洪区安全与兴利综合调度相结合。

（3）协调防洪减灾与水资源开发利用和生态环境保护的关系，开发利用水资源应服从防洪总体安排，防治洪水应与水资源开发利用和生态建设、环境保护紧密结合，使综合经济效益最大。

（4）积极探索，配套建设防洪减灾非工程措施。防洪减灾非工程措施可分为规划措施和应急措施，前者包括洪水预报、洪泛区开发管理、洪水保险、流域管理和决策等，后者包括洪水应急计划、洪水警报、抗洪、撤离和紧急援助与救济等。与工程措施相结合，非工程措施具有潜在的增强效应。如洪水风险是基于对洪泛平原的开发和管理而兴起的，在防洪减灾中主要体现为风险分析和风险管理，并通过风险管理达到协调人与洪水关系，避免和减轻洪灾损失的目的。基于洪水风险的非工程措施，其重要实践就是编制洪水风险图和推行洪水保险制度。

（5）健全法律保障体系，加强执法监督管理。健全的法律是现代防洪安全体系建设和维护的重要保障。法律保障体系建设必须遵循经济规律，符合自然规律和法律自身运行规律。国家已颁布了《中华人民共和国水法》《中华人民共和国防洪法》《中华人民共和国河道管理条例》《防汛条例》《水库大坝安全管理条例》等法律。大庆结合地方实际，滞洪区管辖范围没有土地所有权，滞洪区防洪范围没有政府公告中明确、挤占行洪或排水渠道。管理区域内清障缺乏力度等。这些问题的解决，在防洪立法方面需建立《大庆滞洪区管理条例》《大庆滞洪区管理政府公告》《湿地补水及生态补偿办法》《防洪利益相关者协调条例》等。

（6）改革创新，建立防洪减灾投资保障机制。防洪减灾作为社会公益事业，对社会的安定和经济发展影响特别大，理应成为公共财政支持的重点。国外防洪减灾的实践也证明，稳定的投入是防洪减灾事业发展的重要保障。目前大庆防洪减灾投入不是特别充足，结构也不合理，已经成为防洪减灾的重大制约因素。必须调整政府财政预算支出结构，加大公共财政对防洪减灾事业的投资比例。同时，借助于行政事业费和吸纳社会资金，共助防洪减灾事业发展。

15 大庆地区洪水管理模式归纳与梳理

15.1 洪水风险控制与洪水保险相结合模式

现行的洪灾补偿和救助来源于民政救助系统和特大防汛经费，但在特大洪灾面前则暴露明显不足，主要是资金投入与实际需要相距甚远。民政救助和防汛经费相对固定，社会捐助是根据灾情大小而不固定和不稳定，不是可靠的资金来源，资金缺口大，对洪灾救助起不到保障作用，救济投入缺乏保障。洪水保险虽然不能减少洪灾损失的具体价值，却可以使部分地区一次性的防洪损失在较大的范围和较长的时间内进行分摊，使投保户受灾后能及时得到经济补偿，有利于尽快恢复生产，重建家园，维持社会生活的稳定。尤其像大庆这种地形和降雨导致洪灾频发，且城市的经济类型决定了洪灾必定带来高损失，更适宜推行洪水保险机制，以减轻受灾区人民的损失。

大庆防洪工程串联的滞洪区有 6 处，加上独立运行的青肯泡污水库共计 7 处，总控制面积 14000km²，安肇新河总长度 108.1km，肇兰新河总长度 103.7km，涉及 8 个市（县）23 个城镇，其间有市政部门、石油企业、石化企业、农工商企业、村屯等。①可有效协调保护区、滞洪区的经济利益。遇到大水或超标准洪水滞洪区排水受到影响时，淹没一些周边农田、鱼池或沼泽区域，但可能保护了城市厂矿和居民。在市场经济中受损方由受益方补偿是合情合理的，通过保险的形式协调双方的经济利益在理论上是可行的。这样，可以减少矛盾各方的利益冲突和社会稳定；②滞洪区的防洪保护区范围较大，人口和工矿企业众多，可采取政府、社会、个人多方面筹集资金的方式，即国家和地方政府投入一定比例的资金，受益地区征收一定数量的资金（如防洪保安费等），从而积聚一定的保险基金。③洪水保险制度在全国已经探讨多年，在全国各地不同时期、不同地区都试点或推行过洪水保险，虽由于种种原因未成功或未大范围推广，但已为今后推行洪水保险制度积累了宝贵的经验。《中华人民共和国防洪法》第四十七条规定"国家鼓励、扶持洪水保险"。因此，有国家政策支持，有洪水保险的经验积累，在滞洪区推行洪水保险制度是可以试点先行的。它与洪水风险控制联合作用的模式，可能对大庆地区未来洪水管理和经营起到促进作用。

15.2 洪水资源化的兴利与雨、洪、污综合调控模式

可以尝试采用水库防洪兴利调度模式，针对不同类型汛限水位调整和运用方式，对各级防洪标准进行风险评价，滞洪区设置兴利水位。如前部分设计的各个水位计算过程。并对水库长系列调节的多年平均兴利效益进行分析，提出针对水库汛限水位调整与运用的系统论证框架和分析方法，为洪水资源安全利用提供技术支撑。

同时传统的排水理念和单一的排水方式，难以有效解决城市的水患困扰和水体污染问题。大庆在缺水的同时，城市的高速发展导致城区暴雨洪峰流量逐年增加，每年雨季城区大量雨水资源外排量很大，这些水都可变成资源水。如大庆年均排放污水量达到 2 亿 m³左右（马延廷等，2002），污水排入江河湖泊后，改变了自然水环境状况，降低了水环境质量和使用价值。同时，一遇所谓"超标"降雨就形成大面积积水，内涝灾害频发。另外，未经处理的初期降雨携带大量地表污染物进入水体，致使河流、湖泊受到严重污染。针对这些情况，西方许多发达国家已经推广实施可持续排水系统，许多成功经验值得大庆这样水资源短缺又常受城市水患困扰的城市学习借鉴。

①根本扭转"快排快泄"的传统排水观念，滞洪区要重视雨水的收集和利用。截留的雨水或用于小区绿化，或用于回灌地下水，或回用到其他用途，减少了水资源的浪费，是缓解水源短缺城市水危机的重要途径。②从源头控制污染。可持续排水系统通过源头控制可减少污水排放量，避免或减少水体污染，同时可降低污水收集系统和处理系统的规模。如地表径流通过水塘、湿地及配套水质净化设施处理达标后排放，减少对水体的污染。③北二十里泡和青肯泡污水库的水，特别是污水来自大庆石油工业经过厂区处理后达到国家标准才排入纳污的滞洪区和污水库，水量水质比较稳定，可以成为再次利用的水资源，通过资源化利用的有效途径，供给沿线的农林牧副渔业。④有利于保障滞洪区周边自然的水文循环体系，维护动植物的自然生存环境，在确保防洪安全的基础上，创造丰富的自然水文环境，实现人水相宜的生态愿景。

15.3　排水与生态环境用水、经营用水统一调度模式

根据大庆地区来水状况分析，由于双阳河南支封闭，大约有 1 亿 m³ 的水改变路径；而原设计滞洪区可承泄这部分洪水，我们可以把这部分洪水滞留在滞洪区内，变为资源化洪水的一部分，通过排洪渠道输送到沿途湿地，改善生态环境。同时，联合调度区域内水资源，是将来发展的必由之路。但安肇新河流域内，工业废水和城镇生活污水未经处理直接排入附近泡沼，如安达市境内的多个纳污泡与安肇新河相连通，汛期水量大时，会污染水体。因此排水与污水处理、环境用水相结合，实行联合的统一调度模式非常必要。可采用污水治理、明晰水权等方法解决。

实际上，根据大庆滞洪区多年的运行经验，完全严格地按照起调水位调度滞洪区已经不太现实，随着周边群众对滞洪区水土资源的过度依赖，单单从绝对安全的角度调度已经不符合各方的利益，矛盾也很突出。因此，在滞洪区相关法律及补偿规定没有出台之前，根据实际情况灵活调度，考虑综合效益的调度，实行排水与生态环境用水、经营用水统一调度是最佳方案。这种模式也可以通过逐步探索，积累经验。2010 年以来对大庆湿地补水起到了良好的生态效益，就是很好的尝试。

第3篇

经 营 洪 水

——资源化洪水利用及其综合效益提升研究

16　洪水经营的相关概念及理论基础

16.1　相　关　概　念

洪水资源化的途径有工程措施和非工程措施，以往的研究主要是集中在工程措施方面，包括建设水库等工程设施。但在洪水资源化过程中出现了一系列的问题需要通过非工程措施来解决，尤其是在资源化洪水的利用方面，比如谁来利用、怎样利用、如何收费都是必须从经济角度解决的问题。

洪水资源化利用产生的水权实质上是指某区域由于防洪工程的建设而拥有的水权。防洪工程的建设主体一般是政府，因此水权应归国家所有，但在具体的洪水资源化利用的过程中，供水单位（防洪工程建成后的运行者）是水权的所有者。

洪水资源化后的水权分配，是指将资源化的洪水按照市场化方法分配给各用水户。由于资源化洪水的商品属性，这种被分配的水权要付费，水价按照市场价格执行。也就是说，整个分配过程是市场化、商品化的，使用就要付费。这可能导致一种现象：假如洪水管理部门分配给某用水户 2000 万 m³ 的水权，而该用户不能负担相应的费用，那么该水权就会被退回到水权交易市场进行二次分配。因此，在本章的分析中，我们首次引入"用水投资额"指标，力求实现洪水资源的有偿、高效利用。

谢永刚教授于 2013 年在"第六届寒区水资源及可持续利用全国学术研讨会议"上所作题为《兰西县长岗灌区水银行运行模式探讨》的报告中，提出了洪水经营的概念；在此基础上，刘森等（2014）的文章《从控制洪水向管理洪水转变的经济学思考》进一步明确了洪水经营的概念。洪水经营是指在洪水资源化以后，运用经济学的原理和方法，对资源化洪水进行筹划和管理。这种筹划和管理分为三个部分：①把资源化的洪水合理调配到不同用水部门；②把资源化洪水产生的巨大经济效益合理分配到利益相关的各方（如供水者、用水者、管理者、存在冲突的不同单位等），以此来调动各方积极性，在最大程度上利用洪水资源满足人类生产、生活的需要；③资源化的洪水要达到可持续利用和有效配置，实现其效益最大化目标，必须提升到经营层面，建立水市场和补偿机制。

16.2　洪水资源化利用及其经营的理论基础

16.2.1　水资源价值论

16.2.1.1　劳动价值论

劳动价值论是物化在商品中的社会必要劳动量决定商品价值的理论。最初英国经济学家威廉·配第在《赋税论》一书中提出了"自然价格"的重要概念，"自然价格"实质就是指商品的价值。随后，亚当·斯密和大卫·李嘉图对劳动价值论做了深入研究。马克思的劳动价值论是在批判地继承了古典政治经济学的劳动价值论的基础上，建立起来的科学的价值理论。他论述了使用价值和交换价值间存在的对立统一关系，首创了劳动二重性理论，指出价值与使用价值共同处于同一商品体内，使用价值是价值的物质承担者，离开使用价值，价值就不存在了。使用价值是商品的自然属性，它是由具体劳动创造的，价值是商品的社会属性，它是由抽象劳动创造的。价值的本质是凝结在商品中的无差别人类劳动，决定商品价值的是生产使用价值的社会必要劳动时间。

运用马克思的劳动价值论来考察水资源等自然资源的价值，关键在于自然资源是否凝集着人类的劳动。就洪水资源来说，对其再利用过程中投入了大量的人类劳动，是无差别的人类劳动把洪水资源这种自然水变成了商品水，所以洪水资源具备价值。但由于历史局限性，劳动价值论谈及的对价值的补偿只是对所耗费的劳动进行补偿，只是在一定程度上通过经济杠杆的作用限制了对水资源等的使用，但是并没有涉及对自然资源本身所耗费的补偿，这导致一种结果：水资源等自然资源依然被无偿使用。因此仅依靠马克思的劳动价值论来证明洪水资源等自然资源的价值有一定的局限性，应进行进一步研究。

16.2.1.2　效用价值论

效用价值论是以物品满足人的欲望或人对物品效用的主观评价解释价值及其形成过程的经济理论。所谓效用是指物品满足人的需要的能力。效用价值论最早是由英国早期经济学家巴本明确表述的，他认为一切物品的价值都来自它的效用。19 世纪 30 年代后，英国经济学家 W. F. 劳埃德区分了总效用和边际效用的概念。随后，德国经济学家 H. H. 戈森在《论人类交换规律的发展及由此而引起的人行为规范》中提出了人类满足需求的三条定理，即著名的"戈森定理"：欲望或效用递减定理，即随着物品占有量的增加，人的欲望或物品的效用是递减的；边际效用相等定理，即在物品有限条件下，为使人的欲望得到最大限度满足，势必将这些物品在各种欲望之间作适当分配，使人们各种欲望或被满足的程度相等；在原有欲望已被满足的条件下，要取得更多享乐量，只有发现新享乐或扩充旧享乐。19 世纪 70 年代以后，人们普遍认为效用价值主要表现为边际效用，物品的价值是由效用性和稀缺性共同决定的。

效用价值论强调的是人对物的判断，突出了人的主观愿望。运用效用价值论来解释洪水资源的价值可以得出其具有价值的基本结论。洪水资源化利用是为了解决淡水资源短缺状况，减轻洪水灾害而开发利用的新型水源，能够满足人们对水的需求和对水环境改善的愿望，从而具有了效用，因此按照效用价值论来解释，洪水资源就具备了价值。

由于效用价值论与劳动价值论相互对抗，将商品的价值混同于使用价值或物品的效用，而且效用本身的主观性使其从数量上难以加以精确的计量。因此，尽管效用价值论得出洪水资源具有价值的结论，但在此基础上对洪水资源进行价值分析和评价也是不完善的。

16.2.1.3　环境价值论

从以上分析得知，尽管运用劳动价值论和效用价值论都可以说明水资源具有价值，但由于其自身的局限性在分析洪水资源这一新型水资源中都存在一定的不足之处，环境价值论为我们的研究提供了一种新的视角。

自 20 世纪 50 年代起，环境经济学家就开始注意到自然资源与环境不再是用之不尽、取之不竭的，而是稀缺性资源，具有价值。环境资源价值评估是联系经济与环境的桥梁，其评价理论和方法主要来源于环境学、经济学、社会学、心理学和行为学等学科，与环境影响评价理论有着直接的渊源关系，并随公共产品理论、福利经济学中的消费者剩余和个人偏好等理论的发展而不断完善。在环境政策的制定、环境影响的经济评价、制定合适的环境收费标准等方面，都需要将环境损害或环境效益货币化，因此环境资源价值评估是环境管理科学化的基础。

环境是提供一系列服务的综合财富，是以人类社会为主题的外部世界的总体，它包括了已经为人类所认识的、直接或间接影响人类生存和发展的物理世界的所有事物。各种未经过人们改造的自然要素（如阳光、空气、陆地、天然水体、天然森林、草原等）和经过人类改造和创造出的各种事物（如水库、农田、园林、城市、乡村、工厂等）都是环境的组成部分。不仅如此，这些物理要素和它们构成的系统及其所呈现出来的状态及相互关系也是环境的重要内容。洪水资源作为水资源的组成和补充，是以水资源为中心的各种与之相关的诸要素的集合。洪水资源在人与环境关系中的作用见图 16.1。

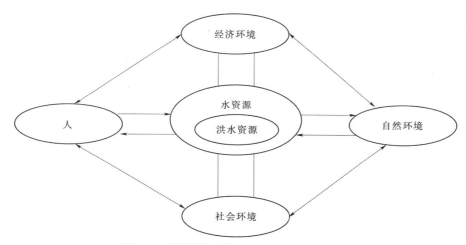

图 16.1   洪水资源在人与环境关系中的作用

从图 16.1 中可以看出，水资源不仅是经济活动中不可缺少的投入物质也是构成自然环境的基本要素之一，所以水资源具有自然属性、社会属性和经济属性。因此，我们认为洪水资源具有生态效益、社会效益和经济效益。

环境价值论是在劳动价值论和效用价值论基础上形成的新的价值体系，认为人与环境应该和谐共存，共同发展。过去人类把自己当作环境的主人，为了经济的发展肆意破坏环境而得到了自然的一系列惩罚，如沙尘暴的肆虐和环境病的流行等；如今我们认识到人类的进步不能以牺牲环境作为代价而是应该在发展经济的同时保护环境，维持自然生态的平衡。对洪水资源价值的评估，也要充分考虑其对整个环境体系的影响，从而全面准确地反映其价值。

16.2.2 福利经济理论

福利经济学是在一定的社会价值判断标准条件下，研究整个经济的资源配置与个人福利的关系，特别是市场经济体系的资源配置与福利的关系，以及与此有关的各种政策问题。换句话说，福利经济学研究要素在不同厂商之间的最优分配以及产品在不同家户之间的最优分配，简言之，研究资源的最优配置。本小节进行的研究就是要优化洪水资源的配置，更好地利用洪水资源满足人类生存和发展的需要。福利经济学的基本假设是：经济活动的目的是为了增加社会活动中个人的福利，并且个人能够绝对正确地判断自身的福利状况。社会中个人的福利水平包括个人所消费的各种由市场或政府提供的产品的多少，如环境带给人们的健康、娱乐、旅游的舒适度等。这种思想反映了人们对自身福利水平全方位的关注，有利于我们更好地去评价包括洪水资源在内的各种环境和资源的有效价值。

英国经济学家庇古被称为"福利经济学之父"，他在 1920 年出版的《福利经济学》一书将资产阶级福利经济学系统化，标志着其完整理论体系的建立。他提出了福利就是人们对获得效用的心理满足，这种效用既包括可以直接或间接用货币尺度衡量的经济福利，也包括各种非经济福利，一个国家的全部经济福利是个人经济福利的总和等观点。20 世纪30 年代以来，以卡尔多、希克斯为代表的经济学家在批判庇古福利经济学基础之上建立了新福利经济学，提出了补偿原理及效用理论等。在福利经济学中，帕累托最优和马歇尔消费者剩余的概念是两个重要的分析工具。

帕累托最优是意大利经济学家帕累托提出的，指在资源配置过程中，当没有谁可能在不损害他人福利的前提下进一步改善自己福利时，此时群体的资源配置达到帕累托最优，也就是处于一般均衡状态。换言之，此时达到了资源的最优配置。利用帕累托最优状态标准，可以对资源配置状态的任何变化做出"好"与"坏"的判断：如果既定的资源配置状态的改变使得至少有一个人的状况变好，而没有使任何人的状况变坏，则认为这种资源配置状态的变化是"好"的；否则认为是"坏"的。帕累托最优状态又称作经济效率，满足帕累托最优状态就是具有经济效率的，这种经济效率的达成需要满足以下条件：①交换的最优条件：在交换的艾奇沃斯方盒中，两个消费者效率曲线（或称为交换的契约曲线，是两个消费者所有无差异曲线的切点的轨迹构成的曲线）上的任意一点都处于交换的帕累托最优状态，此时对于两个消费者来说，任意两种商品的边际替代率必须相等；②生产的最优条件：在生产的艾奇沃斯方盒中，两个生产者效率曲线（或称为生产的契约曲线，是两个生产者所有等产量线的切点的轨迹构成的曲线）上的任意一点都处于生产的帕累托最优状态，此时对于两个生产者来说，任意两种要素的边际技术替代率必须相等；③交换和生产的最优条件：当产品的边际替代率等于边际转换率时，达到了生产和交换的帕累托最优状态，这时市场产出商品的组合反映了消费者的偏好，是一种有效率的经济状态。

马歇尔消费者剩余是指消费者在购买一定数量的某种商品时愿意支付的最高总价格和实际支付的总价格之间的差额。消费者剩余是消费者的主观心理评价，它反映消费者通过购买和消费商品所感受到的状态的改善，通常被用来度量和分析社会福利问题，并且有利于我们科学地评价经济政策的福利效果。在我国许多大中城市，用水价格实行级差收费制度，按照这一制度设计，突破消费定额之后很快就会产生负消费者剩余，这样不仅保证了生产和生活的基本福利水平，同时也避免了通货膨胀的出现；反之，在一些偏远的工矿区，自身水、电等的生产能力富足但由于各种因素不便远销，这些地区往往采取先高后低的价格策略。这样可以用明显增多的消费者剩余来鼓励本地居民多消费，通过刺激消费来维持现有的生产能力，保持规模效益。

　　福利经济理论中关于福利、帕累托最优、消费者剩余以及消费者支付意愿的概念有利于我们更好地评价洪水资源的价值。消费者和生产者获得的满意度是衡量洪水资源是否合理配置的一个重要方面，具体到洪水资源化利用，工业、农业、生态等用水部门以及水利各管理部门，对洪水经营模式的选择和评价是本章研究的重要方面。在当前水资源极度短缺的前提下，把水资源等环境资源福利水平的提高考虑到价值评价体系中并最终应用于资源配置，有利于我们更好地评估环境资源的生态价值和经济价值。

16.2.3　水权理论

　　洪水经营的目的就是利用市场合理配置洪水资源，市场配置资源的前提是产权充分界定，对水资源而言，就是水权要明晰。水权理论基础源于产权经济理论。

16.2.3.1　产权概述

　　产权理论以研究产权的界定和交易为中心，其发展经历了很长时间，到20世纪50年代，形成了两种理论体系完全迥异的新制度经济学派，其代表人物分别是加尔布雷恩和科斯。随后，威廉姆森、德姆塞茨、布坎南、舒尔茨和阿罗等对科斯理论进行了不同的修正。但西方对科斯产权含义的解释比较权威的是艾尔奇安的定义，他认为"产权是一种通过社会强制而实现的对某种经济物品的多种用途进行选择的权利"（葛颜祥，2003）。

　　将产权理论应用到水资源管理领域，形成了水资源产权（简称为水权）以及相应的水权制度。

16.2.3.2　水权基本概念

　　水权即水资源产权，是在水资源稀缺前提下描述人与水资源之间权属关系的概念。水权概念的提出有利于界定人与水资源产权的权重关系，并在此基础上实现水资源的合理配置。根据姜文来的观点，水权是"水资源稀缺条件下，以所有权为基础，并由此派生的一些类权利的总和"（姜文来，1999）。水权涉及水资源的所有权、使用权、收益权和处置权等一组权利，所有权是其中心和出发点。在这一系列相关水资源权属中，水资源使用权是所有权派生的第一权利，是所有权最直接的体现，也就是所有权直接决定和限制使用权。而收益权和处置权则是确保水资源的所有权拥护者维护其所有权权益（包括受益或受损的权力）的有效手段。收益权和处置权也是所有权的体现。需要注意的是，处置权应该包括水资源的经营权、可转让权和保护水资源所有权不受外来侵犯的权力。

16.2.3.3　明晰水权的必要性

　　明晰水权是洪水经营的首要条件。水权明晰，就是洪水资源化利用过程中的各主体的权利和义务是明确的，不同的用水户对其拥有的资源化水权是确定的。水权的明晰对水资源的优化配置有根本性的影响，直接关系着洪水资源化利用的进程。

　　（1）明晰水权是水资源可持续利用的要求。"公地悲剧"是产权影响资源利用的典型案例。我们假设某水池，它没有明确的产权，每个人都可以无偿地使用该资源。由于水池内的水是有限的，无止境的索取终会导致水池枯竭。从成本效益上分析，这种无节制的索取带来的收益归个人所有，而负面影响却由公共承担，对个人来说，收益远远大于成本。因此，每个人都想取走更多的水，最终的结果就是取水量大大增加，超过水池的补给能力，水池因过度索取而慢慢萎缩直至枯竭。另一方面，由于产权不清，没有人需要对该水池的维护及治理负责任，大量污水不加治理排放到水体中，侵害他人利益的同时也对环境造成了损害。产权明晰后，所有的成本都由个人承担，水池所有者绝不会对其进行过度开发，而是会对其合理开发利用，如在水池基础上形成鱼塘发展养殖业等。"公地悲剧"说明，产权不明晰会导致资源的过度开发，不利于可持续发展，而产权明晰则会促进所有者合理开发利用水资源。

（2）明晰水权是水资源市场化利用的要求。在我国，用水户可以通过从政府水行政主管部门领用取水许可证获得初始水权，如果此水量不足以满足其需求，就需要通过水权的二次分配来获得。这种二次分配是指在市场上进行水权交易，通过购买水权来获取一定的水资源。产权的明晰有利于明确水资源交易的主体，是水交易市场建立的基础，只有产权明晰了，水权转让和交易才是真正可行的。

16.2.3.4　水权分配原则

水权明晰，就是要对水权进行合理分配。水权的合理分配是实现水资源持续高效利用的基础，也是完善水资源市场、确保水市场有效运行的基础和前提。水资源的特性和水资源资产作为商品的特殊性决定了市场经济条件下的水资源权利界定不同于一般资产，水权分配必须遵循以下基本原则：

（1）尊重现状原则。明晰水权和水权分配要符合实际，在尊重生活和生产现状的基础上进行，尽可能地提高不同用水户的用水标准。水权分配的工作开始之前，应做充分的资料搜集及实地考察，准确把握当地用水现状，确保整个水权分配工作是"接地气"的，是可操作的。

（2）优先考虑水资源基本需求原则。

1）满足城市生活基本需求。人类的生存和发展离不开水资源，因此政府有义务进行基本生活用水的供应以满足人们的日常生活。虽然与生产用水相比，供应生活用水得到的经济效益较低，但这是尊重人类基本生存权利的体现，是必须遵守的水权分配原则。

2）满足生态系统基本需求。水资源是生态系统存在的基础，生态基本需水是指生态系统维持自身生存，保证一定生态环境质量的客观需水量。生态系统用水包括城市绿化、湿地、城市环保等用水，只有保证充足的生态环境供水，才能维持生态系统的平衡，创造一个良好的生态环境。

（3）可持续利用原则。水资源是国民经济发展的重要资源，也是实现社会可持续发展的物质基础和基本条件。然而，由于人类对水资源的需求不断增加，加之不合理的开发利用，导致了以水资源短缺、水资源污染和水资源浪费为代表的水资源危机的出现，这已经成为国民经济健康持续发展的严重制约因素，并且威胁着我们子孙后代的生存和发展。因此，必须站在全社会和中华民族持续繁衍的战略高度来认识水资源，在水权界定中必须坚持空间上的均衡性和时间上的可延续性，即必须以可持续利用的原则指导水权界定。

（4）效率原则。洪水经营阶段，洪水资源已经由资源水转变为商品水，怎样合理配置使其发挥最大的经济效益是必须要考虑的因素之一。在社会经济行为中，水资源的商品属性决定其利用必须是有效的。因水资源的有限性，经济部门对其使用获得的收益越大就被认为越有效。从这个角度上讲，水资源应该被分配到使用成本更低或使用效益更大的地区。但是，在实际水资源的管理中，效率不是水权分配考虑的唯一因素，如果完全按照效率原则分配会进一步拉大贫富差距。

（5）公平原则。公平原则有利于不同地区之间的协调发展，旨在满足不同区域间和社会各阶层间的各方利益，以进行水量的合理分配。例如，单方水投入到工业比投入到农业产生的效益大的多，但是考虑到农业的基础地位等必须将一部分水分配到农业中满足基本的粮食需求。再如，将水分配到生态环境领域，可能短期见不到实际的经济效益，但是长期对子孙后代的发展以及保持生态平衡有重要的影响，所以水分配必须考虑生态的需求。

17 洪水资源化利用的有效配置及权属问题分析

大庆地区资源化洪水利用，实践上已经开始探索，并利用防洪工程给龙凤湿地供水，恢复城区周边湿地景观和生物多样性。如何能可持续地进行下去，使洪水资源得到有效配置，资源化的洪水产权明晰问题至关重要，而且必须解决。否则，资源化的洪水被无限制地无偿使用，没有所有权的"公地悲剧"必将发生。这严重损害了洪水资源化过程中供水方的利益，打击了他们的积极性，也使得一些利益无关者从中投机获得"公地"利益。洪水资源化利用过程中的洪水资源如何避免"公地悲剧"，如何合理分配水权是我们面临的主要问题之一。当然，水资源稀缺情况下的各个争先用水单位，必须界定初始水权，初始水权的界定可能由供水单位的上级行政主管部门如黑龙江省水利厅来操作，供水单位具体负责征收水费和水权交易等管理事宜。

17.1 资源化洪水利用的配置问题

大庆防洪管理处作为资源化洪水的供给者（生产者）和消费者（农业、石油生产或生态需水）对可利用的水资源的配置所作出的决策，即指供给者使用若干种投入品（如加固工程、合理调度等），使得滞洪区蓄留水资源，用于各行业使用，每个行业就会根据水资源的价格，选择投入量（如灌溉规模等）而使利润最大化。根据边际成本与边际收益的关系，可以导出水资源的供给者对投入品的需求曲线。使用（或消费）者对水的需求曲线在以价格为纵轴需求量为横轴的坐标系中是一条向右下倾斜的曲线，价格越低，对水的需求量越高。这是因为随着水量的增加，水的边际生产率降低。

17.1.1 资源化洪水有效配置的条件

若单个消费者给定收入和市场价格，在水和其他各种消费品之间做出选择。效用最大化的结果是每一种消费品的边际效用等于其边际成本即价格。消费者对水的需求曲线也是一条向右下倾斜的曲线，它表示对应于每一个水价消费者对需求量的最优选择。

但从整个社会的角度看，水资源的有效配置是使所用者的总的净效益最大。假定社会上有两组竞争性的使用者（如油田生产和农田灌溉），没有重复使用，全社会的水资源的资源配置问题可以表示为给定总水量，使油田生产和农田灌溉这两组使用者的净效益之和最大：

$$\max(NB) = NB_1 w_1 + NB_2 w_2$$

式中：NB 为净效益；w_1 为油田生产（第一组）使用者使用的水量；w_2 为农田灌溉（第二组）使用者使用的水量。

如果给定各组用水量之和等于总水量，社会用水量的最优决策是选择每组使用者的用水量使各组净效益之和最大。解决这个最大化问题，最优决策的条件是（张帆，2007）：

$$MNB_1 = MNB_2$$

式中：MNB 为边际净效益。在两组的边际净效益相等时，社会净效益最大。两组不同用途的水资源配置决策见图 17.1。该图包括一个横坐标轴，两个纵坐标轴，横坐标轴的长度等于全部水量。第一组油田生产的用水量是从左向右衡量的，第二组农田灌溉的用水量是从右向左衡量，边际净效益等于边际收益减边际成本。

第一组的边际净效益曲线向右下方倾斜，第二组的边际净效益曲线向右上方倾斜，在两条边际净效益曲线的交点，两组的边际净效益相等。由这一点决定的水资源的配置是最优的。

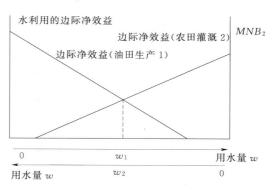

图 17.1　两组不同用途的水资源配置决策

17.1.2　大庆地区资源化洪水的需求与供给决策

（1）滞洪库区水资源非竞争的单一用途。按照经济学原理，水资源供给的单个供水者和消费者的决策，取决于水的价格，水价是由全社会对水的供给和需求决定的。水资源的有效配置见图 17.2。

假如滞洪区蓄水，供给养鱼户养鱼，养鱼户向管理处缴纳水费。由于供给量的影响，渔民养鱼水面积的大小由收费的价格决定。均衡情况是在供给曲线 S 和需求曲线 D 交叉点 B 处净效益最大。

但目前由于不对养鱼户征收水费。养鱼户会在高水位下尽可能增加养鱼水面，一旦因水面积减少而造成损失，但由于产权明晰和界定问题，他们便祈求与有关部门讨价还价或诉讼，给滞洪区管理带来诸多麻烦。

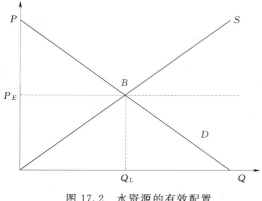

图 17.2　水资源的有效配置

（2）滞洪区水资源在竞争性用途之间的配置。在假定不存在重复使用的前提下，可以把不同竞争性用途的需求横向相加，得到总需求曲线，水在竞争性用途之间的配置见图 17.3。

图 17.3 中 A、B 分别为两种竞争性用途的需求曲线，假如王花泡滞洪区为下游肇州县农田灌溉用水的同时，又要满足为北二十里泡生态补水需要。若给定同样的用水量，从用途 A（农田灌溉）中得到的边际净效益较高，支付意愿也比较高，因此，A 位于 B 的上方。两条需求曲线横向相加，得到总需求曲线（图中粗线）。我们假定供给量是固定的（垂线），当供给曲线为 S^0 时，供给比较充分。S^0 与总需求曲线的交点决定价格 P^0。在价格为 P^0 的情况下 A、B 两种用途的需求量分别为 q_A^0 和 q_B^0，总需求量为 q^0。在水供给比

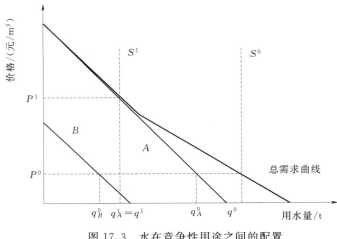

图 17.3　水在竞争性用途之间的配置

较充分的情况下，两种用途都使用了一部分水。

现在假定水的供给量减少到 S^1，价格上升到 p^1，用途 A 的使用量为 q_A^1，由于价格高于 B 的最高支付意愿，B 的使用量为 0，总使用量为 q^1 等于 q_A^1。随着水资源的紧缺，通过价格的调节，水只用于灌溉而不给湿地供水。这里，水资源在两种用途之间的配置的原则是，两种用途的边际净效益相等（两者都等于价格）。即资源配置最优化的条件，只有当边际净效益相等时资源配置才是最优的，因为如果两种用途的边际净效益不用，我们就可以把一部分边际净效益较低的用途所使用的资源转移到边际净效益较高的用途上去，随着资源的减少，边际净效益就会提高。最终，两种用途的边际净效益就会相等，当我们不能再改变资源的配置时，就达到了资源的最优配置。

（3）不同用途之间的非竞争性。大庆防洪工程的滞洪区水利用，是在不同用途之间而且可能是非竞争性的。例如，北二十里泡用于生态和湿地恢复与鱼类养殖以及湿地旅游之间有可能是非竞争性的。即上述两者之间的水的用途不同，但有利于鱼类生长又带来好环境。这两种非竞争性用途给人们带来的总满足是两种用途各自带来的满足之和，在这种情况下，总需求是不同用途的需求线的纵向相加。正是因为同一水资源满足了两种（或两种以上）不同需求，这一水资源带来的总价值是两种用途各自带来的价值之和，即纵向相加。图 17.4 显示了竞争性用途和非竞争性用途需求曲线的加总（张帆，2007）。

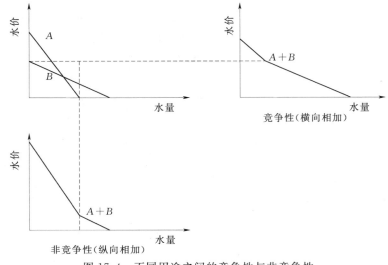

图 17.4　不同用途之间的竞争性与非竞争性

17.2 资源化洪水利用的政策和结构性问题

17.2.1 滞洪区洪水资源化的调度问题

目前的调度原则与洪水利用并不矛盾，如根据本地区泡沼、洼地多的自然优势，充分利用现有滞洪区和河道工程，做到蓄泄兼施，统筹兼顾；尽量提高各滞洪区库容的有效利用率；在安全运行的条件下，充分利用雨洪资源，改善生态环境，保护湿地等。但大庆地区防洪工程各大滞洪区，由于历史原因没有对周边农民进行补偿，加上土地资源产权界定没有明晰，政策上也没有按照国家滞洪区管理办法执行，这就给滞洪区管理部门带来很多麻烦。主要有两个层面的问题：

（1）由于水面归地方管理，而且利用的门槛很低甚至是免费的，因而"公地悲剧"必然发生：即各大滞洪区周边农民争相扩大鱼池面积，使得滞洪区库容和面积与原设计情况发生巨大变化，从技术层面给滞洪区的管理带来不便。

（2）按照汛期调度提前放水，腾空库容，若后期来水过少，满足不了农民养鱼需要，农民利益受到损失；汛期来水过多，水位偏高，淹没鱼池或农田，农民上访告状等诉讼事件时有发生。

解决这一问题的办法就是从洪水资源化利用的改革入手，寻求管理洪水、利用洪水、经营洪水的新途径。

17.2.2 水价政策调整

目前的洪水资源化利用，资源水价为"零"，不能保持对未来洪水资源化的可持续利用。洪水资源的水价应包含资源水价、生产水价和环境水价。洪水资源费是洪水资源的天然价值体现，它构成洪水资源的"资源水价"，是不包括任何生产成本、管理成本和生态环境效益的"洪水"价格，显然洪水资源费不是洪水的价格，只是水价中的那部分资源费。假设洪水资源费为 0.08 元$/m^3$，其资源化过程中的生产成本为 0.05 元$/m^3$、管理成本为 0.06 元$/m^3$（生产成本和管理成本两项为洪水管理部门的成本），评估的生态环境效益为 0.08 元$/m^3$，那最后的洪水资源水价为 0.27 元$/m^3$。目前的实际操作中，资源费有比较明确的标准，生产成本和管理成本也可以通过各投资方的成本算出来，只有生态环境效益被低估甚至是忽视了。因此，如何明确洪水资源化的生态环境效益，并将其反映在水价中，是我们面临的主要问题之一。

有效的办法就是政府对资源化的洪水的水价给予明确认可，并实行定价和管制。管控水价格偏离均衡点，进而对管理单位和用水部门带来的效益影响。政府对水价的管制见图17.5，如果管理单位不能弥补生产成本，会降

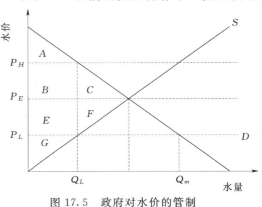

图 17.5　政府对水价的管制

低洪水资源化的供给水量，把供给量压低到 Q_L，价格为 P_H；如果水价过低 P_L，供给量为 Q_m，供给者成本加大。如避免资源化的洪水供给过少或过多，造成消费者或供给者利益受损，如果政府把水价确定到合理位置即价格 P_E，对水资源的持续利用会更有利。

17.3　利益相关者权利问题

现代西方管理理论对利益相关者的定义是：任何可能影响组织目标实现的群体或个人，或者是在这一过程中遭受其影响的群体或个人（斯蒂芬·P. 罗宾斯，1997）。洪水资源化利用中，利益相关者是指供水方、用水户、当地群众、政府和国家等相关群体。目前的洪水资源化利用体系存在不完善的地方，没有明确规定供水方应享有的权利和用水方应承担的义务。洪水资源化利用过程中，无论是将洪水资源回补地下水还是利用水库等工程措施将其留在地表，供水方都付出巨大的成本，而这种成本投入长期没有合理的利益回报作为补偿。防洪工程周边地区的个人及团体无偿享用洪水资源化带来的利益，这对供水方及其他洪水资源化过程中的受损者而言是不公平的。长期的权利义务失衡必然会影响洪水资源化的发展。造成这种现象的主要原因是利益相关者的权益模糊，特别是水权制度的缺失。因此，明晰资源化洪水的水权是合理分配洪水资源化利益的首要前提，这为我们下一步探讨水权问题打下基础。

18 洪水资源化利用的水权明晰及分配

18.1 资源化水权分配模型

资源化水权的分配是一个复杂的决策问题，涉及所在地区政治、经济、社会、环境等多方面的因素，同时影响这些因素的指标又有很多，故可采用多层次多目标模糊优选方法来分配水权。所谓多层次多目标模糊优选理论是指用层次分析法确定指标权重、通过模糊决策理论来确定定性和定量目标的相对优属度，通过这两种方法相结合的办法建立水权分配模型。具体步骤为：

（1）先从水权分配应遵循的原则出发寻找衡量不同影响因素的指标，然后再通过专家咨询等方法按照一定的标准对不同的指标打分得出两两判断矩阵，最后对判断矩阵进行归一化处理得出各个指标的层次总权重矩阵。

（2）利用模糊决策理论对定性指标和定量指标作不同处理，并构造方案层的评价矩阵。

（3）将权重矩阵和方案层的评价矩阵相乘得出最终的水权分配方案。

18.1.1 用层次分析法计算各指标权重

18.1.1.1 层次分析法的概念

层析分析法是美国运筹学家萨蒂于 20 世纪 70 年代初提出的一种层次权重决策分析方法，该方法将定量分析与定性分析结合起来，用决策者的经验判断各衡量目标能否实现的标准之间的相对重要程度，并合理地给出每个决策方案的每个标准的权数，利用权数求出各方案的优劣次序，比较有效地应用于那些难以用定量方法解决的课题，适用于水权分配模型建立的要求。

18.1.1.2 层次分析法的原理

层次分析法根据问题的性质和要达到的总目标，将问题分解为不同的组成因素，并按照因素间的相互关联影响以及隶属关系将因素按不同层次聚集组合，形成一个多层次的分析结果模型，从而最终使问题归结为最低层（供决策的方案、措施等）相对于最高层（总目标）的相对重要权值的确定或相对优劣次序的排定。

18.1.1.3 层次分析法的计算步骤

（1）建立层次结构模型。在对社会经济各方面系统调查研究的基础上，将目标准则体系所包含的因素划分为不同层次，构建梯级层次结构模型。将决策的目标、考虑的因素（决策准则）和决策对象按它们之间的相互关系分为目标层、准则层和方案层，层次结构模型图见图 18.1。

（2）构造判断矩阵。按照层次结构模型，从上到下逐层构造判断矩阵。每一层元素都

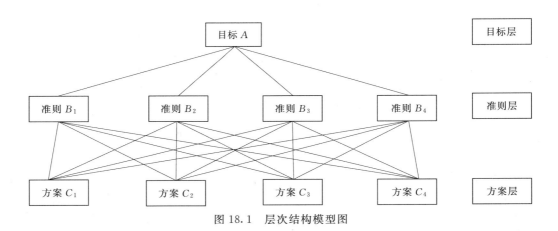

图18.1 层次结构模型图

以相邻上一层次各元素为准则，按1～9标度方法构造。设 n 个元素对某一准则存在相对重要性，根据特定的标度法则，第 i 个元素（$i=1, 2, \cdots, n$）与其他元素两两比较判断，其相对重要程度为 $a_{ij}(j=1, 2, \cdots, n)$。这样构造的 n 阶矩阵用以求解某个元素关于某准则的优先权重，称为权重判断矩阵，简称判断矩阵，记作：$\boldsymbol{A}=(a_{ij})_{n\times n}$。1～9标度法则是常用的标度法则，表18.1中所列各级标度，在数值上给出两元素相对重要程度的等级，根据1～9标度，就可以构造出判断矩阵 $\boldsymbol{A}=(a_{ij})_{n\times n}$。

表 18.1　　　　　　　　　　　　1～9 标 度 法 则

标度	定义	含义
1	同样重要	两元素对某属性同样重要
3	稍微重要	两元素对某属性，一元素比另一元素稍微重要
5	明显重要	两元素对某属性，一元素比另一元素明显重要
7	强烈重要	两元素对某属性，一元素比另一元素强烈重要
9	极端重要	两元素对某属性，一元素比另一元素极端重要
2, 4, 6, 8	相邻标度中值	表示相邻两标度之间的折中值
上列标度的倒数	反比例	元素 i 对元素 j 的标度为 a_{ij}，反之为 $1/a_{ij}$

（3）模型的检验——进行层次单排序及其一致性检验。

1）根据实际情况，用不同方法求解判断矩阵的最大特征值和对应的特征向量，经过归一化处理后，即得层次单排序权重向量。

在层次分析法中，用定义计算判断矩阵的特征值和特征向量比较麻烦，尤其是在阶数比较高的情况。我们注意到，判断比较矩阵是通过定性比较得到的相对准确的结果，对它的精密计算是没有必要的，所以用近似计算即可，主要有"和法""幂法"和"根法"。

因"和法"是其中最简便、最常用的方法也是本文所采用的方法，主要步骤如下所述：①先求出判断矩阵的每一元素每一列的总和；②求标准判断矩阵，方法是把判断矩阵的每一元素除以其相对应列的总和；③求每个方案的权重，方法是计算标准判断矩阵的每一行的平均值。

2）层次单排序要进行一致性检验，检验不合格的要修正判断矩阵，直到符合一致性标准。判断矩阵一致性检验步骤是：①利用公式 $CI = \dfrac{\lambda_{\max} - n}{n-1}$ 求出一致性指标，其中 $\lambda_{\max}$ 为判断矩阵的最大特征值；②查表得到平均随机一致性指标 RI；③计算一致性比率 $CR = \dfrac{CI}{RI}$，当 $CR \leqslant 0.1$ 时接受判断矩阵，否则修正判断矩阵。

（4）模型的检验——进行层次总排序及其一致性检验。层次总排序是从上到下逐层进行的，设相邻两层次中，层次 A 包含有 m 个元素 $A_1, \cdots, A_m$，层次 B 包含有 n 个元素 $B_1, \cdots, B_n$。上一层元素总排序权重分别为 $w_1, \cdots, w_n$，下一层次关于上一层次元素 A_j 的层次单排序权重向量为 $(b_{1j}, \cdots, b_{nj})$，层次 B 的总排序权重计算值中的第 i 个值为 $\sum\limits_{j=1}^{m} w_j b_{ij}$。同样的，层次总排序的一致性检验也是从上到下逐层进行。

18.1.2 用模糊决策理论构造方案层评价矩阵

18.1.2.1 模糊决策理论

模糊决策是在模糊数学的基础上进行决策的一种方法。能将一些边界不清、不易定量的因素通过构造等级模糊子集进行量化，然后利用模糊变换原理对各指标综合。一般需要按以下程序进行：

（1）确定决策对象的因素论域

$$U = \{u_1, u_2, \cdots, u_n\}$$

也就是 n 个指标。

（2）确定评价等级模糊论域

$$V = \{v_1, v_2, \cdots, v_n\}$$

即等级集合，每一个等级可对应一个模糊子集。

（3）进行单一因素评价，建立模糊关系矩阵 $\boldsymbol{R}$。因素论域 U 和模糊论域 V 之间的模糊关系可用评价矩阵 $\boldsymbol{R}$ 来表示

$$\boldsymbol{R} = \begin{bmatrix} R_1 \\ R_2 \\ \vdots \\ R_n \end{bmatrix} = \begin{bmatrix} r_{11} & r_{12} & \cdots & r_{14} \\ r_{21} & r_{22} & \cdots & r_{24} \\ \vdots & \vdots & \cdots & \vdots \\ r_{n1} & r_{n2} & \cdots & r_{n4} \end{bmatrix}$$

其中矩阵 $\boldsymbol{R}$ 中第 i 行、第 j 列元素 r_{ij} 表示某个被评价事物，因素 u_i 对 v_i 等级模糊子集的隶属度。

18.1.2.2 构造方案层评价矩阵

（1）指标值矩阵 F 的确定。设 V 是决策方案的集合：

$$V = \{\text{用水户 1，用水户 2，} \cdots，\text{用水户 } m\} = \{v_1, v_2, \cdots, v_m\}$$

对各用水户配水起重要影响作用的指标集合为：$u = \{f_1, f_2, \cdots, f_n\}$，因此，各用水户的指标向量为：

$$V_j = \{f_{1j}, f_{2j}, \cdots, f_{nj}\}(j=1, 2, \cdots, n)$$

把第 j 个方案的第 i 个指标值记为 f_{ij}，则得到 m 个用水户的 n 个指标值矩阵 $\boldsymbol{F}$：

$$\boldsymbol{F} = \begin{bmatrix} f_{11} & f_{12} & \cdots & f_{1m} \\ f_{21} & f_{22} & \cdots & f_{2m} \\ \vdots & \vdots & \cdots & \vdots \\ f_{n1} & f_{n2} & \cdots & f_{nm} \end{bmatrix}$$

（2）评价矩阵 $\boldsymbol{R}$ 的确定。

1）定量指标评价值的确定。对于定量目标，正指标（越大越优型指标）的评价值计算公式为

$$\gamma_{ij} = \frac{f_{ij} - f_{i\min}}{d} \tag{18.1}$$

负指标（越小越优型指标）的评价值计算公式为

$$\gamma_{ij} = \frac{f_{i\max} - f_{ij}}{d} \tag{18.2}$$

式中：d 为级差值，$d = f_{i\max} - f_{i\min}$；$f_{ij}$ 为 j 决策的第 i 个指标值；γ_{ij} 为第 i 个指标对第 j 个决策的评价值。

2）定性目标优属度确定。当 f_{ij} 为定性指标时，评定值模糊矩阵 $\boldsymbol{R}$ 可由专家评议确定。可将指标对用水户的影响分为 9 个等级，分别为：最大、很大、大、较大、中、较小、小、很小、最小，可按表 18.2 中的赋值标准给出评定值。当指标介于两个等级之间时，评定值在这两个等级之间，见表 18.2。

表 18.2　　　　　　　　　　　　等 级 赋 值 表

等级	最大	很大	大	较大	中	较小	小	很小	最小
取值	1.0～0.9（含）	0.9～0.8（含）	0.8～0.7（含）	0.7～0.6（含）	0.6～0.5（含）	0.5～0.4（含）	0.4～0.3（含）	0.3～0.2（含）	0.2～0

按上述方法确定的评定值模糊矩阵，记为

$$\boldsymbol{R} = \begin{bmatrix} r_{11} & r_{12} & \cdots & r_{1m} \\ r_{21} & r_{22} & \cdots & r_{2m} \\ \vdots & \vdots & \cdots & \vdots \\ r_{n1} & r_{n2} & \cdots & r_{nm} \end{bmatrix}$$

18.1.3　确定各用水户的分水比例

模糊决策的模型为

$$\boldsymbol{W} = \boldsymbol{A} \cdot \boldsymbol{R} = [a_1, a_2, \cdots, a_n] \begin{bmatrix} r_{11} & r_{12} & \cdots & r_{1m} \\ r_{21} & r_{22} & \cdots & r_{2m} \\ \vdots & \vdots & \cdots & \vdots \\ r_{n1} & r_{n2} & \cdots & r_{nm} \end{bmatrix} = [e_1, e_2, \cdots, e_n]$$

式中：A 为由层次分析法得到的层次总权重矩阵；R 为由模糊决策理论得到的方案层评价矩阵。

最后各用水户的水权为

$$WI_i = WI \times E_i \tag{18.3}$$

式中：WI_i 为总的水量；WI 为第 i 个用水户的水权。

18.2 大庆地区洪水资源化利用的水权分配案例研究

18.2.1 可资源化利用的洪水总量分析

18.2.1.1 蓄水量

大庆地区防洪工程体系中的五大串联滞洪区的可资源化水量计算，是个复杂的工作，尤其是在一定保证率情况下的供水量确定，必须在多年统计资料分析和调洪、兴利演算背景下进行。本研究中先以 2013 年可资源化水量为例，对水权明晰分配方案进行分析。

大庆地区地处北温带大陆性季风气候区，每年的 4—11 月均有降水，但主要集中在 6—7 月，根据 2013 年降雨量数据，计算得出当年蓄水量约为 4 亿 m^3，见表 18.3。

表 18.3 大庆地区 2013 年主要滞洪区蓄水量

蓄洪区	王花泡	北二十里泡	中内泡	老江身泡	库里泡	污水库	青肯泡	总计
蓄水量/万 m^3	9419	6713	2428	1202	7054	1419	11810	40045

注 表中数据根据大庆地区防洪工程管理处提供的 2013 年水文资料整理。

18.2.1.2 可资源化利用的洪水总量

在资源化洪水水权分配中可分配水量指的是可资源化利用的洪水总量，由总的洪水蓄水量扣除各滞洪区合理库容得到。已有的研究在进行流域的水权分配时，可分配水量通常会由总水量扣除环境蓄水量和政府预留水量后得到。与之不同，本章的可分配水量没有扣除环境蓄水量和政府预留水量，主要原因有两点：①让环境用水作为市场主体参与到用水竞争中，故没有扣除环境需水量；②洪水资源作为一种新型水资源，其本身就是政府供水量的有效补充，故没有扣除政府预留水量。

根据表 18.3 的统计，大庆地区 2013 年蓄水量约为 4 亿 m^3，根据历史资料，维持各滞洪区合理库容约需要 3 亿 m^3 的水量。因此去掉维持合理库容必须的水量，假设可资源化的洪水总量约为 1 亿 m^3，即水权分配中可分配水量为 1 亿 m^3。

18.2.2 洪水资源化利用的水权界定

为了减轻洪灾对大庆油田及大庆地区的威胁，1989—1992 年大庆进行了防洪工程体系的建设，同时成立了大庆地区防洪工程管理处。防洪工程的建设使汛期的洪水以最快的速度排走，同时能够滞留一部分用于资源化，对这些洪水资源进行利用和经营是缓解水资源短缺状况的有效途径，同时可以补给到生态环境中治理日益严重的环境污染。

已有的研究在界定再生水等工程水权时，遵循的原则是"谁投资、谁受益"（高旭阔，

2010)，本章进行的资源水权研究的原则更确切的表述为"谁运营、谁受益"。大庆地区防洪工程管理处每年投入大额资金对防洪工程体系进行维护，因此在洪水经营的过程中，水权的所有者为大庆地区防洪工程管理处。虽然大庆石油管理局、大庆石化总厂等单位是防洪工程的投资主体，但该工程的建成保证了油田在汛期的顺利生产，可以说仅防洪一项给大庆石油管理局和大庆石化总厂带来的效益就远远大于其投资成本。因此，在界定大庆地区资源化洪水的水权时，前期投资不是我们考虑的主要因素，谁负责防洪工程体系的维护和运营，谁就是这种水体的所有者。

18.2.3　水权分配及计算

18.2.3.1　水权分配原则

根据水权分配原则，结合大庆地区实际情况，我们确定大庆地区资源化水权分配的原则有：尊重现状原则、优先考虑水资源生态需求原则、可持续原则、效率和公平原则。具体表述如下：

（1）尊重现状原则。大庆地区洪水资源分配一定要结合大庆的实际情况，本篇写作中曾多次到大庆地区及周边市（县）进行调研，以获得第一手资料。

（2）优先考虑水资源生态需求原则。以往流域的水权分配实践中要优先考虑居民用水及生态需水，本案例研究将只优先考虑生态需水。因为本文是对资源化水权进行分配，这部分水要转化为居民饮用水成本较高，不具备可操作性。生态需水则不同，并且有"百湖之城"称谓的大庆，城中湿地众多，急需新的水源来补给。

但这种生态需水的"优先"不是完全的优先，而是部分优先，我们选取了两个指标来体现这种"优先"，分别是绿化覆盖率和湿地面积（这两个指标对工业和农业的影响很难测量，在层析分析中无法与方案层构造评价矩阵，因此作为优先指标提前分配水权）。具体操作过程如下：①让这两个指标跟其他指标一样参与到全部水权的竞争中，得出其层次总权重；②用得出的权重直接与总水权直接相乘得出"纯"生态需水。这部分"纯"生态需水，相当于优先预留的生态需水，再加上其他间接指标参与方案层矩阵评价后计算得出的生态分水量，得出方案层中最终的生态分水量。

（3）可持续原则。大庆是我国著名的石油城，多年的石油开采导致了一系列的生态环境问题，如土地沙化、土壤盐碱化、地下漏斗等。为了实现经济与环境的和谐发展，在资源化水权分配时必须考虑可持续原则。

（4）效率和公平原则。在大庆洪水资源水权分配的过程中，既要考虑效率也要考虑公平。

18.2.3.2　建立层次结构图

大庆地区洪水资源水权分配指标体系层次结构如下：

（1）目标层 A 表示解决问题所需达到的目的，即水权的合理分配。

（2）准则层 B_i 表示实现水权的合理分配应该遵循的原则，可以分为四大类，即尊重现状原则 B_1、可持续原则 B_2、效率性原则 B_3、公平性原则 B_4。

在层次分析中没有将生态需水优先作为分析的一个原则，原因有以下两点：①生态需水是水权分配目标之一，如果将其作为原则会导致概念不清；②如果生态优先原则存在，选取指标时难免会与可持续原则出现重叠从而违背指标选取的独立原则。因此，我们保留可持续原则，去掉生态需求优先原则，该原则下的两个指标转移到可持续原则下进行层次分析。

（3）指标层 B_{ij} 表示实现各项准则的具体指标。从指标层的四大原则出发，依据概念清楚、资料易得、便于计算、各自独立的原则，拟定下列指标。

实现尊重现状原则的指标分别为：用水量（B_{11}）、缺水量（B_{12}）、用水投资额（B_{13}）；实现可持续原则的指标分别为：绿化覆盖率（B_{21}）、土地沙化（B_{22}）、地下漏斗（B_{23}）、土壤盐碱化（B_{24}）、湿地面积（B_{25}）、水体污染状况（B_{26}）；实现效率原则选取指标分别为：万元产值用水量（B_{31}）、水资源利用率（B_{32}）、产业贡献率（B_{33}）；实现公平原则选取指标分别为：最低需水量（B_{41}）、水价计价方式（B_{42}）、政策因素（B_{43}）。

（4）方案层 C_i 表示使用水权的各用水户。主要包括工业用水（C_1）、农业用水（C_2）和生态用水（C_3）。工业用水主要是油田等相关产业用水，农业用水主要是指农田灌溉用水，生态环境用水，即生态用水（生态需水）是在维持生态系统水分平衡所需要的水量，比如河流、湿地等维持本身功能所需要的水量。

根据以上分析，我们得到大庆地区洪水资源化利用的层次分析结构图 18.2。

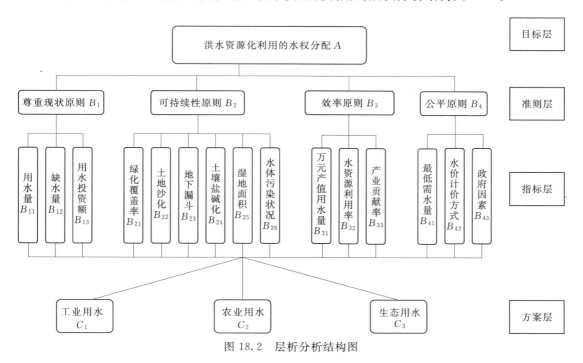

图 18.2 层析分析结构图

指标层各指标的解释如下：

（1）用水量（B_{11}）：根据用水量来分配水权，尊重、承认和维护各用水户的用水背景与用水现状，给予实际用水量较多的用水户以相应较多的资源化水权。虽然其中也难免有一些不合理的成分，如大庆地区的农业和工业相比，可能会因为其地位不同导致用水量较小，从而相应分配的水权较少，但在以往的实际经验中，这却有利于维持社会现状及稳定，保护大多数人的利益。

（2）缺水量（B_{12}）：根据缺水量来分配资源化水权有利于促进各行业之间的和谐发展。缺水量较大的用水户，我们应该给予更多的水权，对零缺水的用水户我们可以少分甚至不分配资源化水权。这样可以把有限的洪水资源进行高效利用。

（3）用水投资额（B_{13}）：资源化水权本质上是一种商品水，如果一个用水户无法承担相应配额水权的水价，那么这种水权分配就是无效的，是不符合实际的。对水费预算额较大的用水户给予较多的水权，反之则给予较少的水权，是市场化水权分配方法的要求。

（4）绿化覆盖率（B_{21}）：绿化覆盖率是一个城市绿化水平的主要衡量指标，而城市绿化工程属于城市生态环境建设的重要部分。城市绿化过程要大量的用到水资源，因此对绿化专门给予一定的水权有利于城市生存环境的改善。

（5）土地沙化（B_{22}）：大庆地区土地沙化状况严重，对油田生产、农业生产以及居民生活质量造成了严重的影响。在本文中，土地沙化状况作为水权分配的定性指标来对待。对受土地沙化影响较大的用水户，我们给予较多的水权，反之给予较少的水权，以此激励用水户治理土地沙化。

（6）地下漏斗（B_{23}）：地下水是大庆油田生产用水的主要来源，长期的集中开采使大庆形成了大面积的地下水位降落漏斗。为便于地下漏斗的治理，我们对影响较大的用水户给予较多的水权，反之则给予较少的水权，以此通过人工回灌等方法恢复地下水位。

（7）土壤盐碱化（B_{24}）：大庆是我国北方土壤盐碱化问题比较严重的地区，对受土壤盐碱化影响较大的用水户，我们给予较多的水权，反之则给予较少的水权，以此激励用水户治理土壤盐碱化。

（8）湿地面积（B_{25}）：大庆作为"百湖之城"，城中有大量的湿地，其水位补给需要大量的水，资源化的洪水恰好可以满足这种需求，湿地可以有效地调节局部小气候，改善生态环境，并带动相关产业的发展。

（9）水体污染状况（B_{26}）：对污染严重的行业给予较少的水权，对污染较轻或排污工作完成较好的行业给予较多的水权，以此来激励用水户重视污染治理问题。

（10）万元产值用水量（B_{31}）：常用的指标为万元工业增加值用水量，这里为了便于比较，我们分别计算三大用水户的万元产值用水量来做水权分配。对于万元产值用水量较低的行业给予较多的水权，反之则给予较少的水权，体现效率优先的原则，同时在一定程度上能引导水资源向利用效率高的行业流动。

（11）水资源利用率（B_{32}）：对水资源利用效率较高的用水户给予较多的水权，反之则给予较少的水权，以此来激励用水户提高水资源利用效率。

（12）产业贡献率（B_{33}）：指的是工业、农业及生态等不同产业对经济增长的贡献率，为了更好地体现效率原则的要求，我们对贡献率较大的产业给予较多的水权，反之则给予较少的水权。

（13）最低需水量（B_{41}）：该指标对三大用水户的具体含义有所不同，对工业来讲，本章所指的最低用水量是维持油田及石化基本生产需要的用水量；对农业来讲，是指维持农田基本灌溉用水所需要的水量；对生态来讲，就是维持生态平衡的最低需水量。

不同用水户的最低需水量不同，对需水量较大的用水户给予较多的水权，反之则给予较多的水权，有利于维护各用水户之间的平衡发展，体现了公平原则的要求。

（14）水价计价方式（B_{42}）：对不同用水户采取不同的水价计价方式，有利于促进水资源的合理、高效利用，避免水资源的浪费。本章的分析中，水价计价方式对作为一种定性指标来衡量其对不同用水户间的影响。

（15）政策因素（B_{43}）：国家政策的颁布与实施对水权分配有较大的影响，例如国家倡导不能以牺牲环境为代价来谋求经济发展，在水权分配时，就要将适当比例的水权分配到生态用水中，而不是全部分配给经济用水。

18.2.3.3　指标权重的计算

构造判断矩阵最重要的就是要确定 b_{ij} 的值，即确立各个指标之间的相对重要程度，主要是采用向专家咨询的方法，必要时需成立专家组背靠背打分，综合专家组的意见确定判断矩阵的各元素。在确定各个指标之间的相对重要程度时，采用向专家和大庆地区防洪工程管理处工作人员咨询的办法。

a. 准则层权重的计算

（1）构造准则层判断矩阵。

$$\boldsymbol{B} = \begin{bmatrix} b_{11} & b_{12} & b_{13} & b_{14} \\ b_{21} & b_{22} & b_{23} & b_{24} \\ b_{31} & b_{32} & b_{33} & b_{34} \\ b_{41} & b_{42} & b_{43} & b_{44} \end{bmatrix} = \begin{bmatrix} 1.000 & 0.313 & 0.333 & 0.500 \\ 3.200 & 1.000 & 2.500 & 1.200 \\ 3.000 & 0.400 & 1.000 & 1.300 \\ 2.000 & 0.833 & 0.770 & 1.000 \end{bmatrix}$$

（2）采用"规范列平均法"对矩阵 $\boldsymbol{B}$ 做归一化处理，得出

$$\boldsymbol{W}^{\mathrm{T}} = [0.1072, 0.3959, 0.2564, 0.2405]$$

即为准则层 B 的权重，所以 $W_1 = 0.1072$，$W_2 = 0.3959$，$W_3 = 0.2564$，$W_4 = 0.2405$

（3）对矩阵进行一致性检验。

矩阵相乘得

$$\boldsymbol{BW} = \begin{bmatrix} 0.4365 \\ 1.6685 \\ 1.0490 \\ 0.9821 \end{bmatrix}$$

利用公式 $\lambda_{\max} = \dfrac{1}{n} \sum_{i=1}^{n} \dfrac{(BW)_i}{W_i}$，得出最大特征值：$\lambda_{\max} = 4.1154$。

利用公式 $CI = \dfrac{\lambda_{\max} - n}{n-1}$（其中 $\lambda_{\max} = 4.1154$，$n = 4$），计算得 $CI = 0.0384$，查表 18.4 可知 $RI = 08931$。

表 18.4　　　　　平均随机一致性指标 RI 标准值

矩阵阶数	3	4	5	6	7	8	9
RI	0.5149	0.8931	1.1185	1.2494	1.3450	1.4100	1.4616

利用公式 $CR = \dfrac{CI}{RI}$，得出 $CR = 0.0431$。

经一致性检验 $CI < 0.1$，$CR < 0.1$，判断矩阵 $\boldsymbol{B}$ 为一致性矩阵。

便于后续分析，我们将准则层 $\boldsymbol{B}$ 的权重绘制成表 18.5。

表 18.5　　　　　　　　　　　　　　　　　准 则 层 $\boldsymbol{B}$ 的 权 重

指标	$\boldsymbol{B}_1$	$\boldsymbol{B}_2$	$\boldsymbol{B}_3$	$\boldsymbol{B}_4$
W_i	0.1072	0.3959	0.2564	0.2405

b. 指标层权重的计算

（1）尊重现状原则下各指标层权重的计算。

1）构造准则层 B_1 下相应指标判断矩阵 $\boldsymbol{B}_1$

$$\boldsymbol{B}_1 = \begin{bmatrix} 1.000 & 1.200 & 0.800 \\ 0.833 & 1.000 & 0.714 \\ 1.250 & 1.400 & 1.000 \end{bmatrix}$$

2）按照"规范列平均法"对矩阵做归一化处理，得出

$$\boldsymbol{W}_1^{\mathrm{T}} = [0.3253,\ 0.2773,\ 0.3974]$$

即为准则层 B_1 的权重，所以 $W_{11} = 0.3253$，$W_{12} = 0.2773$，$W_{13} = 0.3974$。

3）对矩阵进行一致性检验

矩阵相乘得 $\boldsymbol{B}_1 \boldsymbol{W}_1 = \begin{bmatrix} 0.9760 \\ 0.8320 \\ 1.1923 \end{bmatrix}$ 根据公式 $\lambda_{\max} = \dfrac{1}{n} \sum_{i=1}^{n} \dfrac{(BW)_i}{W_i}$，得出最大特征值：$\lambda_{\max}$

$= 3.0003$。

根据公式 $CI = \dfrac{\lambda_{\max} - n}{n - 1}$（其中 $\lambda_{\max} = 3.0003$，$n = 4$），计算得 $CI = 0.00015$ 查表可知 $RI = 0.5149$。

利用公式 $CR = \dfrac{CI}{RI}$，得出 $CR = 0.00029$。

经一致性检验 $CI < 0.1$，$CR < 0.1$，判断矩阵 $\boldsymbol{B}_1$ 为一致性矩阵。

便于后续分析，我们将准则层 B_1 下各指标的权重绘制成表 18.6。

表 18.6　　　　　　　　　　　　　　　　准 则 层 $\boldsymbol{B}_1$ 下各指标的权重

指标	$\boldsymbol{B}_{11}$	$\boldsymbol{B}_{12}$	$\boldsymbol{B}_{13}$
W_i	0.3253	0.2773	0.3974

（2）可持续原则下各指标层权重的计算。

1）构造准则层 B_2 下相应指标判断矩阵 $\boldsymbol{B}_2$

$$\boldsymbol{B}_2 = \begin{bmatrix} 1.000 & 2.700 & 2.200 & 3.000 & 0.500 & 1.900 \\ 0.370 & 1.000 & 0.769 & 1.200 & 0.294 & 0.588 \\ 0.455 & 1.300 & 1.000 & 1.800 & 0.313 & 0.833 \\ 0.333 & 0.833 & 0.556 & 1.000 & 0.278 & 0.435 \\ 2.000 & 3.400 & 3.200 & 3.600 & 1.000 & 2.100 \\ 0.526 & 1.700 & 1.200 & 2.300 & 0.476 & 1.000 \end{bmatrix}$$

2）按照"规范列平均法"对矩阵做归一化处理，得出

$$\boldsymbol{W}_2^{\mathrm{T}} = [0.2319, 0.0897, 0.1164, 0.0746, 0.3386, 0.1488]$$

即为准则层 B_2 的权重，所以可得：

$$W_{21} = 0.2319，W_{22} = 0.0897，W_{23} = 0.1164$$

$$W_{24} = 0.0746，W_{25} = 0.3386，W_{26} = 0.1488$$

3）对矩阵进行一致性检验

矩阵相乘得 $\boldsymbol{B}_2 \boldsymbol{W}_2 = \begin{bmatrix} 1.4061 \\ 0.5416 \\ 0.7028 \\ 0.4501 \\ 2.0601 \\ 0.8957 \end{bmatrix}$，根据公式 $\lambda_{\max} = \dfrac{1}{n} \sum_{i=1}^{n} \dfrac{(BW)_i}{W_i}$，得出最大特征值：

$\lambda_{\max} = 6.0463$。

根据公式 $CI = \dfrac{\lambda_{\max} - n}{n-1}$（其中 $\lambda_{\max} = 6.0463$，$n = 6$），计算得 $CI = 0.0093$ 查表可知 $RI = 1.2494$。

利用公式 $CR = \dfrac{CI}{RI}$，得出 $CR = 0.00744$。

经一致性检验 $CI < 0.1$，$CR < 0.1$，判断矩阵 $\boldsymbol{B}_2$ 为一致性矩阵。

便于后续分析，我们将准则层 $\boldsymbol{B}_2$ 下各指标的权重绘制成表 18.7。

表 18.7　　准则层 $\boldsymbol{B}_2$ 下各指标的权重

指标	$\boldsymbol{B}_{21}$	$\boldsymbol{B}_{22}$	$\boldsymbol{B}_{23}$	$\boldsymbol{B}_{24}$	$\boldsymbol{B}_{25}$	$\boldsymbol{B}_{26}$
W_i	0.2319	0.0897	0.1164	0.0746	0.3386	0.1488

（3）效率原则下各指标层权重的计算。

1）构造准则层 B_3 下相应指标判断矩阵 $\boldsymbol{B}_3$

$$\boldsymbol{B}_3 = \begin{bmatrix} 1.000 & 4.000 & 1.800 \\ 0.250 & 1.000 & 0.435 \\ 0.556 & 2.300 & 1.000 \end{bmatrix}$$

2）按照"规范列平均法"对矩阵做归一化处理，得出

$$\boldsymbol{W}_3^{\mathrm{T}} = [0.5527, 0.1366, 0.3107]$$

即为准则层 B_3 的权重，所以 $W_{31} = 0.5527，W_{32} = 0.1366，W_{33} = 0.3107$

3）对矩阵进行一致性检验。

矩阵相乘得 $\boldsymbol{B}_3 \boldsymbol{W}_3 = \begin{bmatrix} 1.6584 \\ 0.4099 \\ 0.9322 \end{bmatrix}$，根据公式 $\lambda_{\max} = \dfrac{1}{n} \sum_{i=1}^{n} \dfrac{(BW)_i}{W_i}$，得出最大特征值：

$\lambda_{\max} = 3.0006$。

根据公式

$$CI = \frac{\lambda_{\max} - n}{n - 1} \text{（其中 } \lambda_{\max} = 3.0006，n = 3 \text{）}$$

计算得 $CI = 0.0003$，查表可知 $RI = 0.5149$。

利用公式 $CR = \dfrac{CI}{RI}$，得出 $CR = 0.00058$。

经一致性检验 $CI < 0.1$，$CR < 0.1$，判断矩阵 $\boldsymbol{B}_3$ 为一致性矩阵。

便于后续分析，我们将准则层 $\boldsymbol{B}_3$ 下各指标的权重绘制成表 18.8。

表 18.8　　　　　　　　　　　　　准则层 $\boldsymbol{B}_3$ 下各指标的权重

指标	$\boldsymbol{B}_{31}$	$\boldsymbol{B}_{32}$	$\boldsymbol{B}_{33}$
W_i	0.5527	0.1366	0.3107

（4）公平原则下各指标层权重的计算。

1）构造准则层 B_4 下相应指标判断矩阵 $\boldsymbol{B}_4$

$$\boldsymbol{B}_4 = \begin{bmatrix} 1.000 & 0.286 & 0.500 \\ 3.500 & 1.000 & 1.300 \\ 2.000 & 0.769 & 1.000 \end{bmatrix}$$

2）按照"规范列平均法"对矩阵做归一化处理，得出

$$\boldsymbol{W}_4^{\mathrm{T}} = \begin{bmatrix} 0.1572, & 0.4965, & 0.3463 \end{bmatrix}$$

即为准则层 B_4 的权重，所以 $W_{41} = 0.1572$，$W_{42} = 0.4965$，$W_{43} = 0.3463$。

3）对矩阵进行一致性检验。矩阵相乘得 $\boldsymbol{B}_4\boldsymbol{W}_4 = \begin{bmatrix} 0.4724 \\ 1.4969 \\ 1.0425 \end{bmatrix}$，根据公式 $\lambda_{\max} =$

$\dfrac{1}{n}\displaystyle\sum_{i=1}^{n}\dfrac{(BW)_i}{W_i}$，得出最大特征值：$\lambda_{\max} = 3.0100$。

根据公式 $CI = \dfrac{\lambda_{\max} - n}{n - 1}$（其中 $\lambda_{\max} = 3.0100$，$n = 3$），计算得 $CI = 0.005$ 查表可知

$RI = 0.5149$。

利用公式 $CR = \dfrac{CI}{RI}$，得出 $CR = 0.0097$。

经一致性检验 $CI < 0.1$，$CR < 0.1$，判断矩阵 $\boldsymbol{B}_4$ 为一致性矩阵。

便于后续分析，我们将准则层 $\boldsymbol{B}_4$ 下各指标的权重绘制成表 18.9。

表 18.9　　　　　　　　　　　　　准则层 $\boldsymbol{B}_4$ 下各指标的权重

指标	$\boldsymbol{B}_{41}$	$\boldsymbol{B}_{42}$	$\boldsymbol{B}_{43}$
W_i	0.1572	0.4965	0.3463

c. 总排序一致性检验

层次总排序一致性检验公式为

$$CR = \frac{\sum\limits_{k=1}^{4} B_k CI_k}{\sum\limits_{k=1}^{4} B_k RI_k}$$

式中：B_k 为各准则层的相对权重；CI_k 和 RI_k 为各个准则层下一致性检验的计算结果，总排序一致性检验结果见表 18.10。

经计算得 $CI = 0.00498$，$RI = 0.80569$，$CR = 0.0062 < 0.1$。

故层次总排序通过一致性检验，可将层次总排序权重 N_{ij} 作为指标的系统权重。

表 18.10   总排序一致性检验结果

指标层	准则层				一致性检验		
	B_1 0.1072	B_2 0.3959	B_3 0.2564	B_4 0.2405	单排序一致性检验	层次总排序权重 N_{ij}	总排序一致性检验
B_{11}	0.3253				$\lambda_{max} = 3.0003$ $CI = 0.00015$ $RI = 0.5149$ $CR = 0.00029$ $CR < 0.1$	0.0349	
B_{12}	0.2773					0.0297	
B_{13}	0.3974					0.0426	
B_{21}		0.2319			$\lambda_{max} = 6.0463$ $CI = 0.0093$ $RI = 1.2494$ $CR = 0.00744$ $CR < 0.1$	0.0918	$CI = 0.00498$ $RI = 0.80569$ $RI = 0.80569$ $CR = 0.0062$ $CR < 0.1$
B_{22}		0.0897				0.0355	
B_{23}		0.1164				0.0461	
B_{24}		0.0746				0.0295	
B_{25}		0.3386				0.1341	
B_{26}		0.1488				0.0589	
B_{31}			0.5527		$\lambda_{max} = 3.0006$ $CI = 0.0003$ $RI = 0.5149$ $CR = 0.00058$ $CR < 0.1$	0.1417	
B_{32}			0.1366			0.0350	
B_{33}			0.3107			0.0797	
B_{41}				0.1572	$\lambda_{max} = 3.0100$ $CI = 0.005$ $RI = 0.5149$ $CR = 0.0097$ $CR < 0.1$	0.0378	
B_{42}				0.4965		0.1194	
B_{43}				0.3463		0.0833	

18.2.3.4 构造方案层的评价矩阵

过去进行水权研究时，多数是对流域水权进行初始分配，如郑剑锋（2006）和李新（2011）的研究都是将流域的水权分配到周围的地区，进行的是水权的区域分配。而本节进行的研究是水权在行业之间的分配，即在用水户之间的分配。在求各指标所占权重时均采用了层次分析法，但在方案层评价矩阵的构造上，本节采用了一些创新的方法。

过去的研究在构造方案层的评价矩阵时，都是将指标分成两类，一类是定量指标，另一类是定性指标。然后通过数据收集确定定量指标的值，用专家咨询法确定定性指标的值来构造评价值模糊矩阵完成水权分配。本节的研究对指标的评价采用了创新的方法。首先把指标分为直接指标和间接指标两类，直接指标是指该指标权重可以直接归属于某一用水户（本节中直接分给生态用水），而间接指标是指该指标权重需要分配到各用水户。直接指标不需要再进行评价，而是直接用其层次总排序权重与可分配水量的乘积得出模型分配水权，划归到某一特定用水户（本节指生态用水）。间接指标采用流域水权分配的方法，分为定量指标和定性指标进行评价。

本节中的直接指标指绿化覆盖率（B_{21}）和湿地面积（B_{25}），其余 13 个指标均为间接指标。直接指标分水量用 WI_Z 表示，间接指标分水量用 WI_J 表示。

a. 根据直接指标计算生态优先分水量

绿化覆盖率层次总排序权重 $N_{21}=0.0918$，湿地面积层次总排序权重 $N_{25}=0.1341$，可分配的洪水资源总量 $WI=1$ 亿 m^3，经过计算得出绿化覆盖率指标分得的资源化水量为 $WI \cdot N_{21}=918$ 万 m^3，湿地面积指标分得的资源化水量为 $WI \cdot N_{25}=1341$ 万 m^3，见表 18.11。

表 18.11　　　　　　　　　　资源化水权分配判别指标（直接）

指标	可分配水量/亿 m^3	指标权重 N_{ij}	指标分配水量/万 m^3
绿化覆盖率 B_{21}	1	0.0918	918
湿地面积 B_{25}	1	0.1341	1341

因此，直接指标的总分水量 $WI_Z=918+1341=2259 m^3$。

b. 根据间接指标构造方案层评价值模糊矩阵

间接指标一共有 13 个，其中用水量、缺水量、用水投资额、万元产值用水量、水资源利用率、产业贡献率、最低需水量等 7 个指标为定量指标；土地沙化、地下漏斗、土壤盐碱化、水体污染情况、水价计价方式、政策因素等为定性指标。

（1）定量指标评价值的确定。

1）对每个定量指标要做资料收集的工作，以此确定的水量分配判别指标的量化值见表 18.12。

表 18.12　　　　　　　　　　资源化水权分配判别指标

指标	工业	农业	生态
用水量 B_{11}/亿 m^3	0.65	3.00	4.10
缺水量 B_{12}/亿 m^3	0.07	0.28	1.49
用水投资额 B_{13}/亿元	2.63	0.15	0.12
万元产值用水量 B_{31}/(m^3/万元)	12	640	1600
水资源利用率 B_{32}/%	90	55	80

指标	工业	农业	生态
产业贡献率 B_{33}/%	80.0	3.5	2.8
最低需水量 B_{41}/亿 m^3	0.54	2.10	3.01

注 资料来源于《黑龙江省大庆地区防洪工程资料汇编》《中国水资源公报》《大庆市 2013 年统计年鉴》。

2）确定定量指标的正负属性，根据式（18.1）和式（18.2）计算其评价值。

根据前文对各指标的具体解释，我们确定"万元产值用水量"为负指标，其余 6 个定量指标均为正指标，也就是说用水量越大，缺水量越大，用水投资额越大，万元产值用水量越少，水资源利用率越高，产业贡献率越大，最低需水量越大，分配到的水权就越多。间接定量指标在各用水户的评价值见表 18.13。

表 18.13   间接定量指标在各用水户的评价值

指标	指标性质	工业	农业	生态
用水量 B_{11}	正指标	0.0000	0.6812	1.0000
缺水量 B_{12}	正指标	0.0000	0.1509	1.0000
用水投资额 B_{13}	正指标	1.0000	0.0120	0.0000
万元产值用水量 B_{31}	负指标	1.0000	0.6045	0.0000
水资源利用率 B_{32}	正指标	1.0000	0.0000	0.7143
产业贡献率 B_{33}	正指标	1.0000	0.0091	0.0000
最低需水量 B_{41}	正指标	0.0000	0.6316	1.0000

（2）定性指标优属度确定。每个定性指标需要结合部分已有研究和专家咨询得分标准进行赋值。定性指标的打分过程如下：

1）土地沙化：根据马凤荣等（2006）的研究及专家咨询法得出结论：沙化土地对生态环境的影响最强，取值 0.8；对工业次之，取值 0.45；对农业最弱，取值 0.4。

2）地下漏斗：根据高淑琴等（2008）的研究及专家咨询法得出结论：地下漏斗的形成对工业的影响最强，取值 0.7；其次是生态，取值 0.65；农业最弱，取值 0.35。

3）土壤盐碱化：根据张杰等（2011）的研究及专家咨询法得出结论：土壤盐碱化对生态的影响最强，取值 0.85；工业次之，取值 0.5；农业最弱，取值 0.4。

4）水体污染状况：根据专家咨询法得出结论：水体污染对生态影响最大，取值 0.85；对农业影响次之，取值 0.65；对工业影响最弱，取值 0.3。

5）水价计价方式：农业是用水大户，农业灌溉使用水量大而受益较小，水价计价方式对农业影响最大，取值 0.6；其次是工业，因为与农业相比，工业有更为雄厚的资金做后盾，取值 0.45；对生态的影响最小，主要是考虑到生态基本属于公共事业，取值 0.4。

6）政策因素：此处的政策主要是指大庆现在的政策导向是进行产业结构的调整及优化升级，大力发展旅游业等第三产业，逐步降低对工业的依赖，又不削弱农业的基础地位。生态用水的增加有利于环境的改善及湿地等的发展，必将促进旅游业等相关产业的发展，故生态取值 0.9；农业取值 0.75，工业取值 0.7。

大庆地区洪水资源化利用间接定性指标在各用水户的评价值见表 18.14。

表 18.14　　　　　　　　　　间接定性指标在各用水户的评价值

指标	工业	农业	生态
土地沙化 B_{22}	0.45	0.4	0.8
地下漏斗 B_{23}	0.7	0.35	0.65
土壤盐碱化 B_{24}	0.5	0.4	0.85
水体污染状况 B_{26}	0.3	0.65	0.85
水价计价方式 B_{42}	0.45	0.6	0.4
政策因素 B_{43}	0.7	0.75	0.9

（3）综合表 18.13 和表 18.14，得到方案层的评价矩阵 $\boldsymbol{R}$：

$$\boldsymbol{R} = \begin{bmatrix} 0.0000 & 0.6812 & 1.0000 \\ 0.0000 & 0.1509 & 1.0000 \\ 1.0000 & 0.0120 & 0.0000 \\ 0.4500 & 0.4000 & 0.8000 \\ 0.7000 & 0.3500 & 0.6500 \\ 0.5000 & 0.4000 & 0.8500 \\ 0.3000 & 0.6500 & 0.8500 \\ 1.0000 & 0.6045 & 0.0000 \\ 1.0000 & 0.0000 & 0.7143 \\ 1.0000 & 0.0091 & 0.0000 \\ 0.0000 & 0.6316 & 1.0000 \\ 0.4500 & 0.6000 & 0.4000 \\ 0.7000 & 0.7500 & 0.9000 \end{bmatrix}$$

根据表 18.10，去掉两个直接指标的权重（N_{21} 和 N_{25}）得到各间接指标的层次总权重排序，见表 18.15。

表 18.15　　　　　　　　　　间接指标的层次总排序权重

指标	N_{11}	N_{12}	N_{13}	N_{22}	N_{23}	N_{24}	N_{26}	N_{31}	N_{32}	N_{33}	N_{41}	N_{42}	N_{43}
权重	0.0349	0.0297	0.0426	0.0355	0.0461	0.0295	0.0589	0.1417	0.0350	0.0797	0.0378	0.1194	0.0833

由表 18.15 我们得到间接指标的层次总排序矩阵：

$\boldsymbol{A} = \begin{bmatrix} 0.0349 & 0.0297 & 0.0426 & 0.0355 & 0.0461 & \cdots & 0.0378 & 0.1194 & 0.0833 \end{bmatrix}$

各用水户水权分配比例：$\boldsymbol{W} = \boldsymbol{AR} = \begin{bmatrix} 0.4001 & 0.2877 & 0.3122 \end{bmatrix} = \begin{bmatrix} e_1 & e_2 & e_3 \end{bmatrix}$

即 $e_1 = 40.01\%$，$e_2 = 28.77\%$，$e_3 = 31.22\%$。

对直接指标和间接指标结合进行分析得出最终的分水量：

1）直接指标已经分配的生态水量 $WI_Z = 2259$ 万 m^3。

2）间接指标可分配的总水量为：$WI_J = WI - WI_Z = 7741$ 万 m^3。

3）根据式（18.3）各用水户的分水量为：$WI_1 = WI_J e_1 = 3097.31$ 万 m^3，$WI_2 = WI_J e_2 = 2227.12$ 万 m^3，$WI_3 = WI_Z + WI_J e_3 = 4675.57$ 万 m^3。

4）根据分水量得到总的分水比例：$e_1' = WI_1/WI = 30.97\%$，$e_2' = WI_2/WI = 22.27\%$，$e_3' e_3 = WI_3/WI = 46.76\%$。

表 18.16 的计算结果表明：大庆地区资源化的洪水应主要用于补给生态环境，然后才是支持工农业发展，这有利于改善当地的生态环境，缓解已有的生态环境问题。工业和农业使用的是资源化洪水的经济水权，而生态行业使用的是生态水权。

表 18.16　　　　　　　　　多层次多目标模糊优选法各用水户分水比例

用水户	工业	农业	生态
比例 $e_i'/\%$	30.97	22.27	46.76
分水量 $WI_i/$万 m^3	3097.31	2227.12	4675.57

19 洪水资源化利用的成本与效益分析
——以湿地补水为例

通过第 18 章对水权分配的结果表明：大庆地区的资源化洪水有 4675.57 万 m³ 可以用来补给生态环境，这无疑会给大庆市生态环境相关的各产业带来巨大的收益。湿地是洪水补给生态环境的典型方式，所以本部分以大庆龙凤湿地为例，进行了洪水资源化利用的成本与效益分析。

19.1 大庆地区湿地概况

19.1.1 湿地现状

大庆境内有 120 万 hm² 的湿地资源，占全国已知湿地总面积的 3.12％（大庆市统计年鉴，2013），境内的龙凤湿地自然保护区是全省唯一一处城中湿地。但近年来，湿地资源遭到了严重破坏，湿地边缘地区苇民、渔民私自侵占湿地作为苇塘、鱼塘，外来务工人员在湿地周边乱搭建住房，以及湿地周边人员的乱砍滥伐等活动破坏了湿地周围植被，破坏了自然湿地的用途。芦苇等经济作物的种植和鱼类的养殖侵占了湿地的水资源；大量游客的涌入加剧了湿地生态环境的破坏。人类活动之所以会导致湿地生态环境的退化，归根结底是不合理的人类活动破坏了湿地最重要的元素——水，导致了湿地的萎缩甚至枯竭。因此必须进行湿地的恢复和重建，为湿地生态环境的改善寻找新的补给水源。

19.1.2 湿地的社会、经济和生态环境效益状况

这里提到的效益，是指人们在生产经营活动中通过消耗一定的物化劳动和活化劳动而得到的产出。湿地开发的效益是指通过资源化洪水的投入所产生的收益，即对周边地区带来的正面效应。发展湿地旅游和湿地养殖是湿地开发利用的两种主要途径，可以带来显著的经济效益，同时可以带动相关产业的发展；湿地的恢复和建立能改善局部小气候和生物多样性恢复，对改善大庆地区水污染状况，缓解土地沙化、盐碱化及地下漏斗等环境问题有积极意义。

19.1.2.1 经济效益

湿地的经济效益包括第一收益和第二收益。具体而言，第一收益指的是：资源化洪水补给湿地使水面提高，可以发展鱼类养殖及芦苇养殖等水产养殖业；资源化洪水补给湿地，同时也改善蓄滞洪区水环境，增加其生物多样性促进湿地旅游业的发展。第二收益指的是湿地改善局部小气候从而带动了相关产业的发展，同时也增加了第三产业产值。这两

种收益通常是经过环境改善计划而引发第一和第二效应。改善湿地环境的第一效应是此湿地娱乐用途的增加，进而会吸引更多游人进入湿地。由于该湿地使用者数目的增加，第一效应会进一步引发一个连锁效应，从而获得第二收益。

19.1.2.2　社会效益

社会效益是指洪水经营在保障社会安定和促进社会发展中所起的作用。主要包括以下三个方面：

（1）洪水资源化利用使水库等蓄滞洪区蓄积的大量洪水有了"去处"，从而避免了强行泄洪所带来的损失。以往汛期来临前，滞洪区要强行排到限定水位，以保证防洪安全，但大量蓄水提前泄出而后期来水过少，就意味着某种经济损失。在综合利用洪水资源的过程中有效地避免此类损失，不仅是资源利用的效益问题，也是为提高周边居民福利水平及维护社会稳定做出一定贡献。从技术层面上讲，这就需要我们在现有水文和气象预报水平下，针对滞洪区合理调度大做文章。

（2）湿地的休闲娱乐价值。湿地以其独有的赏心悦目的自然风光及多样的动植物资源为人们提供了优美的生活环境及亲近自然的好去处，成为市民休闲娱乐的理想场所。

（3）湿地的教育与科研价值。湿地生态系统在科研中具有重要地位，是教育和科学研究的良好试验基地。特别是其动植物群落的多样性具有极高的科研价值，杂交水稻的其中一个遗传系材料就采自海南省湿地的野生稻。

19.1.2.3　生态环境效益

生态环境效益是指在洪水经营的过程中对保护和改善生态环境所起的作用，主要包括：①湿地增加周围大气湿度，调节局部小气候，增加居民生存幸福感。②湿地面积增大改善水质污染状况，为两栖类和爬行动物提供了良好的栖息环境。水面提高使区域动植物种类增多，生物多样性增加，食物链延长，生态系统稳定性提高。③湿地面积增大，使得昆虫、浮游生物及鱼类增多，给以昆虫或鱼类为食物的鸟类提供了充足的食物。④地下水得到充分补给，地下漏斗得以填充，增加的地下水量有效缓解土壤沙化及土壤盐碱化等生态环境恶化问题。

湿地效益及测算方法见表 19.1。

表 19.1　　　　　　　　　　　湿地效益及测算方法

项目	影响		测算指标	测算方法
	序号	影响描述		
经济效益	1	水面提高，可发展水产养殖业（鱼类养殖、芦苇养殖），养殖业产值增加	养殖业增加产值	市场价值法
	2	洪水资源化后，湿地得以恢复和重建，防洪区景观多样性增加；可发展湿地旅游等，旅游业产值增加	旅游业经济产值及其附加效益	旅行费用法
社会效益	3	湿地系统特别是动植物群落的多样性，为教育和科学研究提供了对象、材料和试验基地	教育科研价值	依据中国湿地生态系统规定的标准
	4	湿地公园是市民休闲娱乐的理想场所	休闲娱乐价值	

续表

项目	影响		测算指标	测算方法
	序号	影响描述		
生态环境效益	5	湿地增加周围大气湿度，调节周围小气候，增加居民生存福利	生态环境效益	参照相关研究成果
	6	湿地面积增大，使得昆虫、浮游动物及鱼类增多，给以昆虫或鱼类为食物的鸟类提供了充足的食物		
	7	湿地增大、污染减轻，为两栖类和爬行动物提供了良好的栖息环境。水面提高使区域动植物种类增多，生物多样性增加，食物链延长，生态系统稳定性提高		

以上分析表明，水源的补给能有效治理湿地出现的各种生态环境问题，同时可以带来巨大的经济、社会、生态环境效益；但湿地补水成本过高，其可操作性值得商榷，我们采用成本与效益法来进行湿地补水的可行性分析。

19.2　成本效益分析方法

19.2.1　概述

以福利经济学为基础的经济分析方法——成本效益分析是水资源开发利用的经济评价和决策分析中常用的方法之一。所谓成本效益分析，是指对拟要采用的可以互相替代的系统，或对某一特定行动进行评价，通过对可能获得的效益和可能付出的成本做出权衡，从而识别出最优系统或最优方案的一种经济决策方法。

对可持续发展的洪水资源化利用来说，必须考虑资源、环境与经济、社会的协调持续发展。对它的评估，需要从全社会可持续发展角度出发，既要分析洪水资源项目对整个国民经济的贡献大小，又要分析保护生态环境持续发展的能力与花费，这正是成本效益分析具有的功能。因此，成本效益分析可作为生态环境微观经济价值评估的基本方法。洪水资源化利用的成本效益分析，对解释洪水资源化利用的可行性途径具有充分的说服力。

19.2.2　判定准则

通过成本效益分析法旨在回答：某行动方案是否令人满意，即是否增加社会福利，效益是否大于成本？

19.2.2.1　可接受准则

经济学家们指出，行动方案都有效益与成本，如果效益超过了成本，那么这一行动方案就是人们所愿意的；反之，则反对这一方案。假设预设的行动方案的效益以 B 来表示，成本以 C 来表示，则这一决策原则表示如下：

如果 $B-C>0$，或 $B/C>1$（$B>0$，$C>0$），则这一方案是可以接受的。通常把效益与成本之差成为净效益。

19.2.2.2 择优准则

净效益最大的方案即是最优的方案，也称作是有效率的方案。这一准则是帕累托最优与卡尔德-希克斯准则在公共决策中的具体表达。

某一方案的边际效益与边际成本相等时，其净效益最大。这是因为，如果边际效益大于边际成本，增加规模可以使总的净效益增加，受益者用增加的效益补偿受损者的损失之后仍有剩余，整个社会的经济福利随之增加。如果边际效益小于边际成本就意味着增加规模的效益不足以弥补受损者的损失，社会总福利下降。只有当边际效益等于边际成本时，增加的效益和增加的成本相互抵消，处于最佳状态，净效益和社会经济福利才能达到最大。

本节中主要采用可接受准则，通过净效益的正负来判断是否可以用资源化的洪水补给生态环境。

19.2.3 评价指标及计算方法

成本效益分析的评价指标都是以价值指标为基础的，根据是否考虑资金的时间价值，可分为静态评价指标和动态评价指标，前者不考虑资金时间价值，后者考虑资金的时间价值。静态评价指标有静态投资回收期、投资效益率等；动态评价指标有动态投资回收期、净现值、内部效益率、效用费用比等。

在实际评价中，基于动态评价指标的动态分析因考虑了资金的时间价值和反映项目整个寿命周期的全面情况，已成为成本效益分析的主要指标。效益费用比是常用的动态评价指标。

效用费用比是指项目的净效益与净费用之比，即

$$R_{BC} = \frac{B}{C} \tag{19.1}$$

式中：R_{BC} 为效益费用比；B 为计算期内项目的净效益现值（或年值）；C 为计算期内项目的净费用现值（或年值）。

运用效益费用比指标的判别准则是：当 $R_{BC} \geq 1$ 时，说明社会所得到的效益大于该项目支出费用，该方案可以接受；若 $R_{BC} < 1$，则该方案在经济上应被否定。效益费用比指标同其他比率型指标一样，不能直接由其值的大小对不同方案排序，常采用增量效益费用比来进行方案优劣排序。

成本效益分析在以保护和改善健康、安全及自然环境为目的的立法和管制政策中发挥了重大的作用，它可以有效地分析和组织不可比信息，有助于评估环境资源的价值。

19.3 洪水资源化利用的成本效益分析

19.3.1 效益评估

对自然资源特别是环境资源作为一项资产进行评估，主要是避免以往对其不恰当估值导致的价值低估现象。比如湿地资源不仅能带来经济价值，更重要的是还能带来美学上的愉悦，提供维持动植物生命的服务。对其经济效益、生态环境效益和社会效益进行综合评

估是湿地发展的必然要求，但由于目前方法手段的局限，对其效益的评估可能存在不完善的地方。

19.3.1.1　湿地的经济效益评估

环境经济效益分析是环境影响评价的一项重要工作内容，它建立在西方新福利经济基础之上，是新福利经济学的实际应用，目的在于改善资源分配的经济效益。湿地开发的经济效益评估属于环境经济效益评估的子项目，本节使用旅行费用法和市场价值法来评估湿地开发的经济效益。

a. 旅行费用法

（1）方法概述。旅行费用法使用旅行费用作为代替物来衡量人们对旅游景点或其他娱乐品的效益的评价，通常使用实地调查的方式收集数据，使用计量经济学模型估算需求函数，然后计算消费者剩余来衡量旅游景点的效益。主要分为以下三个步骤：①实地调查收集消费者的社会经济情报，包括其居住地，从居住地到湿地的距离及往返时间，旅行费用等。②利用这些情报资料，依据从居住地到旅游景点的距离把游客来源分成若干个区域，并利用该调查结果求得反映人们公园的利用率（各地区人口每千人的利用人数）与旅行费用之间关系的需求曲线。通过该需求曲线可以推导出旅游景点接纳旅客的数量与门票价格的关系及对该旅游地的需求曲线。然后使用计量经济学模型估算需求函数（张帆等，2007）。③计算出消费者剩余并衡量该景点的经济价值。旅行费用法使用的假想调查数见图 19.1。

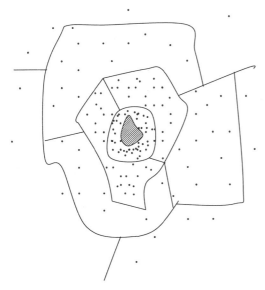

图 19.1　旅行费用法使用的假想调查数

（2）案例研究。以大庆地区龙凤湿地为例，求该湿地的需求曲线及湿地的经济价值。表 19.2 表示当湿地的票价 P 为 0 时，从各个地区来湿地的湿地利用费用 E（因为门票 P 等于 0，所以湿地利用费用 E 等于旅行费用 E_L）、湿地利用者总数 N、每千人中湿地利用者人数 N_Q。

表 19.2　　　　　　龙凤湿地利用费用及其利用状况 （$P=0$）

地区	距离/km	辐射人口/万人	湿地利用者总数/万人	每千人中湿地利用者人数/人	湿地利用费用/（元/人次）
A	20	60	3	50	25
B	50	110	4.4	40	60
C	80	160	4.8	30	95
D	110	220	4.4	20	130
E	140	280	2.8	10	165

注　根据实地调研数据及大庆市统计年鉴整理。

在分析时，我们将消费者的来源划分为 5 个地区，A 地区是指龙凤湿地周边 20km 的范围，辐射人口约 60 万人；B 地区是指龙凤湿地周边 50km 的范围，辐射人口约 110 万人；C 地区是指龙凤湿地周边 80km 的范围，辐射人口约 160 万人；D 地区是指龙凤湿地周边 110km 的范围，辐射人口约 220 万人；E 地区是指龙凤湿地 140km 的范围，辐射人口约 280 万人。对实地调查数据进行整理得到表 19.2。

从表 19.2 中可以看出：湿地利用费用 E，随着居住地与湿地的距离增大而增加，居民的湿地利用率（每千人中湿地利用者人数 N_Q）随着湿地利用经费 E 的上升而下降。

图 19.2 的实线部分是根据表 19.2 上的数据绘制成的，虚线部分是由实线趋势预测而来的，表示居民的湿地利用费用 E 与每千人中湿地利用者人数 N_Q 之间的关系。图 19.2 中的实线加虚线就是需求曲线 D_0。

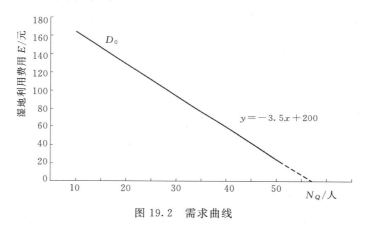

图 19.2　需求曲线

假设其他所有的因素都相同，各地区的人们对于价格的反映一致。在此情况下，求湿地的需求曲线。首先设定门票价格，然后调查不同票价时去湿地的人数变化。图 19.2 的假定需求曲线，可以推测出对湿地利用费用 E（旅行费用 E_L ＋票价 P）与每千人中湿地利用者人数 N_Q 的关系。例如在 A 地区，对湿地利用费用为 25 元，每千人中有 50 人利用公园。当湿地门票从 0 元提高到 30 元时，对湿地利用的总费用变为 55 元，每千人中利用湿地的人数变为 41 人，以此类推。

表 19.3 表示 $P=30$ 元时，来自各地区的湿地利用者人数 N。此时从各地区来湿地的湿地利用费用 E 也增加 30 元。根据假设需求曲线 D_0，可以求出各地区对应于各种湿地利用费用 E 的每千人中湿地利用者人数 N_Q，并用各个指标值乘以各地区的人口数，从而预测出各地区的湿地利用者总数 N。

表 19.3　　　　　　　　　　　不同湿地门票价格时的湿地利用者总数

地区	距离/km	票价 $P=0$ 元		票价 $P=30$ 元		
		每千人中湿地利用者人数/人	利用费用/(元/人次)	每千人中湿地利用者人数/人	利用费用/(元/人次)	预测利用者总数/万人
A	20	50	25	41	55	2.46
B	50	40	60	31	90	3.41

续表

地区	距离/km	票价 $P=0$ 元		票价 $P=30$ 元		
		每千人中湿地利用者人数/人	利用费用/(元/人次)	每千人中湿地利用者人数/人	利用费用/(元/人次)	预测利用者总数/万人
C	80	30	95	21	125	3.36
D	110	20	130	11	160	2.42
E	140	10	165	1	195	0.28

根据同样的方法，分别推测出门票为 0 元、30 元、60 元、90 元、120 元、150 元时的湿地利用者总数，见表 19.4。

表 19.4　　　　　　　　湿地公园门票价格与利用者数的关系

地区	距离/km	门票价格 P/元					
		0	30	60	90	120	150
		利用者总数/千人					
A	20	30	24.6	19.8	14.4	9.6	4.2
B	50	44	34.1	25.3	15.4	6.6	0
C	80	48	33.6	20.8	6.4	0	0
D	110	44	24.2	6.6	0	0	0
E	140	28	2.8	0	0	0	0
利用者总数 N_Z/千人		194	119.3	72.5	36.2	16.2	4.2

用 Eviews6.0 软件对两个变量 P 和 N_Z 进行回归分析，得出结果，见表 19.5。从该表中可以看出，R^2 为 0.917，接近于 1，拟合度较好，说明解释变量对被解释变量有很好的解释作用。F 统计值为 44.44，同时 $prob(F)$ 统计值为 0，说明方程 $N_Z = -1.23P + 166$ 显著成立，该方程即为需求函数。

表 19.5　　　　　　　　回 归 分 析 结 果

R^2	校正 R^2	F 统计值	$prob$（F）统计值
0.917	0.898	44.44	0.002631

同时，得到关于变量 P 和 N_Z 的趋势图，见图 19.3。D 曲线表示对湿地的需求曲线。当湿地门票价格等于 0 时，湿地使用者的利用费用等于旅行费用，因此，D 曲线下面的面积表示消费者剩余 CS。

据此求出不同门票价格下的消费者剩余，见表 19.6。

表 19.6　　　　　　　　不同门票价格下的消费者剩余

票价 P/元	0	30	60	90	120	150
消费者剩余 CS/万元	1613.4	809.2	384.3	136.8	36.8	3.2

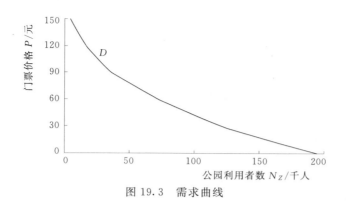

图 19.3　需求曲线

从表 19.6 可以看出，随着票价的上涨消费者剩余逐渐降低，因此我们将票价定为 0 元。从现实角度，目前龙凤湿地实行票价免费制度，由表 19.6 可以看出票价为 0 元时的消费者剩余是最大的，因此维持现状是龙凤湿地发挥最大经济价值的选择。并且门票免费政策不会导致湿地环境的破坏，根据 2015 年 1 月国家旅游局下发的《景区最大承载量核定导则》，估算龙凤湿地每年可累计接待游客百万人次以上，目前的游客人数在环境承载力范围之内。

$P=0$ 时，$CS=1613.4$ 万元，因此湿地旅游的年经济效益 B_L 为 1613.4 万元。

b. 市场价值法

我们通常用市场价值法来评估环境的经济效益。市场价值法又称生产率变动法，是指利用生产率的变动来评价环境状况变动的影响的方法。生产率的变动是用投入品和产出品的市场价格来计量的，当价格扭曲存在时，需要对市场价格进行调整。

这种方法把环境质量看作一个生产要素，环境质量的变化导致生产率和生产成本的变化，从而导致产品价格和产量的变化，而产品价格和产量是可以观察到的并可以测量的。如某湿地水污染对周边鱼塘的生产率有不利影响，因此而损失的水产物的市场价格可以作为减少污染所得到的一部分效益。

图 19.4 表示改善与不改善湿地水质情况下水产品产量的比较。改善湿地水质由于增加了产量而增加了效益。这种产量的变化是可以测量的。鱼塘水产品产量的增长量可用图中的阴影部分来表示。总的经济效益可以用水产品产量的增量乘以水产品的市场价格来计算。这样就解决了量化环境影响经济效益的难题。市场价值法通常用下列方程计算

$$L_i = \sum P_i \Delta R_i \qquad (19.2)$$

式中：L_i 为环境污染或破坏造成产品损失的价值；P_i 为 i 种产品市场价值；ΔR_i 为 i 种产品污染或生态破坏减少的产量。

本节的分析采取相反的角度，不是通过测算环境污染造成的损失来测算经济效益，而是通过测算改善环境增加的产量来评估环

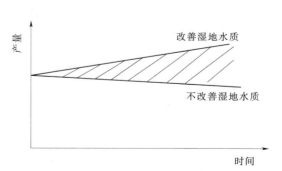

图 19.4　污水排放对鱼塘水产品产量的影响图

境的经济效益。我们得到下面的公式

$$B_S = \sum P'_i \Delta R'_i \tag{19.3}$$

式中：B_S 为环境改善增加的价值；P'_i 为 i 种产品市场价值；$\Delta R'_i$ 为 i 种产品生产率提高增加的产量。

环境影响经济效益分析的主要步骤是：①识别环境影响；②量化环境影响；③评估环境影响的货币化价值；④将货币化的环境影响价值纳入项目的经济分析。

龙凤湿地水位的提高给渔业和苇业的发展带来新的增长点，每年因水量增加带来的经济效益的增加见表19.7。

表 19.7   龙凤湿地的经济效益评估

项目	经济参数	参数值	效益值/万元
芦苇经济效益	收割及运输费用	200 元/t	350
	年增产量	5000t	
	市场价格	900 元/t	
捕鱼经济效益	捕捞及运输、保鲜费用	2 元/kg	252
	夏季日增产量	1500kg	
	市场价格	16 元/kg	

注 根据湿地调查及大庆市 2013 年统计年鉴整理。

根据式（19.3）得出 $B_S = 602$ 万元。

根据旅行费用法及市场价值法的测算，我们得出龙凤湿地可带来的年经济效益 $B_1 = B_L + B_S = 2215.4$（万元）。

19.3.1.2   湿地的社会和生态环境效益评估

（1）社会效益评估。我们采用中国生态系统单位面积科研价值 328 元/hm² 来估算龙凤湿地的教育科研价值；采用中国生态系统单位面积娱乐文化价值 4910.9 元/hm² 来估算龙凤湿地的休闲娱乐价值。龙凤湿地占地 5050hm²，故科研价值 B_K 为 165.64 万元；娱乐文化价值 B_W 为 2480 万元，得出龙凤湿地的社会效益 B_2 为 2645.4 万元。

（2）生态环境效益评估。科学家预测评估，中国的湿地生态系统每公顷创造的生态环境效益约为 2 万元，故龙凤湿地的生态环境效益 B_3 约为 1 亿元。

综合以上分析，湿地开发的效益 $B = B_1 + B_2 + B_3 = 1.50$（亿元），其中经济效益 B_1 占 14.9%，社会效益 B_2 占 17.8%，生态环境效益 B_3 占 67.3%。

19.3.2   成本分析

龙凤湿地的成本主要包含两部分：①初始取得湿地的成本；②运行成本，即湿地补给的成本和管理成本。

19.3.2.1   湿地的初始成本

就行政区划来说，龙凤湿地一部分在大庆市境内，一部分在安达市境内，2002 年大庆市政府以每年 1000 万元的价格从安达市政府手中买下了龙凤湿地 50 年的经营权（马琳，2011）；2003 年龙凤湿地被列为黑龙江省自然保护区后，龙凤湿地斥资 960 万元建立了龙凤湿地自然保护区管理中心（马琳，2011），假设该管理中心可以使用 15 年，不考虑折旧等因素的影响，每年分摊的成本为 64 万元。所以每年分摊的初始成本 C_1 为 1064 万元。

龙凤湿地的供水工程——安肇新河整治工程已由供水单位运行多年，具备供水的先决条件，而且投资巨大，从资源合理利用的角度，不可能再开挖一条渠道，所以，安肇新河整治工程具有优先占用权与公共权利。优先占用权即自然拥有水资源产权，而公共权利即表现在所有权与使用权分离，即资源属国家所有，但个人和单位可以拥有使用权，资源的开发和利用必须服从国家经济计划和发展计划，资源配置通过行政手段进行。所以尽管该工程的建设成本耗资千万，但湿地可以直接进行使用而不需额外付费。

19.3.2.2　湿地的运营成本

（1）湿地补给成本。湿地的补给任务主要由大庆地区防洪工程管理处来完成。主要成本是相关工作人员的工资费用。实地考察得知：与湿地补给相关的检修及一线水站人员合计 13 人，每人每月工资 3000 元，合计成本 C_2 为 46.8 万元。

（2）湿地管理成本。湿地公园管理处负责湿地环境维护人员共有 18 人，同样每人每月工资 3000 元，合计成本 C_3 为 64.8 万元。

综上，湿地每年的成本 $C = C_1 + C_2 + C_3 = 1175.6$ 万元。

19.3.3　资源化洪水的有效配置

当资源化洪水的净效益最大时，即实现了洪水资源的有效配置，这是洪水资源化利用过程中所追求的目标。

$R_{BC} = \dfrac{B}{C} = 12.99 > 1$，说明用资源化洪水补给湿地是可行方案。

$P = 0$ 时，湿地净效益 $E = B - C = 1.38$ 亿元。

这时实现了净效益的最大化，该净效益的取得主要得益于湿地的生态环境效益，其次是社会效益，最后才是经济效益。所以在湿地的开发过程中，首先应实现湿地的生态价值，调节局部小气候；其次应实现湿地的科研和教育价值，最后实现湿地的经济价值。发展湿地旅游更多的是通过湿地这种公共品的提供增加大众福利，而不是获得经济收入；在利用湿地发展渔业等多种经营时，应不与湿地争水，优先保证湿地的生态需水。类似地，在利用资源化洪水补给生态环境的其他实现途径中，也应该优先发挥洪水资源的生态功能，以此实现资源化洪水的有效配置，实现净效益最大化。

20 洪水经营模式的探索

20.1 生态环境补水补偿的常态化模式

近年来，不论是国家层面还是地方政府以及民众对环境保护问题日益关注，人们逐步开始认识到享受优良的环境服务是需要付出一定的经济代价的，同时，生态环境补偿机制的建立是提供持续环境服务的关键所在，对于补偿机制的建立与完善，我国还有很长的路要走，还需付出艰辛的努力。如 2001 年扎龙湿地因为"渴水"发生了大火灾，造成巨大的经济损失，在此背景下省政府对供水单位进行 150 万元的经济补偿（付强等，2007），使扎龙湿地的补水工作得以恢复。但由于利益相关者各方的利益没有得到很好的权衡，2003 年扎龙湿地的补水工作又陷入了僵局。目前从国内外洪水管理的经验看，恢复和重建湿地是资源化洪水补给生态环境的典型模式，具有运作成本低、可操作性强的特点。本章以龙凤湿地补水为例进行生态环境补水补偿模式的探讨，我们不仅要进行生态补偿，更要将生态补偿作为一种常态化的模式。

就龙凤湿地来说，我们具体要做好以下三方面的工作：①要识别出主要的利益相关者（包括受益者和服务提供者），并能可靠计量相关的成本和收益；②要选择适当的手段来平衡相关者的利益，即确定补偿标准，同时制定成本分摊的具体办法；③要实事求是、因地制宜，以经营洪水的理念为基调，探讨切实可行的洪水资源化利用和补偿的常态化模式。

20.1.1 利益相关者的确定

补偿的利益相关者主要有两个主体，即生态环境的破坏者和保护者。保护者为改善生态环境付出成本理应得到补偿，破坏者或者是生态环境的使用者因环境而获得收益理应付出成本。就龙凤湿地来说，供水单位即"大庆地区防洪工程管理处"是生态环境的保护者。政府、龙凤湿地管理处以及湿地范围内的苇民、渔民都是生态环境的使用者或受益者。

（1）黑龙江省大庆地区防洪工程管理处。黑龙江省大庆地区防洪工程管理处组建于 1991 年 11 月，主要任务是确保工程安全运行，使人民生产和生活不受洪涝灾害的威胁。但近年来随着洪水兴利观念深入人心，该处承担起利用防洪工程向生态环境补水的重任。龙凤湿地补给的主要供水方是大庆地区防洪工程管理处，每年的补给成本达数百万，持续的补水及环境投资使该处承担一定的运行和管理成本，理应得到补偿。水利工程的垄断特征使防洪工程占有了初始的供水权，因此大庆地区防洪工程管理处受偿的同时也应付出一定的代价，例如在制定供水水价时应采取渐进的方式与市场接轨，确保水价在各用水户的承受范围之内。

（2）大庆市政府。大庆市政府在生态环境和湿地的供水补偿中是一个非常重要的角色，良好的生态环境是典型的公共物品，它的提供本质上是政府的职责，但现在龙凤湿地的补水成本全部由供水单位进行承担，这显然是不合理的。政府应该对龙凤湿地的生态环境保护工作进行激励，从经济上给予补偿。财政部门应该适当拨出预算来支持湿地的补给工作；水利部门可以通过减免水资源费等降低湿地补给成本；环保部门应该将一部分环境治理经费补偿到洪水资源化利用中，因为洪水补给地下水等缓解了一系列的生态环境问题。各部门应该权责清晰，共同为湿地环境的改善出力。

（3）苇民、渔民。渔业和苇业的发展离不开水，资源化洪水对湿地的补给改善了鱼塘和苇塘的水环境，利用市场价值法对渔业和苇业的经济效益评估结果表明，因水位适宜抬升会带来的较高经济效益，因此受益农户作为湿地补水的直接受益者，承担部分补水成本是合情合理的。大多数农户对交纳水资源使用费是持积极态度的，尽管他们没有专业系统的湿地补给和水权的知识，但是通过比较有水无水的经济收益的差别，他们认识到水对其生产经营的重要性，所以大部分人表示愿意在自己经济允许的范围内交费。

（4）龙凤湿地管理处。可以说龙凤湿地本身是湿地补给最大的受益者。渔民和苇民在湿地不补水的情况下也许还有别的出路，但湿地只能是面临枯竭的命运。有了供水单位的补给，湿地才能保持其生物多样性，管理单位才能开发利用旅游资源，吸引游人，并获得旅游收入等经济效益。所以，作为受益方，龙凤湿地管理中心也应该从自己的收入中拿出一部分来进行供水成本的补偿。

20.1.2　补偿标准的确定

生态环境补偿标准确定必须满足两个条件：①生态保护者付出的成本能够准确计量；②生态受益者得到的效益能够可靠计量。就龙凤湿地来说，大庆地区防洪工程管理处是湿地供水单位（即生态环境的保护者），每年负责执行对湿地的补给任务，我们可以通过其财务报告来评估其成本。而效益则比较难计量，因为生态环境改善同时带来了经济效益、社会效益和生态效益，精确计算这些效益值存在困难我们只能进行大致的评估。对生态环境保护者而言，他们希望得到的补偿价格大于其成本从而获得更大的激励去保护环境；对受益者而言，他们希望付出的补偿成本小于其得到的收益而获得利润。补偿标准只有同时满足这两个条件才是可行的。根据生态经济、产权等理论，应坚持以下原则：

（1）应实行市场经济的原则，由受益者付费。政府、供水单位等的投入对生态系统维护产生经济效益后，由受益者提供对投入的补偿，是这种投入成为有源之水，有利于洪水资源的可持续利用。

（2）调整自然保护区产业结构，保护区管理中心应对湿地进行适度经营，要确保自然景区内的人口在环境承载力范围之内。

（3）缺口可由黑龙江省政府和大庆地区政府联合解决。

（4）以湿地资源为生产原料的企业，如相关的渔业和苇业等产业应承担部分成本。

就当前情况而言，以上政策要逐步实施，在洪水资源化利用的经济效益尚未形成期间，可由政府或环境公益组织提供资金来源。

20.1.3　补偿分摊

20.1.3.1　谁来为生态环境用水埋单

按照《大庆市城市绿地系统规划（2014—2020）》（大庆市人民政府，2014）中的目标，合理进行湿地补水、配水，有效遏制天然湿地的萎缩和丧失，启动自然保护区核心区的退耕还湿和生态移民；加强以湿地水污染防治为中心的湿地污染控制和治理，使湿地水质按其利用途径分别达到生态用水、工农业用水和生活用水标准。为了完成此目标，市区周边湿地如龙凤湿地，靠安肇新河防洪工程解决生态用水是可以做到的，但由于工程输水存在费用问题，目前这笔费用全部由大庆地区防洪工程管理处来支付，长久来看这是不现实的，必须对该处的供水成本进行补偿，那么究竟由谁来进行补偿呢？结合现阶段的实际特点，我们提出建议：政府应作为补偿的主体，当然也包括湿地周边的渔民、苇民和龙凤湿地管理处自身。这个建议尽管涉及的前期成本较大，而且讨价还价的成本很高，均衡各方面的利益难度也很大，但毕竟是解决问题的良策。

20.1.3.2　具体补偿分摊及办法

"科斯手段"和"庇古手段"是我们常用的补偿分摊办法。科斯手段对产权界定有严格的要求，只有在产权明晰的条件下，利益相关者才能进行市场交易以降低交易成本实现资源的合理配置。采用科斯手段进行补偿时，政府并不参与其中而是由私人交易来使得外部成本内部化，目前采用科斯手段有一定的难度。所以我们采用征收税、费、补贴等庇古手段来实现补偿。根据龙凤湿地的具体情况，我们主要采用收取供水水费的方法。对不同的利益主体会采取不同的补偿形式，主要形式有以下两种：

（1）向渔民、苇民征收生态补偿费。收费是以交换为基础的收入形式，是对政府所提供的特定公共设施的使用者按照一定标准收取的费用，采用专款专用的原则，用于本身业务支出的需要。渔民、苇民是湿地资源的利用者和受益者。对渔民、苇民来说，湿地有水没水，其收入有明显的差别，所以在供水年份收取在其经济承受范围内的生态补偿费具有现实可行性。

（2）向湿地管理者征收生态补偿费。龙凤湿地管理处负责湿地的维护及管理湿地的旅游收益。龙凤湿地旅游的持续发展，水是一个关键的因素，有了水湿地才会活起来，才能吸引更多的游客获得更大的收益，也就是说供水单位的水源补给是取得旅游收益的关键环节。湿地游客的增加基于湿地补水带来的环境改善，虽然目前龙凤湿地的门票实行免费政策，但保护区内有湿地放生活动等创收项目，每年带来的经济收益是相当可观的，从这部分收入中拿出一定比例对供水单位进行补偿是合理可行的。

20.2　水权交易模式

20.2.1　关于资源化洪水的水权交易

如前论述中，建立的水权分配模型将资源化的洪水定量分配到工业、农业和生态三大用水户中，生态所占比例最大，其次为工业，农业比例最小。但水权的初始分配结果并不是固定的，可以通过水权交易来进行水权流转。水权交易是指不同用水户在市场上进行洪水资源使用权的买卖活动，如遇到丰水年份，湿地水位较高生态环境需水量减少，可以将多余的生态水权交易给经济用水，以实现洪水资源的最优配置。

20.2.2 水权交易市场的建设原则

（1）坚持配置流向合理的原则。在经营洪水阶段，虽然洪水资源由一种资源水变为了商品水，但其仍然不同于一般的商品。因此在以市场机制对该资源进行调节配置时应该建立一个公平合理的用水优先次序，而不是简单地追求经济利益。这种用水次序的建立有利于衡量与调整水权交易的合理性，从而达到效益与需求的双赢，实现洪水资源的优化配置。

（2）坚持可持续发展的原则。在建设洪水资源交易市场的过程中，各行业应该在国家有关方针政策的指导下结合自身实际情况因地制宜地开展水权交易工作。坚持循序渐进、可持续发展的原则，逐步形成具有自身特色的水市场，滚动发展、不断壮大，并与时俱进逐步形成一种可持续发展的良性市场运行机制，达到洪水资源的优化配置。

20.2.3 水权交易市场的构建

（1）必须有法律基础。要在法律上确定洪水资源化利用后的商品属性及洪水使用权的可交易性，保证洪水资源化以后可以以一种商品的身份出现在交易市场上。

（2）应依法建立一个科学合理的水权体系。对水的使用权进行公平合理的初始分配，将所有权与使用权等相关权力实际分离，对涉及水使用的各种权利进行明确界定，以保证水权可以合理合法地按市场运行机制进行交易与转让。

（3）应建立一套合理的水价体系。经济水权和生态水权应形成两套水价体系，将资源化的洪水利用到工农业生产时的水价可以参照已有的水价制定模式。而生态环境用水不同于一般用水，制定水价时要充分发挥政府和市场的作用以形成一个合理的水价体系。政府主要通过对水价的补贴来发挥作用，补贴形式有两种：成本补贴和价格补贴。常见的成本补贴手段主要有减免水资源费、减免税收等。例如政府可以通过减免水资源费降低水价，降低湿地补给的成本。价格补贴的手段则体现在直接对用水户的转移支付和福利价格补贴。市场经济的特点决定一个供水单位可能既是水的生产者又是水的消费者，这样就必须在买入价和卖出价之间确定一个合理的供水利润的调整方式。合理的水价体系应统筹考虑用水者和水开发单位的利益，综合采用成本补贴、价格补贴、供水利润调整等方式，充分发挥政府和市场的作用。合理水价体系的建立还应有一个适当的调节机制：资源化洪水供给量因气候等因素的影响，会出现年际的不均衡性，因此应适当引入丰枯季节差价缓解枯水期水资源紧缺的矛盾。

20.3 利益相关者风险共担模式

20.3.1 风险识别

利益相关者包括政府、供水单位、用水户等。

20.3.1.1　短缺风险

水资源的供给量不能满足各用水户的需求时，就会出现短缺风险。供给量不足可能是由当年降雨量的减少也可能是由水资源配置效率低下等原因造成的。短缺风险普遍存在，如本章中对大庆地区可资源化水量进行了水权分配，1 亿 m^3 的水有 2227.12m^3 分配到农业，3097.31m^3 分配到工业中，4675.57m^3 分配到生态环境用水，如遇枯水年，供给量在此标准以下，就会出现短缺风险。工业发达地区用水基数较大，水资源短缺风险发生的概率较大，如大庆市既是以工业主导的城市又是生态脆弱地区，工业用水和生态用水的基数都较大，应重视短缺风险，提前制定风险应对策略。

20.3.1.2　污染风险

大庆地区是我国石油工业重要生产基地，工业废水、生活污水等的排放会污染环境，甚至在汛期污水排放会污染洪水，导致洪水资源化利用过程中出现污染风险。被污染的洪水尚可用于工业生产，但是用于农田灌溉、渔业生产和生态环境补给都会产生很大的风险。污染的洪水会导致农业减产、鱼类死亡和生态环境的进一步破坏。如果想继续利用洪水资源，就必须通过技术手段对洪水资源进行净化处理，否则由负的外部性导致的污染成本会大大增加，进而影响洪水资源化再利用。

20.3.1.3　灾害风险

洪水资源化利用过程中，会使用串联滞洪区等工程措施蓄积洪水以备使用。如果遇到丰水年降雨量大，而蓄滞洪区调度存在问题，没有足够库容腾出容纳洪水就会造成灾害现象，即我们所提到的灾害风险。此时的洪水不再是可以利用的资源水、商品水，而是一种灾害水，会给人民生产和生活带来损失。

20.3.2　风险的非工程措施应对

洪水管理中，非工程措施具有不可替代性，如洪水保险、预警系统的建立等。其中建立风险基金就是应对短缺风险、污染风险和灾害风险的有效手段之一，能有效弥补因各种风险带来的经济损失，洪水资源化利用风险基金是指由政府、供水单位和用水户各出资一定比例形成应对风险的储备基金。

20.3.2.1　建立风险基金的意义

洪水资源化利用风险基金的建立有利于实现洪水资源的可持续利用，更好地满足区域经济社会的可持续发展，该风险基金的征收对实现洪水资源的可持续利用有重大意义。在一定范围内针对一定的用水对象征收洪水资源风险基金，一方面是对供水单位防洪工程维护和运营的必要资金补充，另一方面也有助于风险区各用水户安全度过洪水资源的风险期。

20.3.2.2　风险基金的征收

洪水资源化利用风险基金总的征收原则是"谁受益，谁出资，多收益，多出资"，基于这一原则，该风险基金的征收范围应是使用洪水资源的各用水户。但因为洪水资源化利用是建立在防洪工程建设的基础之上，其所面临的很多风险同时也反过来影响到防洪工程的安全，因此政府和供水单位在风险基金的征收中必然要承担一定的责任和义务。

面对不同的风险，政府、供水单位和用水户在洪水资源化利用风险基金中承担的比例会有所不同。短缺风险发生时，供水单位、用水户和政府应平均分摊基金份额，因为短缺风险的出现多是因为自然降水量的原因，没有谁应该是风险的主要承担者，平均出资是较好的方案；污染风险发生时，按照"谁污染、谁治理"的原则，污染源的制造者应承担较大比例的份额，其次是政府应承担一定比例的基金投入，保证洪水资源的可持续利用；灾害风险发生时，政府承担的比例较大，因为减灾救灾是国家应该提供的公共服务，政府有义务保障人民的财产不受损失，在不受灾的前提下保证洪水资源化利用的顺利进行。

参 考 文 献

［1］ 安达市统计局. 安达市国民经济统计资料 2001—2003 ［R］. 安达：安达市统计局，2004.

［2］ 安达市统计局. 安达市国民经济统计资料 2010—2012 ［R］. 安达：安达市统计局，2013.

［3］ 澳大利亚 GHD 咨询公司，中国水利水电科学研究院. 中国洪水管理战略研究 ［M］. 郑州：黄河水利出版社，2006.

［4］ 曹希尧，王俊扬. 预报调度技术与调度机制探讨 ［J］. 湖南水利水电，2009（4）：35 - 38.

［5］ 曹永强，杜国志，黄林显，等. 洪水保险在洪水资源管理中的应用研究 ［J］. 水利学报，2007（S1）：630 - 633.

［6］ 曹永强，李培蕾，黄林显，等. 我国开展洪水保险的基本思路 ［J］. 水利发展研究，2007（8）：10 - 12.

［7］ 曹永强，殷峻暹，湖和平. 水库防洪预报调度关键问题研究及其应用 ［J］. 水利学报，2005，36（1）：51 - 55.

［8］ 曹永强. 洪水资源利用与管理研究 ［J］. 资源·产业，2004，6（2）：21 - 23.

［9］ 常礼，刘森，富宏军. 大庆地区防洪工程功能多元化的探讨 ［J］. 黑龙江水利科技，2010，38（2）：164 - 165.

［10］ 陈洁，许长新. 洪水资源化利用的经济学分析 ［J］. 生态经济，2005（10）：74 - 82.

［11］ 陈娜，曹震，王江子. 洪水资源化及其效益分析 ［J］. 华北水利水电学院学报，2009，30（3）：12 - 14.

［12］ 陈万秀. 洪水灾害损失评估系统：遥感与 GIS 技术应用研究 ［M］. 北京：中国水利水电出版社，1999.

［13］ 陈琰. 环境经济损失评估理论及应用研究 ［D］. 上海：复旦大学，2008.

［14］ 程殿龙，尚全民，万海斌，等. 以科学精神和积极态度对待洪水资源化 ［J］. 中国水利，2004（15）：25 - 27.

［15］ 程功. 大庆市地下水漏斗区治理建议 ［J］. 黑龙江水利科技，2014（12）：283 - 284.

［16］ 程先富，戴梦琴，郝丹丹，等. 区域洪涝灾害风险评价方法研究进展 ［J］. 安徽师范大学学报（自然科学版），2015（1）：74 - 79.

［17］ 程晓陶，吴玉成，王艳艳，等. 洪水管理新理念与防洪安全保障体系的研究 ［M］. 北京：中国水利水电出版社，2004.

［18］ 程晓陶. 关于洪水管理基本理念的探讨 ［J］. 中国水利水电科学研究院学报，2004，3（1）：39.

［19］ 程晓陶. 美国洪水保险体制的沿革与启示 ［J］. 经济科学，1998（5）：79 - 84.

［20］ 程晓陶. 探求人与自然良性互动的治水模式——二论有中国特色的洪水风险管理 ［J］. 水利发展研究，2002（1）：7 - 20.

［21］ 程晓陶. 新时期大规模的治水活动迫切需要科学理论的指导——论有中国特色的洪水风险管理 ［J］. 水利发展研究，2001（4）：1 - 6.

［22］ 大庆市地方志编纂委员会. 大庆年鉴 ［R］. 大庆：大庆市地方志编纂委员会，2012.

［23］ 大庆市人民政府. 大庆市 2000 年防御洪水方案 ［R］. 大庆：大庆市人民政府，2000.

［24］ 大庆市人民政府. 大庆市城市绿地系统规划（2014—2020）［R］. 大庆：大庆市人民政府，2014.

［25］ 大庆市水利规划办公室，黑龙江省水利勘测设计院. 大庆市水利规划报告（卷二）［R］. 大庆：大庆市水利规划办公室，1988.

[26] 大庆市水利规划办公室，黑龙江省水利勘测设计院. 大庆市水利规划报告（卷三）[R]. 大庆：大庆市水利规划办公室，1988.

[27] 大庆市水利规划办公室，黑龙江省水利勘测设计院. 大庆市水利规划报告（卷一）综合规划报告[R]. 大庆：大庆市水利规划办公室，1988.

[28] 大庆市水利规划设计研究院. 大庆市地表水功能区划报告[R]. 大庆：大庆市水利规划设计研究院，2006.

[29] 大庆市水务局. 大庆市地下水资源开发利用报告[R]. 大庆：大庆市水务局，2000.

[30] 大庆市统计局，国家统计局大庆市调查队. 大庆市统计年鉴1998[M]. 北京：中国统计出版社，1998.

[31] 大庆市统计局，国家统计局大庆市调查队. 大庆市统计年鉴2012[M]. 北京：中国统计出版社，2012.

[32] 大庆市统计局，国家统计局大庆市调查队. 大庆市统计年鉴2010[M]. 北京：中国统计出版社，2010.

[33] 大庆水文局，等. 关于明清截流沟水淹草原情况的说明[R]. 大庆：大庆市水文局，2014.

[34] 大庆油田工程有限公司. 大庆油田长垣老区排水系统治理工程总体规划方案[R]. 大庆：大庆油田工程有限公司，2013.

[35] 戴昌达，唐伶俐. 从TM图像自动提取洪涝灾情的研究[J]. 自然灾害学报，1993，2（2）：35-37.

[36] 丁善玲，凌朝霞. 大庆地区防洪决策指挥信息系统程序综述[J]. 黑龙江水利科技，2007，3（35）：107-108.

[37] 丁志雄，李纪人. 流域洪水汛情的遥感监测分析方法及其应用[J]. 水利水电科技进展，2004，24（3）：8-11.

[38] 董增川. 对长江三角洲地区城市化进程水问题及对策思考[J]. 中国水利，2004（10）：14-15.

[39] 董祚继. 土地利用规划管理手册[M]. 北京：中国大地出版社，2002.

[40] 杜国志. 洪水资源管理研究[D]. 大连：大连理工大学，2005.

[41] 杜挺. 浅议非工程防洪措施在洪泛区的应用[J]. 水利科技与经济，2010，16（3）：326-327.

[42] 鄂竟平. 论控制洪水向洪水管理转变[J]. 中国水利，2004（8）：15-21.

[43] 冯建维，王教河，朱景亮. 松嫩平原洪水资源利用的初始水权分配研究[J]. 中国水利，2004（17）：8-9.

[44] 冯平. 评价论[M]. 北京：东方出版社，1995.

[45] 付强，谢永刚，王立权. 湿地水土资源利用的可持续性研究[M]. 北京：中国水利水电出版社，2007.

[46] 高波，王银堂，胡四一. 水库汛限水位调整与运用[J]. 水科学进展，2005，16（3）：326-332.

[47] 高波，吴永祥，沈福新，等. 水库汛限水位动态控制的实现途径[J]. 水科学进展，2005，16（3）：406-411.

[48] 高鸿业. 西方经济学（微观部分）[M]. 北京：中国人民大学出版社，2007.

[49] 高淑琴，苏小四，杜新强，等. 大庆西部地下水位降落漏斗区水资源人工调蓄方案[J]. 吉林大学学报（地球科学版），2008（2）：261-267.

[50] 高曙光. 理性与信仰：经济学反思札记[M]. 北京：新世界出版社，2002.

[51] 高旭阔. 城市再生水资源价值评价研究[D]. 西安：西安建筑科技大学，2010.

[52] 高宗强，胡彩虹，郝永红. 汾河水库洪水资源及其关键问题研究[J]. 水利水电技术，2006（12）：50-54.

[53] 葛颜祥. 水权市场与农用水资源配置[D]. 泰安：山东农业大学，2003.

[54] 关晓梅. 大庆地区升平排干流域96·7暴雨洪水分析[J]. 黑龙江水利科技，2004（2）：40-41.

[55] 郭生练. 水库调度综合自动化系统 [M]. 武汉：武汉水利电力大学出版社，2000.

[56] 国际灌排委员会. 洪水管理非工程措施手册 [M]. 高占义，丁昆仑，柯蕾，等，译. 郑州：黄河水利出版社，2003.

[57] 国家防办课题调研组. 洪水资源化调研报告 [R]. 北京：国家防汛办公室，2004.

[58] 国家科委全国重大自然灾害综合研究组. 中国重大自然灾害及减灾对策总论 [M]. 北京：科学出版社，1994.

[59] 国家统计局. 中国统计年鉴 2013 [M]. 北京：中国统计出版社，2013.

[60] 国家遥感中心. '98 中国特大洪灾遥感图集 [M]. 北京：北京大学出版社，1999.

[61] 韩德武，张玉胜，史忠友，等. 洪水资源化的对策措施 [J]. 黑龙江水利科技，2007 (4)：99.

[62] 韩松. 防洪及水资源利用风险分析问题的研究 [D]. 天津：天津大学，2006.

[63] 何德炬，方金武. 市场价值法在环境经济效益分析中的应用 [J]. 安徽工程科技学院学报（自然科学版），2008 (1)：68 - 70.

[64] 何少斌，徐少军. 控制洪水与洪水管理的思考 [J]. 中国水利，2008 (15)：14 - 15.

[65] 何秀文. 十里河水库现状防洪能力分析 [J]. 科技情报开发与经济，2005 (13)：178 - 179.

[66] 黑龙江省安达市统计局. 安达市国民经济统计资料 [R]. 安达：黑龙江省安达市统计局 2001—2003.

[67] 黑龙江省大庆地区防洪工程管理处. 大庆地区防洪工程占地赔偿初步方案（讨论稿）[R]. 大庆：黑龙江省大庆地区防洪工程管理处，1988.

[68] 黑龙江省大庆地区防洪工程管理处. 大庆地区滞洪区工程现状分析报告 [R]. 大庆：黑龙江省大庆地区防洪工程管理处，2014.

[69] 黑龙江省大庆地区防洪工程管理处. 关于大庆地区防洪工程体系各滞洪区被挤占情况的汇报 [Z]. 2014，08，21.

[70] 黑龙江省大庆地区防洪工程管理处. 黑龙江省大庆地区防洪工程管理处工程指南（内部印刷资料）[R]. 大庆：黑龙江省大庆地区防洪工程管理处，2005.

[71] 黑龙江省大庆地区防洪工程管理处. 黑龙江省大庆地区防洪工程资料汇编 [R]. 大庆：黑龙江省大庆地区防洪工程管理处，1997.

[72] 黑龙江省大庆地区防洪工程建设指挥部. 黑龙江省大庆地区防洪一、二期工程竣工验收资料汇编 [R]. 大庆：黑龙江省大庆地区防洪工程建设指挥部，1993.

[73] 黑龙江省大庆地区防洪工程建设指挥部. 大庆地区防洪建设总结 [R]. 大庆：黑龙江省大庆地区防洪工程建设指挥部，1992.

[74] 黑龙江省大庆水文局. 关于明清坡地洪水流量过程计算说明 [R]. 大庆：黑龙江省大庆水文局，2014.

[75] 黑龙江省防汛指挥部. 大庆地区 1987 年防汛措施和超标准洪水应急措施方案 [R]. 哈尔滨：黑龙江省防汛指挥部，1987.

[76] 黑龙江省明水县统计局. 明水县国民经济统计资料 2012 [R]. 明水：黑龙江省明水县统计局，2013.

[77] 黑龙江省水利勘测设计院，大庆市水利局. 大庆市灌溉规划报告（总报告）[R]. 哈尔滨：黑龙江省水利勘测设计院，1991.

[78] 黑龙江省水利勘测设计院. 大庆地区防洪工程安肇新河北廿里泡至七才泡河道初步设计报告（卷七）[R]. 哈尔滨：黑龙江省水利勘测设计院，1989.

[79] 黑龙江省水利勘测设计院. 大庆地区防洪工程安肇新河七才泡至库里泡河道初步设计报告（卷八）[R]. 哈尔滨：黑龙江省水利勘测设计院，1989.

[80] 黑龙江省水利勘测设计院. 大庆地区防洪工程安肇新河王花泡至北廿里泡河道初步设计报告（卷十三）[R]. 哈尔滨：黑龙江省水利勘测设计院，1989.

[81] 黑龙江省水利勘测设计院. 大庆地区防洪工程安肇新河下游河道初步设计报告（卷九）[R]. 哈尔滨：黑龙江省水利勘测设计院，1989.

[82] 黑龙江省水利勘测设计院. 大庆地区防洪工程初步设计工程地质勘察报告（中下部）（卷四）[R]. 哈尔滨：黑龙江省水利勘测设计院，1989.

[83] 黑龙江省水利勘测设计院. 大庆地区防洪工程初步设计水文计算报告（卷三）[R]. 哈尔滨：黑龙江省水利勘测设计院，1989.

[84] 黑龙江省水利勘测设计院. 大庆地区防洪工程库里泡和北廿里泡滞洪区初步设计报告（卷四）[R]. 哈尔滨：黑龙江省水利勘测设计院，1989.

[85] 黑龙江省水利勘测设计院. 大庆地区防洪工程占地处理意见（汇报提纲）[R]. 哈尔滨：黑龙江省水利勘测设计院，1989.

[86] 黑龙江省水利勘测设计院. 大庆地区防洪工程王花泡滞洪区初步设计报告（卷十一）[R]. 哈尔滨：黑龙江省水利勘测设计院，1989.

[87] 黑龙江省水利勘测设计院. 大庆地区防洪工程王花泡滞洪区西付叁初步设计报告（卷十二）[R]. 哈尔滨：黑龙江省水利勘测设计院，1989.

[88] 黑龙江省水利勘测设计院. 大庆地区防洪工程中内泡滞洪区初步设计报告（卷十）[R]. 哈尔滨：黑龙江省水利勘测设计院，1989.

[89] 黑龙江省水利水电勘测设计研究院. 大庆石化总厂龙凤居住区对北二十里泡滞洪区水位影响计算分析报告[R]. 哈尔滨：黑龙江省水利勘测设计研究院，1995.

[90] 侯起秀，陆德福. 1993年大洪水后美国对洪泛区管理的反思[J]. 水利水电快报，1998（20）：1-5.

[91] 侯瑜琨. 河道工程建设与管理[J]. 河南水利与南水北调，2011（14）：41-42.

[92] 胡彩虹，郭生，彭定志，等. 半干旱半湿润地区流域水文模型分析比较研究[J]. 武汉学学报（工学版），2003，36（50）：3-42.

[93] 胡永宏，贺思辉. 综合评价方法[M]. 北京：中国科学技术出版社，2000.

[94] 胡运权. 运筹学教程[M]. 北京：清华大学出版社，1998.

[95] 华家鹏，李国芳，朱元牲，等. 洪水保险研究[J]. 水科学进展，1997，8（3）：226-232.

[96] 贾绍凤，姜文来，沈大军. 水资源经济学[M]. 北京：中国水利水电出版社，2006.

[97] 建设省河川局. 河川ハンドブック[R]. 日本河川协会，1997.

[98] 姜付仁，程晓陶，向立云，等. 美国20世纪洪水损失分析及中美90年代比较研究[J]. 水科学进展，2003，14（3）：384-388.

[99] 姜文来. 水资源价值论[M]. 北京：科学出版社，1999.

[100] 李德仁. 浅谈河道工程管理[J]. 水利建设与管理，2009（12）：76-82.

[101] 李继清，张玉山，王丽萍，等. 洪水资源化及其风险管理浅析[J]. 人民长江，2005，36（1）：36-37.

[102] 李景保，巢礼义，杨奇勇，等. 基于洪水资源化的水库汛限水位调整及其风险管理[J]. 自然资源学报，2007，22（3）：329-340.

[103] 李静. 城市河道水体复氧修复的水力学方法研究[J]. 中国水利，2008（13）：3-5.

[104] 李军，高贺春，李睿妹. 洪水风险分析理论和方法[J]. 东北水利水电，2008，26（10）：50-53.

[105] 李可可，张婕. 美国的防洪减灾措施及其启示[J]. 中国水利，2006（11）：54-56.

[106] 李娜. 基于GIS的洪灾风险管理系统[D]. 北京：中国水利水电科学研究院，2003.

[107] 李斯杨. 中国洪涝灾害的成因类型以及防洪减灾应对方法[J]. 中国新技术新产品，2011（1）：253-354.

[108] 李玮. 洪水资源化利用模式及风险分析[D]. 武汉：武汉大学，2004.

[109] 李香颜，陈怀亮，李有. 洪水灾害卫星遥感监测与评估研究综述[J]. 中国农业气象，2009，30

（1）：102 - 108.

[110] 李新. 水权和流域初始水权分配初步研究 [D]. 武汉：长江科学院，2011.

[111] 李旭勇. 评价方法的演变与分类 [D]. 湖南：湘潭大学，2005

[112] 李英志. 中小型水库控制运用 [M]. 大连：大连理工大学出版社，1990.

[113] 李迎喜，蒋固政. 长江流域防洪规划的战略环评探索 [J]. 人民长江，2006，37（9）：19 - 23.

[114] 李原园，文康，等. 防洪若干重大问题研究 [M]. 北京：中国水利水电出版社，2010.

[115] 李原园，等. 变化环境下洪水风险管理 [M]. 北京：中国水利水电出版社，2013.

[116] 李云玲，谢永刚，谢悦波. 生态环境用水权的界定和分配 [J]. 河海大学学报（自然科学版），2004，32（2）：229 - 232.

[117] 李长安，殷鸿福，俞立中. 充分认识和利用洪水的淡水资源属性——解决我国淡水资源紧缺的出路之一 [J]. 科技导报，2001，1（7）：3 - 5.

[118] 李长安. 长江洪水资源化思考 [J]. 地球科学：中国地质大学学报，2003，28（4）：461 - 466.

[119] 栗端付，吕振彪，姜涛. 大庆地区防洪工程自动测报系统现状与改造设想 [J]. 黑龙江水利科技，2010，1（38）：184 - 185.

[120] 林明. 肇兰新河水质状况与改善水环境质量措施 [J]. 黑龙江水利科技，2013，8（41）：178 - 180.

[121] 林染，周文魁. 我国洪水风险管理对策研究 [J]. 科协论坛，2009（6）：15 - 18.

[122] 刘昌明，梅亚东. 洪灾风险分析 [M]. 武汉：湖北科学技术出版社，2000.

[123] 刘方贵，刘岩峰，高学新，等. 防洪非工程措施探讨 [J]. 水利科技与经济，2009，7（15）：565 - 567.

[124] 刘国纬. 论防洪减灾非工程措施的定义与分类 [J]. 水科学进展，2003，1（14）：98 - 103.

[125] 刘金和，温志山. 大庆市水资源开发利用与水环境综合治理对策 [J]. 黑龙江水利科技，2012（3）：279 - 280.

[126] 刘群义，王延平，李勇士. 大庆地区防洪工程蓄水兴利分析 [J]. 黑龙江水利科技，2004（2）：109 - 110.

[127] 刘森，王建丽，栗端付. 从控制洪水向管理洪水转变的经济学思考 [J]. 水利科技与经济，2014，20（5）：73 - 75.

[128] 刘兴华. 流域防洪能力研究 [D]. 南京：河海大学，2007.

[129] 刘亚岚，王世新，阎守邕，等. 遥感与 GIS 支持下的基于网络的洪涝灾害监测关键技术研究 [J]. 遥感学报，2001，5（1）：53 - 57.

[130] 刘云，李义天，谈广鸣，等. 蓄滞洪区洪水调度用户研究 [J]. 长江科学院院报，2010（7）：22 - 26.

[131] 刘云. 蓄滞洪区洪水调度优化和风险分析 [D]. 武汉：武汉大学，2005.

[132] 刘招. 水库的洪水资源化理论和方法研究 [D]. 西安：西安理工大学，2008.

[133] 刘志明，晏明. 1998 年吉林省西部洪水过程遥感动态监测与灾情评估 [J]. 自然灾害学报，2001，10（3）：98 - 102.

[134] 陆小蕾. 城市防洪安全可变模糊评价模型及其应用研究 [D]. 山东：山东大学，2011.

[135] 马凤荣，陈正言，霍新江，等. 大庆市土地沙化现状及治理对策 [J]. 黑龙江八一农垦大学学报，2006，18（4）：76 - 80.

[136] 马国忠. 水权分类研究 [J]. 经济研究导刊，2009（1）：163 - 164.

[137] 马海英. 环青海湖沙漠化土地景观格局变化分析 [D]. 西宁：青海师范大学，2010.

[138] 马琳. 大庆龙凤湿地公园景观资源保护与利用研究 [D]. 哈尔滨：东北林业大学，2011.

[139] 马强. 城市边缘区土地利用的期权博弈分析 [D]. 长沙：中南大学，2007.

[140] 马善国. 黄泛平原区土壤盐渍化研究 [D]. 青岛：中国海洋大学，2014.

[141] 马延廷，刘群义，王玉莲，等. 松嫩低平原污水处理与利用研究 [M]. 北京：中国农业科学技

术出版社，2002.

[142] 美国联邦洪泛区管理考察报告委员会. 美国 21 世纪洪泛区管理 [M]. 陆德福，译. 郑州：黄河水利出版社，2000.

[143] 米国河川研究会. 洪水とアメリカ—ミシシピ川の泛滥原管理 [M]. 山海堂，1994.

[144] 闵裕道. 公元 1998 大庆抗洪纪实 [M]. 哈尔滨：黑龙江人民出版社，1998.

[145] 庞利华. 应尽快开办单独的洪水保险 [J]. 中国保险，1998 (12)：18 - 22.

[146] 庞致攻. 沁河下游河道排洪能力分析 [J]. 人民黄河，1997 (3)：24 - 26.

[147] 裴宏志，曹淑敏，王慧敏. 城市洪水风险管理与灾害补偿研究 [M]. 北京：中国水利水电出版社，2008.

[148] 彭璇. 基于防洪减灾工作由控制洪水向洪水管理转变的分析 [J]. 黑龙江水利科技，2007，35 (5)：124 - 125.

[149] 清泉. 专家设想引长江水填补河北地下漏斗 [J]. 今日科苑，2008 (9)：24 - 26.

[150] 邱瑞田，王本德，周惠成. 水库汛限水位控制理论与观念的更新探讨 [J]. 水科学进展，2004，15 (1)：68 - 71.

[151] 任明磊. 流域城市土地利用变化对洪水风险的影响研究 [D]. 大连：大连理工大学，2009.

[152] 阮殿龙. '98 大庆抗洪群英谱 [M]. 大庆：中共大庆市委组织部，1998.

[153] 三浦武雄，浜冈尊. 现代系统工程学导论 [M]. 北京：中国社会科学出版社，1985.

[154] 沙勇忠，刘海娟. 美国减灾型社区建设及对我国应急管理的启示 [J]. 兰州大学学报 (社会科学版). 2010，38 (2)：72 - 78.

[155] 尚志海，万方秋，丘世钧. 城市洪水资源化研究 [J]. 水利经济，2006，24 (5)：7 - 8.

[156] 石超艺. 水资源配置问题下的环境风险与社会——以海河流域为例 [J]. 华东理工大学学报 (社会科学版)，2012 (3)：16 - 19.

[157] 石磊. 西大岗滞洪区调度问题之我见 [J]. 水利天地，2005 (7)：26.

[158] 史文中. 空间数据与空间分析不确定性原理 [M]. 北京：科学出版社，2005.

[159] 水利部松辽水利委员会. 1998 年松花江大洪水 [M]. 长春：吉林人民出版社，2002.

[160] 斯蒂芬·P·罗宾斯. 管理学 (4 版) [M]. 北京：中国人民大学出版社，1997.

[161] 孙宏波，兰驷东. 城市雨洪现状分析与收集利用 [J]. 北京水务，2007 (5)：13 - 16.

[162] 孙涛，黄诗峰. Envisat ASAR 在特大洪涝灾害监测中的应用 [J]. 南水北调与水利科技，2006，4 (2)：33 - 35.

[163] 孙香莉，谢世友，王静. 重庆市洪水资源化探讨 [J]. 节水灌溉，2007 (8)：124 - 126.

[164] 谭徐明，等. 美国防洪减灾总报告及研究 [M]. 北京：中国科学技术出版社. 1997.

[165] 田敏，柴钰翔，陈余萍，等. 农业洪涝灾害风险评估区划指标研究 [J]. 安徽农业科学，2010，38 (12)：6382 - 6384.

[166] 田友. 海河流域水生态恢复与洪水资源化 [J]. 中国水利，2002 (7)：29 - 30.

[167] 田壮飞. 引嫩工程对环境的影响与土壤盐渍化化防治研究 [M]. 北京：中国科学技术出版社，2000.

[168] 万楚栩，洪保水险与《防洪法》[J]. 武汉金融高等专科学校学报，1999 (12)：3.

[169] 万群志，程晓陶. 中国洪水保险的实践与探索 (摘录) [J]. 水利经济，2001，19 (1)：48 - 49.

[170] 汪臣江，王彦春，白铁良. 北引工程水库淤积及防治措施 [J]. 黑龙江水利科技，2005，2 (33)：87 - 88.

[171] 汪雅梅，徐凌云，解建仓，等. 陕北能源基地水权初始分配与动态调整机制研究——以秃尾河流域为例 [J]. 水利经济，2006，24 (4)：4 - 7.

[172] 汪自军，陈圣波，包书新，等. 村镇规划中的水库淹没模拟分析 [J]. 安徽农业科学，2008，36 (3)：1150 - 1152.

[173] 王翠平，胡维忠，宁磊，等. 长江流域洪水资源利用与策略研究 [J]. 人民长江，2011，42（18）：85 - 87.

[174] 王栋，朱元甡. 风险分析在水系统中的应用研究进展及其展望 [J]. 河海大学学报（自然科学版），2002，30（2）：71 - 77.

[175] 王任超，凌璐璐. 浅议水土保持在防洪减灾中的作用 [J]. 黑龙江科技信息，2009（11）：23 - 26.

[176] 王润，姜彤，LORENZ King. 欧洲莱茵河流域洪水管理行动计划述评 [J]. 水科学进展，2000，11（2）：221 - 226.

[177] 王世新，严守，魏成阶. 基于网络的洪涝灾情遥感速报系统研制 [J]. 自然灾害学报，2000，9（1）：19 - 25.

[178] 王硕. 国外洪水风险管理研究进展及对我国的启示 [J]. 吉林水利，2013（3）：31 - 33.

[179] 王晓丽. 防灾投资效益分析与评价方法研究 [M]. 北京：经济科学出版社，2006.

[180] 王彦梅. 国内外城市雨水利用研究 [J]. 安徽农业科，2007，35（8）：2384 - 2385.

[181] 王艳艳. 洪水管理经济评价理论与方法研究 [D]. 北京：中国水利水电科学研究院，2010.

[182] 王志龙. 基于 TopMap 的水库防洪调度系统研究与开发 [D]. 邯郸：河北工程大学，2012.

[183] 王忠静，郭书英. 海河流域洪水资源安全利用关键技术研究 [D]. 北京：清华大学，2003.

[184] 王宗志，程亮，刘友春，等. 流域洪水资源利用的现状与潜力评估方法 [J]. 水利学报，2014，45（4）：474 - 481.

[185] 魏一鸣，金菊良，杨存建，等. 洪水灾害风险管理理论（1版）. 北京：科学出版社，2002.

[186] 魏一鸣，范英，金菊良，等. 洪水灾害风险分析的系统理论. 管理科学学报，2001，4（2）：7 - 11.

[187] 温天福. 考虑洪水预报情况下水库防洪调度问题的研究 [D]. 天津：天津大学，2006.

[188] 文康. 洪水管理——一种人与自然和谐共存的策略 [J]. 水利规划与设计，2004（1）：11 - 14.

[189] 闻珺. 洪水灾害风险分析与评价研究 [D]. 南京：河海大学，2007.

[190] 吴丹. 区域再生水水权分配制度探讨 [J]. 水利水电科技进展，2013，33（3）：34 - 38.

[191] 吴丹. 再生水利用的水权管理研究 [J]. 中国人口·资源与环境，2011，21（12）：92 - 97.

[192] 吴凤华，万国林，霍宏君. 防洪：城市生态建设不容忽视的问题——以大庆市防洪规划为例 [C]. 厦门：中国城市规划学会 2002 年年会论文集，2002.

[193] 吴湘婷，江京会，苏青. 洪水风险管理和洪水资源化浅议 [J]. 人民黄河，2002，24（4）：28 - 30.

[194] 向波，纪昌明，罗庆松. 洪水生态环境风险管理浅议 [J]. 广西水利水电，2007（1）：5 - 7.

[195] 向立云，魏智敏. 洪水资源化——概念、途径与策略 [J]，水利发展研究，2005（7）：24 - 29.

[196] 向立云. 洪水资源化概念、途径和策略 [J]. 中国三峡（人文版），2013（5）：16 - 23.

[197] 谢函. 防洪工程社会效益量化研究——基于城镇房地产价值影响的分析 [D]. 南京：河海大学，2006，6.

[198] 许继军，吴道喜，霍军军. 长江流域洪水资源利用途径及措施初步探讨 [J]. 人民长江，2008，39（15）：1 - 4.

[199] 许志方，沈佩君. 水利工程经济学 [M]. 北京：水利电力出版社，1987：59 - 277.

[200] 阳俐. 从山洪灾害预警系统建设谈非工程措施在防汛抗旱中的重要作用和地位 [J]. 湖南水利水电，2001（3）：43 - 46.

[201] 杨达源，闾国年. 自然灾害学 [M]. 北京：测绘出版社，1993.

[202] 杨冬辉. 城市空间扩展对河流自然演进的影响——因循自然的城市规划方法初探 [J]. 城市规划，2001（11）：39 - 43.

[203] 杨山河，陈越远. 用频率法计算多年平均洪灾损失 [J]. 人民珠江，2003（S1）：22 - 33.

[204] 杨小芳，赵磊，边余佳. 城市雨水资源化与可持续发展研究 [J]. 科技信息，2009（16）：21 - 23.

[205] 姚文武，熊义泳，徐斌. 基于可靠性的洪灾经济损失期望值的计算与分析 [J]. 中国农村水利水电，2009（6）：67 - 69.

[206] 叶守泽，詹道江. 工程水文学 [M]. 北京：中国水利水电出版社. 2006.

[207] 叶正伟. 淮河流域洪水资源化的理论与实践探讨 [J]. 水文，2007，27 (4)：15-19.

[208] 殷杰，尹占娥，许世远. 灾害风险理论与风险管理方法研究 [J]. 灾害学，2009，24 (2)：7-11.

[209] 尹云松，孟令杰. 基于AHP的流域初始水权分配方法及其应用实例 [J]. 自然资源学报，2006，21 (4)：645-652.

[210] 苑长春. 刍议滞洪区对大庆环境的影响及其水资源的综合利用 [J]. 黑龙江水利科技，2011，3 (39)：170-171.

[211] 翟金良，邓伟，何岩. 洪泛区湿地生态环境功能及管理对策 [J]. 水科学进展，2003，3 (2)：203-208.

[212] 张彬，朱东恺，施国庆. 蓄滞洪区社会经济问题研究综述 [J]. 人民长江，2007，38 (9)：143-148.

[213] 张陈俊，章恒全. 新环境库兹涅次曲线：工业用水与经济增长的关系 [J]. 中国人口·资源与环境，2014，24 (5)：116-123.

[214] 张达志. 防洪效益计算方法 [J]. 广东水利水电，2002 (5)：1-4.

[215] 张帆. 自然资源与环境经济学 [M]. 上海：上海人民出版社，2007.

[216] 张继权，李宁. 主要气象灾害风险评价与管理的数量化方法及其应用 [M]. 北京：北京师范大学出版社，2007：124-125.

[217] 张杰，陈立新，寇士伟，等. 大庆地区不同利用方式土壤盐碱化特征分析及评价 [J]. 水土保持学报，2011，25 (1)：171-175.

[218] 张明. 松花江、嫩江干流'98防洪效益计算理论与方法 [J]. 黑龙江水利科技，2002 (1)：1-2.

[219] 张松涛，梁睿，晋华. 明晰水权对水资源优化配置的促进作用分析 [J]. 山西水利，2011，27 (7)：15-16.

[220] 张伟石. 水库洪水调度中如何适度承担风险探析 [J]. 东北水利水电，2012 (3)：64-68.

[221] 张学明，谢新生. 新时期云南省防洪减灾现状与对策 [J]. 水利建设与管理，2006，26 (1)：75-76.

[222] 张学明. 新时期云南省防洪减灾对策研究 [D]. 成都：四川大学，2005.

[223] 张雪魁. 混沌、不确定性与经济学认识论 [J]. 经济，2009 (1)：40-44.

[224] 张艳敏，董前进，王先甲. 浅议洪水资源及洪水资源化 [J]. 中国水运（理论版），2006，4 (3)：192-193.

[225] 张祎铭. 洪水资源化利用探讨 [J]. 河南科技，2010 (3)：79-82.

[226] 张志，刘本义，程耀通，等. 浅析北廿里泡在大庆防洪体系中的作用及治理措施 [J]. 黑龙江水利科技，2001 (1)：121.

[227] 章四龙. 洪水预报系统关键技术研究与实践 [M]. 北京：中国水利水电出版社，2006.

[228] 赵春友. 安肇新河流域滞洪区安全建设分析 [J]. 黑龙江水利科技，2013，7 (41)：239-240.

[229] 赵飞，王忠静，刘权. 洪水资源化与湿地恢复研究 [J]. 水利水电科技进展，2006，26 (1)：6-9.

[230] 赵洪杰，唐德善. 流域防洪体系防洪安全评价研究 [J]. 灾害学，2006，21 (4)：31-35.

[231] 赵洪杰. 流域防洪体系效果评价研究 [D]. 南京：河海大学，2007.

[232] 赵鸣骥，文秋良. 防洪基金的实践与探索 [M]. 北京：水利电力出版社，1995.

[233] 肇源年鉴编审委员会. 肇源年鉴 [R]. 肇源：肇源年鉴编审委员会，2012.

[234] 肇源县统计局. 肇源县统计年鉴 [R]. 肇源：肇源县统计局，2012.

[235] 肇州县统计局. 肇州县国民经济统计资料 [R]. 肇州：肇州县统计局，2003.

[236] 郑剑锋. 内陆干旱区河流取水权初始分配研究——以玛纳斯河取水权初始分配研究为例 [D]. 乌鲁木齐：新疆农业大学，2006.

[237] 中国洪水管理战略研究项目组. 中国洪水管理战略框架和行动计划 [J]. 中国水利，2006 (23). 17-18.

[238] 中国石化大庆石油化工总厂. 关于大庆石化油化工总厂（龙凤）1996—2005 年居住区规划的请示 [Z]. 1995 - 08 - 07.

[239] 中国水利水电科学研究院，水利部海河水利委员会. 蓄滞洪区洪水利用关键技术研究 [R]. 北京：中国水利水电科学研究院，2005.

[240] 中国水利水电科学院. 安徽省淮南市凤台县毛集镇国家社会发展综合实验区洪涝灾害风险评估 [R]. 北京：中国水利水电科学院，1998.

[241] 钟石鸣. 发达国家洪水保险制度与中国洪水保险模式 [J]. 绿色科技. 2010 (6)：136 - 139.

[242] 周光武，史培军. 洪水风险管理研究进展与中国洪水风险管理模式初步探讨 [J]. 自然灾害学报，1999，8 (4)：62 - 72.

[243] 周红妹，杨星卫，费亮. GIS 支持下的洪涝灾害遥感动态监测系统的研制和建立 [J]. 上海农业学报，1998，14 (4)：1 - 6.

[244] 周红妹，朱永，杨星卫，等. 应用 NOAA/AVHRR 资料动态监测洪涝灾害的研究 [J]. 遥感技术与应用，1996，11 (2)：26 - 31.

[245] 周红妹. 地理信息系统在 NOAA 卫星遥感动态监测中的应用 [J]. 应用气象学报，1999，10 (3)：254 - 260.

[246] 周魁一. 防洪减灾观念的理论进展——灾害双重属性概念及其科学哲学基础 [J]. 自然灾害学报，2004，13 (1)：1 - 8.

[247] 周衍祎，夏远明. 安达市水利志 [M]. 哈尔滨：黑龙江人民出版社，1990.

[248] 朱元甡. 基于风险分析的防洪研究 [J]. 河海大学学报，2001，29 (4)：1 - 8.

[249] 左广巍. 河道洪水演算方法的研究与应用 [D]. 武汉：华中科技大学，2004.

[250] Cembran G，Quevedo J，Salamero M，etal. Optimal control of Urban drainage systems. A case study [J]. Control Engineering Practice，2004，(12)：1 - 9.

[251] Institute for Catastrophic Loss Reduction. Managing flood risk，reliabilityand vulnerability [A]. Fourth International Symposium on Flood Defence [C]. Toronto，Ontario，Canada，2008.

[252] Alphen J V，Beek E V，Taal M. Floods，from defence to management [A]. Third International Symposium on Flood Defence [C]. Crc Press，2006.

[253] Klir G J and Folger T A. Fuzzy sets，uncertainty，and information. Singapore：Prentice Hall International，1992.

[254] Kron W. Flood Catastrophes：Causes-losses-prevention from an International Reinsurer′s viewpoint [J]. ecologic-events. de ，2003.

[255] Harun R. Urban floodplain management in thunder bay：protecting or preventing floodplain occupancy? [J]. Canadian Water Resources Journal，1988，13 (1)：26 - 42.

[256] World Meteorological Organization. The associated programme on flood management，economic aspectsof integrated flood management [R] . Vienna：World Meteorological Organization，2007.

[257] World Meteorological Organization. The associated programme on flood management，guidance on flashflood management [R]. Vienna：World Meteorological Organization，2007.

[258] Tietenberg T. Environmental and Natural Resource Economics [M]. Beijing：Tsinghua University Press，2001.